"陕西师范大学2012年度本科教学质量、教学改革工程"资助教材

现代传媒技术实验教材系列

U0259913

数字电视摄像技术

（第二版）

赵成德　赵　巍　编著

复旦大学 出版社

内容提要

本书主要介绍了数字时代电视摄像的基本知识以及新型摄像机的基本性能和操作技巧。主要内容包括：数字电视摄像概述；数字摄像机的性能；家用摄像机的性能及操作方法；专业、广播级便携式摄像机的性能及操作方法；高清晰度摄像机的性能及操作方法；演播室技术、演播室摄像机性能及操作方法；数字电视摄像技巧等。本次修订主要对第一章"数字电视摄像概述"进行了全面修改；对第五章"高清晰度摄像机的使用"在原来的基础上新加了目前较为流行的HVR—V1C、HVR—Z5C和PMW—EX1这三款高清摄录一体机的使用；对第六章"演播室摄像机的使用"进行了删减。同时根据读者的要求也对整个实验体系做了一些调整，使本书内容更新颖，机型更全面，适用性更强。

本书集理论与实践为一身，内容新颖，概念清晰，文图并茂，理论联系实际，笔者将自己多年从事电视摄像工作的实践经验贯穿于全书。适合于高等院校传媒专业本、专科学生使用，也可作为影视从业人员的参考资料或作为影视制作的专业培训教材。

目录
CONTENTS

总　序

陕西师范大学新闻与传播学院院长、博士生导师、教授　李　震

　　无论从何种意义上来讲，实践性都可以说是现代传媒教育的灵魂，而实验教学则是现代传媒教育实践性的基础。因为，对传媒教育来说，实验教学是训练学生传媒技术的主要环节。正如大卫·阿什德所言，"几乎所有的大众传播媒介都属于信息技术"，技术性可以说是媒介发展的先导，也是实施其他实践教学，乃至造就现代传媒人才的必备条件。

　　现代传播媒介本身就是现代科技的产物。数字化时代的到来，使传媒的运营更加倚重技术的支撑。同时，现代传媒在当今社会文化格局中日趋重要的地位，将曾经极端对立的人文主义与技术主义，融合为一个不可分割的整体。这一现实从根本上决定了现代传媒人才的复合型需求。因此，现代传媒教育必须在加强学生人文素质培养的同时，更加注重技术能力的训练。

　　现代传媒人才的复合型特征，不仅表现在人文素质和技术能力的协调发展上，还表现在多个环节、多种类型的传媒技能的全面发展上。当下和今后的传媒人才，仅仅掌握单一的传媒技能是不能够满足现代媒体发展需要的。即使对于传统媒体来说，一个合格的传媒人才，也必须经过摄、录、采、编、播等多个环节的技能训练。对于数字化时代的传媒人才来说，更应该在传统技能的基础上，进一步掌握多种数字传媒技术和网络操作能力。因为我们正在面临各种传播媒介大融合的趋势，传统的纸质媒体，甚至电子媒体，正在以数字的名义与互联网、电信网联姻，繁衍出花样翻新的新生媒体。因而，仅仅掌握单一的媒体技能，哪怕是最重要的一项技能，也会在新一轮的媒介融合面前显得捉襟见肘。

　　然而，作为一个正在勃兴的领域，国内现代传媒教育的实验教学尚未形成一个统一而成熟的体系，甚至尚无一套成熟的传媒技术实验教材。各传媒教育机构都在结合

自己的人才培养理念和培养目标,探索一套适应于自己的实验教学规范。

陕西师范大学新闻与传播学院自 2000 年建院始,一直注重实验教学,先后投资 2 000 多万元,建起了包括各类传媒技术设施的"数字传媒技术实验教学中心",并组建了一支既具有理论素质,又富有实践经验的实验教学队伍。经过几年的摸索和实践,学院已初步走出了一条传媒技术实验教学的路径,并取得了良好的教学效果。在此基础上,学院决定,组织长期从事传媒技术实验教学的老师,编写一套现代传媒技术实验教材,以期进一步规范学院的传媒技术实验教学,进而与国内兄弟院校开展教学交流。

在国内,尚未见到系统的传媒技术实验教材出版。因此,我们的工作本身带有一定的探索性和冒险性。作为国内第一套传媒技术实验教材,一无榜样,二无参照,三无经验,加之,现代传媒技术本身的日新月异,以及我们自身能力的局限,势必会存在诸多不够完善的地方,还有待日后进一步修订。不过,我们总算在没有路的地方留下了自己的脚印,为身后寻路的人们留下了探索的标记,不管是标记着成功,还是标记着失败,这些标记总会是有价值的。

这段文字既然作为"现代传媒技术实验教材系列"的总序,我想在这里特别感谢复旦大学出版社的高若海总编辑与新闻传播编辑室的李婷等朋友,感谢他们在这套教材从选题的确立到编辑出版的整个过程中表现出的敏锐的眼光、艰辛的劳动和感人至深的敬业精神。同时,我也要感谢负责这套教材编写的老师们,感谢他们长期在实验教学中的辛勤付出、任劳任怨,以及在编写过程中献出的心力和汗水。我想,无论是编著者还是出版者,他们的劳动都将会在中国传媒教育的发展道路上留下不灭的足迹。

2007 年 12 月 16 日于古都长安

第一章

数字电视摄像概述

学习目标

1. 了解摄像机的发展过程。

2. 了解高清晰度摄像机的发展。

3. 了解电视节目制作设备现存的五种数字设备格式。

4. 了解电视制式与电视节目制作的关系。

5. 了解电视技术的发展对电视节目制播的影响。

6. 掌握数字时代电视节目的制作特点。

电视是20世纪人类十大发明之一,被人们称为第九艺术。自从1936年11月2日电视诞生以来,随着电视接收机的不断发展和普及,电视声画并茂的特点可以说是大众传播发展史上一次重大的飞跃。电视成为当今社会最有影响的传媒,它把"千里眼"、"顺风耳"的神话变成了现实。通讯卫星的出现使电视的传播如虎添翼。如今,在地球同步轨道上只要有三颗通讯卫星,就能把电视节目即刻传到世界的每个角落。电视传播的全球化,使电视成为一种超越一切的"世界性"语言。

电视是人们获取信息和知识的重要渠道,是得到娱乐、获得美感的重要手段。尽管电视的诞生只有七八十年的历史,但是它的发展可以说是日新月异,它已经走过了从黑白到彩色、从模拟到数字、从标清到高清的发展过程。

1.1 电视摄像机的发展过程

电视摄像机是电视节目信号的发源地,要提高电视节目的信号质量,必须首先提高电视摄像机的信号质量。因此,电视技术的发展过程是以摄像机的发展为先导的。

1.1.1 标清摄像机的发展过程

标清摄像机即标准清晰度摄像机,是高清晰度摄像机出现以后人们对传统摄像机的称呼。在我国标清摄像机的发展大致呈现如下过程:

1. 80年代初期电视摄像机彩色化,即电视摄像机从黑白过渡到彩色

这一时期的摄像机和录像机都是分体的,以前在电视节目制作现场经常会看到这样的现象:前面摄像师扛着或者在三脚架上架着摄像机拍摄,摄像机后面拖着一根粗电缆,电缆的另一头连着一个手提箱大小的盒子,那就是录像机,如图1-1所示。在这种模式下,摄像机只能拍摄画面和拾取声音,记录画面和声音要全靠与摄像机相连的录像机来完成,没有这个录像机,摄像机只能作现场直播。这种模式持续了许多

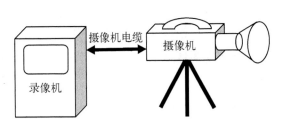

图1-1 传统的便携式摄录像系统

年,也经历了多次更新换代。最早使用的是U-matic格式,也就是3/4英寸磁带系列。后来又把这个系列分为高带和低带,高带供大型电视台使用,低带供小型电视台和大专院校使用。由于这种摄录模式磁带尺寸比较大,所以前期设备一直没有实现摄录一体化。

这类摄录系统摄像机和录像机都比较笨重,工作时一般需要两个人,一个人操作摄像机,另一个人操作录像机。录像机处于待机状态时,录像的开始与停止由摄像机来控制。

2. 80年代中期,便携式摄录设备实现一体化

在我国当时实现摄录一体化的首推索尼公司生产的β-Max格式的摄录一体机,如图1-2所示。

这类机器由于价格昂贵,主要用于电视台采拍新闻。它的磁带格式属于已经淘汰了的小 1/2 系统。

此后索尼公司为了占领专业级市场,又推出了超 8(Hi8)格式,也就是 8 mm 设备,与 DXC‑327 摄像机结合成摄录一体机。现在市面上仍有 Hi8 格式的机器,主要用于索尼公司生产的掌中宝摄像机,但

图 1‑2 早期的摄录一体机

数量已经很少了。由于这种摄录方式是索尼公司独有的,它和其他公司的设备不兼容,再加上编辑时需要专门的编辑系统,因此,市场占有率很低。只有个别市级电视台为新闻部购买了超 8 格式的摄录一体机。

面对这种情况,没过几年,索尼公司又开发出了专为摄录一体机使用的录像机包 BVV‑1P 和 BVU‑5P,属 Betacam 系列。最具代表性的机型是索尼公司生产的 DXC‑537 和能与 BVU‑5P 配套的索尼摄像机系列。这些机型统治了录像机市场很长时间,日本的几家制造摄像机的大公司像松下、日立、池上等都生产了能与之配套的摄像机头,经过与之组装组构成摄录一体机,形成了 Betacam 一统天下的局面。由于 BVU‑5P 价格较高,小型电视台和大专院校财力不足,购买不起,索尼公司又生产了 BVV‑3P,专供专业级使用,最具代表性的是索尼公司生产的 DXC‑637,如图 1‑4 所示。

图 1‑3 DXC‑537 摄录一体机

图 1‑4 索尼 DXC‑637 摄录一体机

在此期间,日本的日立、JVC 和松下公司也在大 1/2(VHS)的基础上推出了 S-VHS 格式的摄录一体机,供小型电视台使用。但由于它们采用的是大 1/2 磁带格式,此类机器存在走带机构大、启动速度慢、图像质量低等缺点,也没有在市场上站住脚。

3. 90 年代电视节目数字化,电视节目制作和播出由原来的模拟信号向数字化过渡

在实现电视节目制作数字化时,由于各公司的出发点不同,出现了以下几种数字格式:

(1) 日本松下公司最先打出了他们的号称世界统一格式的 DVCPRO 系列,它是一种新型的磁带格式,这类设备以体积小、重量轻、质量高、价格适中等优势很快在电视行业普及开来。这种格式分为 50 M(兆)和 25 M(兆)两种,50 M 用于大中型电视台,25 M 用于小型电视台、大专院校和厂矿企业。由于其先入为主,一走向市场就占有了很大的份额。现在松下又开发出了高清 P2(100 M)系统。这类设备使用的编辑系统是松下公司独有的 DVCPRO 系列编辑系统,可以兼容播放索尼的 DVCAM 格式和通用的 DV 格式,是一种新兴的编辑系统,但制作完成后的节目均为 DVCPRO 格式。

图 1-5　松下 AJ-D815　50 M 摄录一体机

(2) 日本索尼公司在实现数字化方面仍然沿用他们的 Betacam(贝塔)格式,在 Betacam-SP(分量贝塔)和 Betacam-SX 的基础上推出了数字 Betacam,DVW 系列。但这种设备由于受 Betacam 格式磁带尺寸的影响,仍然显得比较笨重,价格比松下的数字设备要高得多,与之配套的编辑系统也必须是数字 Betacam 格式,与其他编辑系统均不兼容,因此,在人们进行电视节目数字化改造中用得较少。但从质量上来说,数字 Betacam 仍然是电视节目制作设备中顶尖级的设备,在数字化改造的使用实践中,人们逐渐发现了索尼公司数字 Betacam 的质量优势,如今

图 1-6　索尼 DVW-970 摄录一体机

数字 Betacam 在业界使用情况较以前多了一些。

（3）索尼公司为了占领专业级市场，又推出了一种新的数字格式 DVCAM。这也是一种新型的磁带格式，这种摄像机的信号质量和松下公司的 DVCPRO 25 M 相当，磁带宽度也和 DVCPRO 一样，只是磁带结构不同。这种设备价格适中、画面质量较高、重量较之数字 Betacam 要轻一些，因此，主要在中小型电视台、大专院校和厂矿企业宣传部门使用。这类设备使用的编辑系统是索尼公司新开发的 DVCAM 格式系统，它兼容播放松下公司的 DVCPRO 25 M 磁带格式和通用的 DV 格式，但制作完成后的节目是 DVCAM 格式。

图 1 - 7 索尼 DSR - 650 摄录一体机

（4）在此期间，日本 JVC 公司仍沿用他们的 1/2 格式，在 S - VHS 的基础上，推出了 Digital - S 即数字"S"格式。这类设备使用 1/2 磁带为记录媒介，其尺寸比数字 Betacam 还要大一些，因此，设备体积和重量都要大一些。它使用的编辑系统是独有的 1/2 编辑系统，和其他数字格式均不兼容，再加之它的走带机构大、性能不稳定、录像机启动速度慢，需专门配置编辑系统才能实现节目后期制作，因此市场占有率很低。

（5）同时 JVC 公司又另辟蹊径推出了使用小型 DV 磁带（Mini - DV）的专业 DV 格式摄录一体机。这类设备由于采用 1/2 英寸 CCD 和镜头，比 2/3 英寸同类设备价格要便宜一些，且具有专业机的基本结构，因此，主要用于小型电视台和大专院校的实验教学，最有代表性的机型是 JVC GY - DV500EC。但在使用过程中发现，由于它采用 Mini - DV 的磁带走带机构，而 JVC 的 Mini - DV 走带机构存在技术缺陷，使这类设备经常出现走带机构故障，同时，这类设备也没有比较稳定、成熟的编辑系统，能够用于编辑的只是那些像砖头块似的录像机，因此，业内并不看好这类设备。但就 DV 格式而言，是目前数字格式中兼容性最好的一种格式。日本几个大型电视节目制作设备

图 1 - 8 JVC GY - 5100 摄录一体机

制造商生产的设备都兼容 DV 格式。

这样,在标清时代就形成了 DVCPRO、DVCAM、数字 Betacam、数字"S"(即 Digital－S)、DV 五种格式并存的局面。这五种数字格式兼容性是这样的:数字 Betacam 和 Digital－S 是独立的格式,不兼容任何格式;DVCPRO 25 M、DVCAM、DV 可以兼容播放,但不兼容录制和编辑,录制和编辑成的节目与使用的编辑系统有关,使用哪种编辑系统,编成的节目就是哪种格式。

摄录像格式的变化,必然引起编辑系统的变化,前期摄录系统采用什么格式,后期编辑系统必须与其一致。因此就现行五种数字系统而言,就有数字 Betacam 编辑系统、DVCPRO 编辑系统、DVCAM 编辑系统、Digital－S 编辑系统和 DV 编辑系统。

1.1.2 高清摄像机的发展过程

现在电视节目制作与播出正向高清晰度方式过渡,高清晰度电视成了人们向往的目标,我国计划在 2015 年电视系统全面实现高清化。

高清晰度摄像机(简称高清摄像机)是与标准清晰度摄像机(简称标清摄像机)相对而言的。高清电视技术的发展是与人们生活水平的提高密不可分的,电视接收机屏幕求大是人类文化生活的不断追求,为了满足电视接收机大屏幕模式下的收看效果,必须有高质量的电视图像作保障,高清晰度电视应运而生。

要实现电视图像的高清晰度化,改变电视系统的场频是没有意义的,现行的 PAL 制每秒 50 场的扫描频率人眼已经感觉不出画面动作的不连续。因此,要实现高清化,人们就在电视扫描系统的行频上想办法,现行的高清模式就是将标清的扫描行数提高一倍,也就是对于 PAL 制来说,将原来的 625 行提高到 1 250 行,现行的高清标准 1 080 行。

1. 高清晰度摄像机的发展历程

2003 年 9 月 3 日,索尼、佳能、夏普及 JVC 四家公司联合宣布了 HDV 标准(面向磁带 DV),高清摄像机的发展历程由此开始。HDV 就是现在所说的小高清,自 2003 年至今,日本几个电视设备制造商除松下外都相继有产品推出,如索尼公司生产的 HVR－Z1C、HVR－A1C、HVR－V1C、HVR－Z5C、HVR－Z7C、HVR－HD1000、HVR－S270C;佳能公

图 1-9　索尼 Z7C 小高清摄像机

司的 XH A1S、XH G1S、XL H1A、XL H1S；JVC 公司的 GY－HD111EC、GY－HD201EC、GY－HD251EC。它们的像素是 1 440×1 080,都采用 1/3 英寸 CCD,带宽为 25 M,采样率为 4∶2∶0,记录媒介为磁带或非磁带。

在此期间日本松下公司推出了 P2 系列产品,如 HVX200/203、HPX173、HPX303、HPX500、HPX3700/3000、2700/2100。

此后,也出现了一些基于 MPEG2 格式的高清摄像机,如索尼公司的 PMW－EX1/EX1R、PMW－EX3；JVC 公司的 GY－HM100EC、GY－HM700E；佳能公司的 XF300、XF305,它们的像素是 1 920×1 080,都采用 1/2 英寸 CCD,带宽为 35 M,采样率为 4∶2∶0,记录媒介为非磁带,即存储卡式。

图 1－10　松下 HD P2 摄像机

目前,也出现了一些基于 AVC/H.264 格式的高清摄像机,如索尼公司的 HDR－AX2000E,HMC40、HMC153、HMC73。它们是一种新压缩算法(AVC/H.264),低码流、高画质(是 MPEG2 压缩效率的 2 倍),支持 1 920×1 080 分辨率,采用高性价比通用闪存介质,是目前最新技术的摄像机。

2. 高清摄像机的特点

高清晰度摄像机除扫描行数提高外,它还有一个特点,就是画幅比例是 16∶9。我们现在处在一个高标清兼容的时代,16∶9 的画幅格式不仅给电视构图带来影响,也给节目输出带来影响。在摄像机进行画面拍摄时,我们不仅要考虑所拍节目在 16∶9 电视上的画面构图,还要考虑在 4∶3 电视上的画面效果。

同时,在将 16∶9 画面转变成 4∶3 画面时,完整与不失真成为主要问题。从现存的几种下变换方式来看,要想完整就会失真,要想不失真就会不完整,要想达到既完整又不失真,画幅就得变小。

图 1－11　索尼 AX2000 小高清摄像机

1.1.3　3D和4K电视节目制作

1. 3D电视节目制作

2010年初,随着3D电影《阿凡达》在各国的热映,狂热的"3D"热潮席卷全球。之后不仅3D电影蜂拥而至,2010年1月31日,英国天空体育频道在英超比赛中也首次使用了3D技术对比赛进行电视直播。而2010年南非世界杯更是有25场比赛进行了3D直播,国际足联宣称:这是世界杯历史上前所未有的转播革命。

所谓"3D"是three-dimensional的缩写,就是三维立体图形。由于人的双眼观察物体的角度略有差异,因此能够辨别物体远近,产生立体的视觉。"3D技术"简单地说就是虚拟三维技术,它是利用计算机的运算达到视觉、听觉等方面立体效果的一种技术,从图像学的角度来看三维不再是平面,而改为立体的。

3D立体电影的制作有多种形式,其中较为广泛采用的是偏光眼镜法。它以人眼观察景物的方法,利用两台并列安置的电影摄影机,分别代表人的左、右眼,同步拍摄出两条略带水平视差的电影画面。放映时,将两条电影影片分别装入左、右电影放映机,并在放映镜头前分别装置两个偏振轴互成90度的偏振镜。两台放映机需同步运转,同时将画面投放在金属银幕上,形成左像右像双影。当观众戴上特制的偏光眼镜时,由于左、右两片偏光镜的偏振轴互相垂直,并与放映镜头前的偏振轴相一致,致使观众的左眼只能看到左像、右眼只能看到右像。通过双眼汇聚功能将左、右像叠合在视网膜上,由大脑神经产生三维立体的视觉效果,展现出一幅幅连贯的立体画面,使观众感到景物扑面而来,或进入银幕深凹处,产生强烈的"身临其境"感。

3D电视节目制作与3D电影制作的基本原理类似,但实现过程有很大的差别。3D电影需要大量时间进行后期制作,非直播的3D电视节目制作流程与3D电影相似,但直播的3D电视节目制作流程与3D电影完全不同。首先,电视直播没有后期制作流程,拍摄时没有时间校正3D支架;其次,电影拍摄时主要使用定焦镜头,电视现场直播大量使用大倍率变焦镜头;再者,由于家庭电视显示屏幕小于影院银幕,电视3D画面的立体深度(视差)与电影不同;此外,3D电视直播还需要解决双机信号的传输、摄像机控制、Tally、通话、监控等问题及3D影像的实时处理、切换、显示、记录,3D字幕的处理。

3D立体电视同样也是利用双眼视觉差别实现三维立体视频制作,主要是通过正负视差的效果,产生一个三维立体空间。视差指由于正常的瞳孔距离和注视角度不同,造成左右眼视网膜上的物像存在一定程度的水平差异。在观察立体视标的时候,两只眼由于相距约 6.5 cm,所以会从不同角度观察,左眼看到视标的左侧部分多一些,右眼看到右侧的部分多一些。这种在双眼视网膜结像出现的微小的水平像位差,称为双眼视差,它反映了客观景物的深度。

3D 电视节目的制作要求:

(1) 用两台摄像机模拟左右眼不同视角拍摄两个画面。人类双眼间距平均约为 6.5 cm,电影立体图像的视差范围一般为 2‰左右,立体电视图像的视差范围一般为 3‰左右,为电影制作的画面,在电视上看没问题,但立体效果有些弱化,为电视制作的画面在影院放映时,会使电影观众产生疲劳。

(2) 人眼相当于标准焦距定焦镜头,而实际的电视镜头焦距是可变的。在镜头等效焦距(视角)相当于人眼焦距(视角),左、右眼摄像机镜头光轴间距与人眼间距相同时,拍摄的画面与人类正常的立体视觉相同。镜头等效焦距与人眼焦距不同时相当于人眼的间距发生了变化,短焦距时相当于人眼等效间距加大,应增大摄像机间距;长焦距时相当于人眼等效间距缩小,应缩小摄像机间距。

(3) 拍摄距离不同时摄像机间距需要调整。拍摄远距离景物时为加强立体效果应加大间距,拍摄近距离景物时应缩小间距。

(4) 需要不同的立体深度感时摄像机间距需要调整。需要增大 3D 立体深度感时加大间距,减小立体感时缩小间距。改变摄像机间距只是改变景物的立体感,物体并不变大或变小,只是变近或变远。

(5) 混合等画面转换过渡可能会导致眼睛疲劳。三维立体图像应该在转换过程中在屏幕中心位置停留几帧。

3D 电视最新进展:

为了将 3D 技术用于 2010 年英超直播,英国天空电视台从 2009 年开始就尝试用 3D 技术制作了大量相关节目,包括足球、橄榄球和拳击赛事。据悉,天空电视台的机顶盒可以适用 3D 信号,用户则须有专门的 3D 电视机,且要戴专门的眼镜才能收看。天空电视台人士此前宣称,他们的最终目标是让观众在卧室中也能收看到 3D 节目。3D 电视机也因此成为 2010 年消费类电子产品的主角。

2010 年,索尼与美国探索频道、IMAX 合作,在美国开通每周 7 天、每天 24 小时不间断播出 3D 高清电视节目的 3D 频道,ESPN 也将进行 85 场 3D 体育直播。

上海文广集团下属的交互电视频道在世博会期间进行 3D 立体节目的拍摄和转播试验,众多国内电视机厂家参与上海世博会期间的 3D 试验转播。

索尼、松下、三星、LG、TCL、海信、康佳等电视机制造商都发布了 3D 立体电视的研发计划。3D 电视机商品已经上市,3D 电视上市以来销量不断看涨,预计 5 年内将成为市场主流产品。

随着 3D 技术的不断发展以及 3D 电视标准的规范,2013 年 25% 的电视机都将采用 3D 技术,2014 年巴西世界杯,中国球迷就能体会到 3D 带来的全新视听享受了。

2. 4 K 电视节目制作

尽管在大多数国家和地区高清电视才刚刚开始走进家庭,但电视行业已经开始讨论"后高清时代",即高清电视今后的发展方向了。

目前世界上大部分高清电视节目都是用 4：2：2 取样的 1080/50i 或 60i 隔行扫描设备制作的,还有一小部分是 720P 逐行扫描,在这个基础上未来更高质量的高清电视将会沿着四个方向发展。

首先是更高的静态分辨率,例如水平和垂直分辨率都达到现有高清 2 倍的 4 K 高清系统。目前全高清(Full HD)电视每帧画面的分辨率为 1 920×1 080 像素,在电视行业 4 K 一般是指分辨率达到 3 840×2 160 像素的系统,而数字影院 4 K 的分辨率为 4 096×2 160 像素。4 K 的数据量是现有高清电视的 4 倍。在 2006 年和 2007 年的 NAB 展会上 NHK 还展出了名为"超高清"(Super Hi - Vision 或 Ultra High Definition)的电视系统,其水平和垂直分辨率分别达到了现有高清电视的 4 倍,每帧画面的分辨率为 7 680×4 320 像素,像素数量是现有高清电视的 16 倍。

第二个发展方向是更高的瞬态分辨率。在隔行扫描高清电视的 1 帧画面中, 1 920×1 080 像素是分成 2 场扫描的,每场 1 920×540 像素,奇数与偶数场的像素交错显示,垂直方向上的瞬态清晰度比较低。提高瞬态分辨率的方法是采用每帧都是 1 920×1 080 像素的逐行扫描方式。在刷新率相同时逐行扫描的数据量是现有隔行扫描高清的 2 倍,这就是 1080/50P 或 60P 逐行扫描高清电视。根据规划,日本将从 2011 年开始通过卫星试验播出 1080/60P 高清信号。

第三个发展方向是用彩色分辨率更高的 RGB 4：4：4 全带宽制作。目前 4：2：2 取样的高清电视亮度信号分辨率为 1 920×1 080 像素,表现彩色的 2 个色差信号分辨率为 960×1 080 像素,是亮度信号的一半。尽管高清电视的播出和发行采用的是彩色分辨率只有 960×540 像素的 4：2：0 取样,但拍摄和制作时采用信息量更多的 4：4：4 全带宽能够有效提高制作质量,特别是特技合成的质量。由于彩色分辨率的提高,4：4：4 取样的数据量是现有 4：2：2 高清的 1.5 倍。

第四个发展方向是能够为观众带来身临其境感受的 3D 立体电视。由于 3D 需要分别拍摄、传输、显示左/右眼看到的影像,因此其数据量是现有高清电视的 2 倍。

1.2　电视制式与电视节目制作

说起电视制式应当是个老话题,在黑白电视时代,由于各国研制电视技术的差异,实质上就已经存在不同方法也就是不同制式的问题。彩色电视的研究几乎是与黑白电视同时进行的。彩色电视为什么仍然存在制式问题,是因为在彩色电视研制过程中,为了在黑白电视信号中携带彩色信号,而采用了不同的携带方法。

1902 年,奥地利物理学家芬·伯兰克提出了彩色电视传送接收的原理——将景物投射过来的光像通过棱镜分成红、绿、蓝三色进行传输,在显示端再将其复合还原的设想。这一设想为彩色摄像机和彩色电视机的诞生提供了理论依据。

1.2.1　NTSC 制

1929 年,美国研制出了一种黑白、彩色兼容的点扫描制式,即现行的 NTSC 制式(National Television Systems Committee),也叫正交平衡调幅制。1953 年 11 月 17 日被批准,并于 1954 年由美国全国广播公司(NBC)首次正式播出。这是世界上出现的第一个彩色电视制式,后来这种制式又被日本、加拿大等国家采用,我国的香港和台湾地区也采用这种 NTSC 制。

在标清时代,NTSC 制的行扫描频率为 525 行,场扫描频率为 60 场、30 帧,它的彩色副载波频率是 3.38 MHz(兆赫兹),它的电视伴音载波频率是 5.5 MHz。

在高清时代,NTSC 制的行扫描频率为 1 080 行,其他和 NTSC 制标清一样。新式的摄像机都是全制式的,既可以拍摄成 NTSC 制,也可以拍摄 PAL 制。因此,在实际应用中我们常遇到 NTSC 制格式,高清有: HQ 1920/60i、HQ 1440/60i、SP 1440/60i、HQ 1920/30P、HQ 1440/30P、HQ 1920/24P、HQ 1440/24P、SP 1440/24P、HQ 1280/60P、HQ 1280/30P 和 HQ 1280/24P;标清有: DVCAM60i SQ、DVCAM60i EC、DVCAM30P SQ 和 DVCAM30P EC。

1.2.2　SECAM 制

NTSC 制出现以后,法国科学家于 1958 年提出了 SECAM(Sequential Couleur

Avec Memoire)制式，也叫逐行转换调频制。这种制式克服了 NTSC 制中色信号相位敏感的缺点，主要在法国、俄罗斯、东欧、沙特阿拉伯以及东亚国家使用。这种制式在我国现行的电视节目制作系统中很少见到。

1.2.3 PAL 制

1962 年，联邦德国科学家在吸取了 NTSC 制和 SECAM 制的优点之后研制成功了 PAL(Phase Alternation Line)制式，也称逐行倒相正交调幅制。这种制式主要用于西欧、澳大利亚、非洲、中东部分国家，我国大陆也采用这种制式。

在标清时代，PAL 制的行扫描频率为 625 行，场扫描频率为 50 场、25 帧，它的彩色副载波频率是 4.43 MHz(兆赫兹)，它的电视伴音载波频率是 6.5 MHz。

在高清时代，PAL 制的行扫描频率也是 1 080 行，其他和 PAL 制标清一样。在实际应用中我们常遇到 PAL 制格式，高清有：HQ 1920/50i、HQ 1440/50i、SP 1440/50i、HQ 1920/25P、HQ 1440/25P、HQ 1280/50P 和 HQ 1280/25P；标清有：DVCAM50i SQ、DVCAM50i 、CDVCAM25P 和 SQDVCAM25P EC①。

这就形成了现在世界上三种制式并存的局面。制式是电视节目的制作标准。某国采用什么制式，就意味着从摄像到编辑到最后播出必须采用同一制式。否则，就会出现制式不兼容的问题。这在选购设备时非常重要，如在我国大陆就必须选购 PAL 制的电视节目制作系统。

1.3 电视技术的发展对电视节目制播的影响

电视是技术媒介，电视技术的发展决定着电视节目的制作。

1.3.1 卫星通讯技术的发展对电视节目制播的影响

1. 卫星通讯技术对电视节目播出的影响

电视技术的发展可以说是日新月异的，电视传输的信号从黑白到彩色，信号的性

---

① 在上面的参数中，高清模式里 HQ 和 SP 代表比特率；1920、1440 或 1280 代表水平分辨率；24、25、30、50 或 60 代表帧速率；i 代表隔行扫描、P 代表逐行扫描。标清模式里 25、30、50 或 60 代表帧速率；i 代表隔行扫描、P 代表逐行扫描；SQ (压缩) 或 EC (裁边) 代表纵横比。

质由模拟到数字,信号的清晰度由标清到高清,节目覆盖也从无线发射到卫星发射,这一切都影响着电视节目的制播方式。

现在覆盖全球的电视网络是通讯卫星,人们把地面上的电视信号经过处理,通过地面站发送给卫星,并对卫星进行控制。由于卫星上装有一定功率的转发器,它把从地面站送过来的信号收转后向预定区域的地面站进行播发。

同步卫星放置在距离地球3.6万千米的同步轨道上,以与地球自转角速度相同的速度进行旋转。这就相当于在地球上安装了一根高达3.6万千米的天线。经过计算与实践,如果在地球同步轨道上每间隔120°放置一颗卫星,共放置三颗卫星就可以使电视信号覆盖整个地球,如图1-12所示。

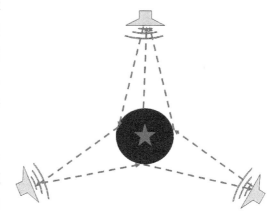

图 1-12　卫星信号传输示意图

由于通讯卫星具有传送环节少、受地面影响小、性能稳定等优点,使其成为世界电视业转播电视信号的最主要手段,使各电视台的节目覆盖面扩大了很多,这在我们现实生活中都有亲身经历。过去我们的电视机只能收到中央和本地共四五个电视台的节目,老式的老八路电视机的八个节目位置都用不完,覆盖全国的电视台只有中央1套。现在各大、中、小城市,只要有闭路电视系统的地方,电视机就可以收到五六十套电视节目。实现数字化的城市,可以收看的节目达到130多套,还不包括自己订制的频道。几乎全国各省的地方台都能收到,中央台的十几套节目也全能收到,还有凤凰卫视、凤凰资讯等,这都是使用了通讯卫星的结果。

2. 卫星通讯技术对电视节目制作的影响

卫星通讯技术不仅使电视节目播出和接收发生了很大变化,也对电视节目制作带来很大影响。

在我国,最早使用卫星通讯技术进行电视节目制作的当属中央电视台的《新闻联播》节目。在此节目中的国际新闻部分都是先通过卫星接收机将新闻接收下来,然后进行翻译,再将其编辑在《新闻联播》的国际新闻部分中。另外,在《新闻联播》中,各地方台的重大新闻也是通过通讯卫星上传到中央电视台的。

现在,一些重大新闻事件的制作也使用了卫星通讯技术。在中央电视台的新闻频道,我们经常会看到使用跨地域直播的内容。例如,在中央电视台 2008 年 5.12 汶川大地震的新闻直播中,节目时不时地就切换到演播室之外的新闻现场,一会儿是中央电视台派往汶川的记者做现场报道,一会儿又切到陕西电视台记者在 109 隧道做的现场报道等等。再如,在 2011 年台风"艾琳"来袭纽约时,中央电视台新闻频道也做了跨地域直播,把演播室播音员的画面和纽约海岸边中央电视台记者的现场报道进行了对切。在各地方台的新闻节目中,我们也经常会看到使用通讯卫星进行跨地域直播的例子。

1.3.2 非线性编辑技术对电视节目制作的影响

自 20 世纪 90 年代起,电视节目后期制作逐步实现非线性化。非线性编辑系统的加盟,使电视节目后期制作发生了根本的变化。

1. 制作系统简单方便

在线性编辑时代,后期编辑系统是比较复杂的,编辑放机、编辑录机、编辑控制器、监视器、字幕机、磁带录音机样样俱全,缺一不可。系统连线复杂,机器占地空间大。

非线性编辑系统使电视节目制作设备大大简化。非线性编辑系统集编辑、切换、特技、字幕、录音、调音于一身。只要有一台能进行上下载的录像机,不需其他设备就能彻底完成电视节目的全部制作。系统连接简单,一般只需一根数据传输线将上下载的录像机和电脑连接起来就可以。机器占地空间小,一个电脑桌就解决问题,减少了设备投入,简化了操作流程。

2. 素材检索直观快捷

在线性编辑时代,要寻找素材必须将素材带放入编辑放机,然后或播放、或倒带、或快进,仔细寻找。因此,"拍摄场记"就显得非常重要,要找某个镜头必须先查拍摄场记。

在非线性编辑系统中,只要将磁带上的素材上载到编辑系统,磁带就不需要了。要寻找素材,将存储的素材文件拖到预演窗口,来回拖动光标就可检索素材,或者在窗口下面的素材时标上任意点击鼠标,就可到达素材的任意位置,非常直观快捷。

3. 特技制作简便丰富

在线性编辑时代,要做特技,一般只能在现场切换时进行,用一台专门的特技机,在摄像机与摄像机之间进行特技切换。在后期编辑时,要想把磁带上的内容做特技转换,不仅需要两台带编辑功能的放像机,而且还需要两台时基校正器,最好也有一台带A/B卷的编辑控制器才能实现。系统非常复杂,操作非常麻烦,有时效果也不理想。

在非线性编辑系统上做特技那就简单多了。有的非线性编辑系统,只要把要做特技的两段素材放在 A 轨和 B 轨上,并让它们有一个重叠区,这个重叠区就是特技区,重叠区的长短决定特技效果的快慢,机器自动生成叠化特技。要改变特技方式,只需双击重叠区,各种特技方式任你选择,非常方便。有的非线性编辑系统在单轨上就可以做特技,例如 AVID 非线性编辑系统,它有水平特技和垂直特技两大类,并能做到23 层画面同时运动。

4. 剪辑手段灵活多样

非线性编辑系统还有很多方便的地方。例如,彻底消除了磁迹断裂的问题,制作人员再不用操心每个镜头的组接磁迹是否连续,磁迹的概念在非线性编辑系统中已经不存在了。另外,在节目中插入或删除一个镜头或一组镜头实现了真正意义上的插入或删除。素材在时间线上前后移动、上下移动都非常方便。在非线性编辑系统中,所有视频、音频、字幕材料都是活的,根据需要都可以左右同轨道移动或上下跨轨道移动,简直可以说是随心所欲。

在非线性编辑系统上制作节目,所有的内容都有很直观的表示,使得每步操作都目的明确,心中有数。另外,所有非线性编辑系统都有操作反悔功能,一旦操作失误,只要执行一下反悔,就可使节目编辑恢复到上一步的状态。AVID 非线性编辑系统最多可以恢复 32 步操作。

1.3.3 硬盘摄像机对电视节目制作的影响

非线性编辑系统的出现是电视节目后期制作的一次革命,许多传统的制作理念和技术在非线性编辑系统中已经变得不适应或简单化了。任何事物都是一分为二的,非线性编辑系统的优点是不言而喻的,但以磁带和蓝光盘为记录媒介的传统制作模式在非线性编辑系统中就显出其弊端,素材的上载和节目的下载相对来说就比较费时费力。这也是传统的线性编辑系统之所以还在电视节目制作系统中不能被淘汰的主要原因。

为了克服非线性编辑系统的这一不足,人们开始研制硬盘摄像机和录像机。现如今,硬盘摄录一体机、卡式摄录一体机大量出现,尤其在高清化的发展进程中大量涌现,使高清化的电视节目制作变得更加简便。

　　使用硬盘摄录一体机或卡式小型高清摄录一体机后,电视节目非线性编辑实现了直接上载(复制或剪切),解决了磁带上载时一对一上载时间的弊端,只需几分钟就能将1个小时的素材上载完毕。因此,硬盘高清摄录一体机是摄像机的发展目标,卡式小型高清摄录一体机是硬盘高清摄录一体机发展过程中的一个过渡阶段。但从卡式小型高清摄录一体机的使用来看,素材的存储形式还存在一些弊端。每拍摄一个镜头,在存储卡上就自动生成一个素材文件,使素材变得支离破碎。如果有朝一日这个问题得以解决,那么,硬盘摄像机将是完美无缺的。

1.4　电视节目制作技术的发展对制播流程的影响

　　技术的发展必然带来劳动生产方式的改进,电视技术也不例外。电视节目制作技术的发展使电视节目制作方式和播出方式也发生了很大的变化。

1.4.1　电视节目制作技术的发展对制作方式的影响

　　电视节目制作是节目艺术和电视技术二者的天然结合。制作人员必须全面了解和熟悉制作方法,制作流程,制作设备的特点、性能、操作以及配套使用的条件等,才能根据节目内容和要求,采用各种技术手段、有效的制作方法以及合理的制作流程,制作出高质量的电视节目。

　　目前,就电视节目制作方式而言有 ENG、EFP、ESP 和 SNG 四种方式。

　　1. 对 ENG 方式的影响

　　ENG 是 Electronic News Gathering(电子新闻采集)的英文缩写。这种方式的最早出现是为了替代早期的新闻电影制作。电视诞生后,随着电视不断普及,电视新闻在电视节目中占的比重越来越大,采拍新闻成为电视台的日常工作,便携式摄录机应运而生。这类便携式的摄像设备,能适应新闻采访的运动灵活性、新闻事件的突发性、电视报道的时效性和现场性。对于这类设备的基本要求是:信号质量较好,在保证信号质量的前提下,体积要尽可能的小,重量要尽可能的轻,操作要尽可能的简单。这种方式不仅被广泛地用于电视新闻拍摄,而且也被用于电视纪录片、专题片和电视剧的拍摄。随着电视技术的不断发展,现在的 ENG 设备都是摄录一体机,而且已经全面实现了高清化,一个人就可以扛着机器去拍摄,可以很方便灵活地深入街头巷尾、村庄山区进行实地拍摄。

ENG 方式大大方便了现场拍摄,但它所获取的素材还需要在电子编辑设备上进行剪辑。因此,它分为前期拍摄和后期剪辑两个阶段。大家每天看到的新闻节目就是用这种方式完成的。

对于重大的新闻事件或紧急新闻事件,一般采用 ENG 车也就是新闻采访车,将ENG 节目制作所需的设备如摄像机、录像机、编辑控制器、监视器、声音系统设备及灯光照明等各种设备安装在小型灵活的汽车上,就组成新闻采访车。这种车的特点是小型、轻便、灵活,可适应紧急新闻现场一次制作而成的要求,可与通讯设备、传输发射设备配合进行直播。

ENG 制作系统框图如下:

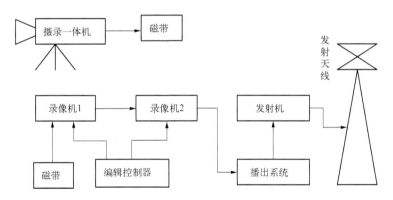

图 1-13　ENG 制作框图

此图展示的是后期使用线性编辑系统的情况,对于纪录片、专题片和电视剧,现在后期制作基本都采用非线性编辑系统。

2. 对 EFP 方式的影响

EFP 是 Electronic Field Production(电子现场制作)的英文缩写。它的原意是对一套设备的统称,叫 EFP 设备或 EFP 系统。这套设备至少包括两台以上的摄像机(大系统有的摄像机可达三四十台)、一个视频切换台、一个音频控制台(也叫调音台)和所需辅助性设备(包括灯光、话筒、录像机和运载工具等)。利用这套设备可以在事件发生的现场或演出、竞赛现场制作电视节目。如果电视节目是在事件发生、发展的同时制作并播出,我们称其为"现场直播"。如果电视节目是在事件发生、发展的同时录制,在以后播出,我们称其为"实况录像"或"实况转播"。无论是哪种节目,在事件发生、发展的时候,构成节目的镜头画面是连续不断的,电视镜头的拍摄、录制和编辑都是与事件的发生、发展同步进行的。

EFP方式主要采用EFP车(电视转播车,也叫直播车或录像车)进行外景实况录制。它能够把几个小时的节目内容,包括画面、声音、字幕、特技、切换等一次制作完毕,也可以把现场录制的节目带回台内进行进一步的加工、修改和补充后播出。它是一种广泛应用于重大新闻事件、文艺晚会、体育比赛等类型的节目制作方式。EFP设备的装备情况相当于一个小型电视台的制作中心,它对各种设备有一定的规范要求。例如,摄像机必须带CCU摄像机控制单元,并且能被切换台同步。EFP制作系统框图如下:

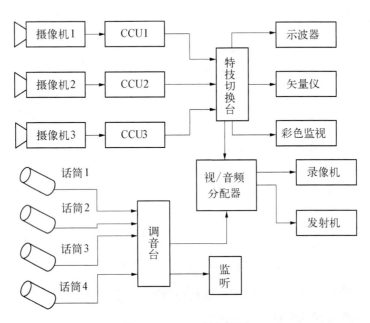

图 1 - 14   EFP 制作框图

EFP制作系统中信号的类型分视频和音频两部分,音频部分是单独走向,跟一般的现场录音类似,视频部分由带同步机的视频特技切换台对各摄像机进行同步锁相,保证各摄像机的指标一致,保证通过视频特技切换台切换后,得到稳定、良好的画面效果。

EFP制作方式由于它的摄录过程与事件发展同步进行,现场感特别强,同时具有制作节目的连续性。它的最大特点是"多机摄录、即时编辑"。EFP制作方式是最能发挥电视独特优势的制作方式,尤其是一些重大新闻事件的现场直播,例如,近几年播出过的 2008 年的北京奥运会开幕、闭幕和重大赛事,2009 年的 60 周年国庆大典,上海世博会开幕,嫦娥一号、天宫一号升空等。这类节目制作的成功,取决于导播的高超、娴熟的指挥和调度,更依赖于全体现场制作人员的密切配合。对各工种的要求也非常严格,任何人都不能出现操作上的失误。一旦操作失误,会无可挽回地将失误呈现给观众,造成直播节目的缺憾。如图 1-15 所示就是电视节目中不该出现的一些缺憾。

图 1-15 电视节目中出现的缺憾

在新技术条件下,EFP 方式没有太大的变化,有的只是设备的更新换代。现在的 EFP 系统基本已经实现高清化。在大的 EFP 系统中微波传输和卫星传输用得越来越多。

3. 对 ESP 方式的影响

ESP 是 Electronic Studio Production(电子演播室制作)的英文缩写。自频道专业化和节目栏目化以来,电视台自办节目大量涌现,ESP 演播室节目制作越来越多。ESP 演播室系统的构成和 EFP 系统差不多,不同的是信道的数量、摄像机的质量和重量。

由于演播室在设计和建造时,预先考虑到了节目录制和播出的要求,它具有高保真的音响效果、完备的灯光照明系统和自动化调光系统、布景中心、录制设备和控制设备等。它使用的摄像机是摄像机发展过程中质量最好的固定式摄像系统,如高清晰度、数字化的广播级摄像系统。因其常年架设在演播室,基本不需搬动,这类摄像机的体积和重量就不受限制,可架在有移动轮的液压支撑装置上,使摄像机的操作移动平稳可靠。ESP 系统使用的特技机是最高级的多功能型的特技机。ESP 制作方式不仅技术质量高,特技手段丰富,而且艺术感染力强,是一种较为理想的制作方式。

ESP 方式既可以先拍摄录制,后编辑配音,也可以多机同时拍摄,在导演切换台上即时切换播出。ESP 方式综合了 ENG 和 EFP 两者的优点,手段灵活,可用于各类节目的制作,已成为电视台大、中、小型各类自办节目的主要制作手段,例如中央电视台每年的《春节联欢晚会》,每天的《新闻联播》,还有像《星光大道》、《非常6+1》、《艺术人生》、《我要上春晚》、《欢乐英雄》、《挑战主持人》等。

4. SNG方式

SNG是Satellite News Gathering的英文缩写,即卫星新闻采集,是指利用可移动运载转播车安装地面卫星发射站装置,传送现场拍摄制作的新闻节目,被认为是ENG和EFP方式的发展形态。现在我们经常能看到有些新闻节目中的视频连线就是通过SNG方式制作的。SNG方式的新闻时效快、传播距离远、范围广,在所有的制作方式中具有最为突出的传播优势。SNG方式的装备包括摄像机、录像机、编辑设备、小型卫星地面发射站、电视转播车等。在现场新闻采访的同时,只需接通线路、调整天线,就能将视频信号和音频信号直接发射到通讯卫星上,再由地面电视台通过地面站和卫星接收机将信号接收下来,实现即时播出。

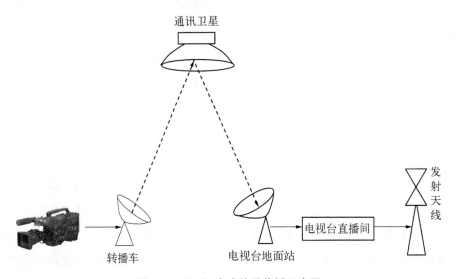

图 1-16 SNG方式信号传播示意图

1.4.2 电视节目制作技术的发展对制播流程的影响

从广义上讲,电视节目制播流程包括:前期选题,制订计划,采访拍摄,后期初编,制作特效,添加字幕,配音合成,最后送审播出。从狭义上讲,电视节目制播流程是指从前期拍摄到后期初编,配音,串编制作和播出。根据狭义流程的定义,电视节目制播流程可概括为"多版制作"和"制播合一"两种流程链。技术的发展使电视节目制播流程不断发生变化。

1. 电视节目制作技术的发展对"多版制作"模式的影响

"多版制作"模式是指,在结束前期拍摄进入后期制作时,一般都要经过单机初编（一对一编辑）、精编（多对一编辑）、配音、加字幕、做特技、录口播等过程,之后再将节目编成一条播出带,送交播出部门播出。其方框图如图 1－17 所示。

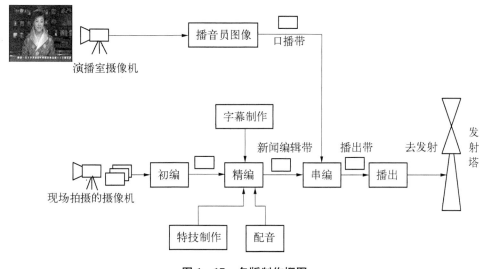

图 1－17　多版制作框图

这种制播流程现在主要用于新闻制作和一些时间要求很紧的新闻专题节目。其他节目基本都使用非线性编辑,这样磁带只翻一版就将素材上载到非线性编辑系统中。

在多版制作系统中,磁带贯穿于整个制作流程中,使其制作有如下特点:

一是节目带在流程中始终贯穿,这样制作以创作者为中心,显示出个性化特点,而且制作和播出分为不同的两个阶段。

二是由于磁带的多版复制,节目制作相对来说要费时费力,画面质量因此也会出现劣化现象,这就要求在制作过程中要想尽一切办法尽量减少磁带的复制次数。

三是系统构成小,套数多,系统配置齐全。如每个单机对编都要配特技机、字幕机、录音机等,设备投入相对增多,编辑记者的占机率较高。

2. 电视节目制作技术的发展对"制播合一"模式的影响

"制播合一"系统与"多版制作"系统的流程不一样,节目制作不再局限于单机"对编",而是先将素材初编制成半成品,随后直接送上串播线,在切换台上同播音员口播图像以及字幕、特技、提花"一次性"合成制作或播出。节目在特定的流程里制作,完成于播出过程之中。现在的新闻节目大多数是采用这种方式来进行制作与播出的。"制播合一"系统的方框图如图1-18所示。

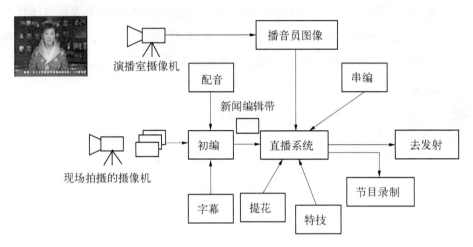

图1-18 制播合一框图

"制播合一"系统是建立在磁带编辑基础之上的,但在操作上更注意"系统"的概念,模式化生产的特点较为明显,就新闻制播系统流程来看,有如下几点优势:

(1) 新闻播出是依靠每盘磁带的排序完成的,播出中临时撤换或调整磁带前后次序是非常便利的,为新闻播出的机动性提供了系统保证。

(2) 从理论上讲,模拟专业录像机每复制 n 版,信噪比便会下降 10^n。"制播合一"系统以较少的制作版数使画面质量得以改善。

(3) 统一的"模式化"制作,有利于包装风格的统一和屏幕的美化。

(4) 制播合一系统使一批像导播、动画制作、直播音响师、字幕包装等专业技术制作人从幕后走向前台,他们在制播过程中(尤其是直播时)的心理素质得到锻炼,节目制播运作水平得以提高。

1.5 数字时代电视节目的制作特点

计算机已经成为我们生活的一部分。从具体的技术角度来说,只有数字化了的信息才能被电脑加工、处理。数字化的信息与模拟化的信息相比,在存储、检索、处理、传送和利用各个方面都有着无可比拟的优越性。以往的声音、图像信息都是以物理的、模拟的信号作为载体的,因此,在电视节目制作实现数字化时,首要问题就是要实现信息的数字化,把以文字、声音、图像或影像等形式反映的信息转化为数字化的方式,以满足对信息的处理和传播的要求。

数字化的影视制作技术,简单地说,就是运用计算机软硬件技术对数字化的电影电视信号进行加工、处理,在数字化的环境中完成节目的前、后期制作。这种数字信号可以是直接产生的数字信号,如数字摄像机产生的数字信号、电脑软件生成的数字信号;也可以是由模拟信号经过数字化过程后产生的,如经过扫描得到的数字图像、用视频采集卡获得的数字视频等。

1.5.1 视频信号的数字化

视频信号包括图像和字幕,图像又包括活动图像和照片。

1. 活动图像的数字化

在现如今的数字化时代,我们使用的摄像机、录像机都是数字式的,但以磁带为记录媒介的摄录一体机拍摄的素材,要将其上载到非线性编辑系统中,必须经过采集才能得到在非线性编辑系统进行加工处理的视频信号,实现活动图像的数字化。

活动图像数字化时,就存在数字文件格式的问题,不同厂家生产的非线性编辑系统,采集后生成的文件格式有所不同。常见的视频格式有:AVI、OMF、MPG2、MPG4、WMV、VOB、RM、FLV 等。通用的视频格式是 AVI,几乎所有的非线性编辑系统都支持 AVI 文件。AVI 和 OMF 是目前图像质量最高的视频格式,其次是MPG2 和 MPG4。

对于新式的存储卡式摄像机和硬盘摄像机,它们直接生成能在非线性编辑系统中使用的视频格式,常见的有的生成 MPG4 格式,有的生成 AVI 格式。

2. 照片的数字化

现如今,在电视节目中使用的照片有两种形式,一种是传统的纸质照片,另一种是由数码相机拍摄的数码照片。对于数码照片,直接将其导入到非线性编辑软件中,就可使用。对于纸质照片,要将其先数字化,然后导入。方法有二:一是用扫描仪将其扫描成数码照片,二是用数码相机将其翻拍成数码照片。如果导入的照片文件时间不够长,可以作静帧处理。还有一种最原始的方法,就是用摄像机拍摄照片,将其记录在磁带上,然后采集到非线性编辑系统中。

1.5.2　音频信号的数字化

音频信号包括音乐、音响和文字语言。文字语言又包括对白、旁白、解说和现场同期声。

1. 音乐的数字化

这里的音乐指后期添加的主观音乐即配乐,客观音乐属于现场同期声的范畴。现在计算机网络非常普及,需要什么配乐直接在网上搜索、下载,再导入到非线性编辑系统中即可。要注意的问题是,一般的非线性编辑系统支持的音频格式为 WAV 和 MP3,其他格式有时无法导入,因此要通过格式工厂或音频解霸将其转换为 WAV 或 MP3 格式。所有的非线性编辑系统都支持 WAV 格式。

2. 音响的数字化

和音乐一样,可以借助计算机网络下载所需要的音响效果。如果使用音响资料带,必须先进行音频采集,使其变为数字文件,然后才能使用到节目中。

3. 文字语言的数字化

文字语言的数字化主要指解说、对白和旁白。现场同期声一般在视频采集时和视频一起采集到非线性编辑系统中,可以有选择地进行使用。解说、对白和旁白的数字化和视频一样也要进行采集,只不过只采集音频罢了。

数字化影视制作技术的广泛应用,不仅具有以往模拟设备难以达到的高质量的图像指标,给传统的制作手段带来了变革,更重要的是,它改变了影视业的生产方式,给影视创作观念带来了深刻的冲击,可以说是一场思维意识的革命,编导人员过去难以达到的创意在数字化的制作环境中得以实现。同时,更重要的是它为影视制作开辟了更为广阔的发展空间,影视创作进入了一个"只有想不到,没有做不到"的新境界。

影视节目的后期制作是节目制作中的关键一环,它是形成一个节目最终的视觉效果、节奏感以及观众感受的最后步骤,包括剪辑、配音、片头、片尾等。这在以前是一项非常耗时、耗力的工作。而以计算机软硬件技术为代表的数字化后期制作技术在近年来得到了突飞猛进的发展,以前所未有的速度进入到影视后期制作领域,改变了传统的影视节目制作方式。在不到 60 年的时间里,影视编辑从最初的机械剪接,到后来的电子编辑,现在发展成为运用计算机进行处理的先进的非线性编辑制作技术,它广泛地应用于新闻专题节目、纪录片、电视剧、电视广告、MTV、节目包装等领域,为电视节目带来了全新的制作手段。

实验一　　　　　　　电视节目制作概览

实验目的：1. 熟悉电视节目摄像工作的基本情况。

2. 了解电视节目制作的现状。

3. 了解 ENG 方式的基本流程。

4. 了解 EFP 和 ESP 方式的基本流程。

实验内容：讲解电视摄像机的发展过程和目前的最新技术动态；电视节目制作的
　　　　　基本过程。让学生参观摄录技术实验室、线性编辑实验室、非线性编
　　　　　辑实验室和演播室。

主要仪器：DSR－PD150P　3CCD 全自动小型摄像机　　　　　5 台

　　　　　GY－DV500EC　3CCD 专业型大摄像机　　　　　　15 台

　　　　　DSR－1600P、DSR－1800P 线性编辑系统　　　　　2 套

　　　　　AVID 网络非线性编辑系统　　　　　　　　　　20 套

　　　　　LDK－300 演播室摄像机　　　　　　　　　　　　3 套

教学方式：集中讲解和多媒体展示相结合；走访参观和教师讲解相结合。

预习要求：课程讲授的第二章《数字摄像机》相关内容。

实验时数：3 学时。

市章思考题

1. 高清摄像机有何特点？

2. 现行的电视制式有几种？和电视节目制作有何关系？

3. 何为 3D 电视？

4. 何为 4 K 技术？

5. 数字电视节目制作的五种格式指什么？

6. 电视节目制作方式有哪几种？各有什么特点？

7. 什么是"多版制作"？画出其框图。

8. 什么是"制播合一"？画出其框图。

9. 非线性编辑有何优缺点？

10. 数字化制作有何特点？

第二章

数字摄像机

学习目标

1. 了解电视画面的形成过程。

2. 熟悉摄像机的类别及性能。

3. 了解摄像机的技术规格和技术指标的含义。

4. 熟悉摄像机的光学系统及性能。

5. 熟悉色温的概念及与摄像工作的关系。

6. 熟悉摄像机光电转换器件的性能。

20世纪50年代以后,有一只眼睛处处注视着人类社会,这只眼睛就是摄像机。自从第一台用磁带记录图像的摄像机、录像机在20世纪50年代中期诞生后,短短60余年时间,摄像机、录像机已经走过了信号性质从模拟信号到数字信号,图像清晰度由标清到高清的发展过程。与此同时,摄像机、录像机的成本成倍下降,体积不断缩小。如今电视摄像机更为普及,随着人类前进的脚步,摄像机、录像机上揽九天星云,下观五洋鱼鳖。工厂、商场有电子眼,银行、马路有电子警察,举世瞩目的"神舟五号"、"神舟六号"、"神舟七号"载人宇宙飞船上也安装了摄像机,把宇航员在飞船里的生活状态和活动的全过程面向全世界发射,使世人看到了他们在宇宙飞船里的一举一动。

2.1 电视画面的形成

当人类发明了用电传输语音信息的电话和传输静止图片的传真机以后，人们开始梦想用电来传输活动图像。电视的产生使这一梦想成为现实。利用电视传送活动图像，最根本的两个环节是如何将人眼所观察到的光像转换为可以传送的相应的电信号，以及此后如何在接收端再将电信号恢复成原来的光像。首先是将光信号转换为电信号，摄像机的光电转换器件就是实现这个转换的专用工具。

概括起来讲就是，摄像机利用摄像靶面材料的光电转换原理，将镜头摄取的光信号（镜头的成像）转换为相应的电信号，这些电信号经过一系列的编码处理后，合成为标准的彩色视频信号。当摄像机获取的彩色视频信号传送到录像机的视频输入端后，这些图像就以磁信号的形式记录在录像机的磁带上。如果通过视频电缆将这些彩色视频信号直接传送至电视监视器，或将这些信号通过彩色电视发射系统发射出去，并被一定距离内的电视机接收，监视器和接收机又将电信号转换成光像，就能在电视机屏幕上看到摄像机镜头所摄取的图像——电视画面。

摄像机在转换时，是将一幅图像划分成许多大小相等而明暗、色调不等的最小单元，这些最小的单元在电视系统中被称为像素，像素按一定的顺序排列起来即可构成原来的图像，由所有像素组成的一幅图像称为一帧。

电视传送活动影像的关键在于：第一，把待传送的电视画面分解成若干像素；第二，把这些明暗、色调不等的像素变换成相应的大小不同的电信号并同时传送出去。实践证明，为了保证一幅图像逼真而清晰，至少应将其分解成几十万个像素。如果将这几十万个像素转换而成的电信号同时传送出去，需要几十万条传输通道。从技术上讲，这种同时传送的方法是难以实现的。

在电视技术中通常采用的传送方法是：把画面上的像素按从左到右、从上到下的顺序逐一变换成相应的电信号，然后用一条通道依次进行传送，在接收端也按同样的顺序把像素一一恢复于显像管屏幕上，人们称这样的传送方法为像素顺序传送法。这种方法需要满足以下三个方面的要求。

第一，传送速度必须足够快。这样，才能利用人眼的视觉暂留特性和荧光屏发光材料的余辉特性，使观众感到被顺序恢复的图像在电视屏幕上是同时发光的。PAL

制式彩色电视系统采用的是每秒 25 帧的传输速度；NTSC 制式彩色电视系统采用的是每秒 30 帧的传输速度。电影通常情况下采用的是每秒 24 幅的拍摄和放映速度。

第二，传送的顺序控制要准确。也就是说，每一帧画面上的每一个像素一定要等轮到它时，才能进行电信号的转换与发送，这一过程被称为"扫描"。电视摄像机的扫描方法是，在每个成像靶面后面有受摄像机中扫描电路控制的电子束，电子束在靶面背后扫描，将靶面上光电转换器件感应出的电信号很规则地一一扫过，并用一根导线传送出去。

第三，在接收端所恢复的像素的几何位置要与发送端一一对应，而且恢复的次序也要与发送端相同，这个过程被称为"同步"。电视机中也有扫描电路，但其工作方式是受摄像机拍摄图像时同步发生器发出的附加在视频信号上的同步信号同步的。如果没有被同步住，电视接收机的图像就会滚动或拉横条。

这种像素的顺序传送系统，是现代电视技术的基础。在电视系统中，这类扫描与控制工作全部由机器内部的电子线路来完成。

2.2　摄像机的类别

摄像机用途广泛、种类繁多，分类方法也多种多样，可以按其质量、制作方式、摄像器件、信号方式等标准来进行分类。

2.2.1　按质量分类

按摄像机质量的不同，可分为广播级、业务级和家用级三大类。

1. 广播级

广播级摄像机主要应用于大型电视台。

在电视节目制作系统中，不论在任何时期，广播级的摄像机图像质量都是那个时期最好的，性能是最稳定的，自动化程度也是最高的。

从技术指标上讲，一般要求这类标清摄像机的分解力水平方向要达到 550 电视线，垂直方向达到 575 电视线以上；图像信号与杂波信号的比值（信噪比）要达到54 dB以上；在允许的工作范围，图像质量劣化很小，达到较低失真或无失真的程度。广播级摄像机无论是 ESP 制作方式，还是 EFP 制作方式以及 ENG 制作方式，都有其相应的设备,但这类摄像机一般体积大、重量重、价格贵。

图 2-1 广播级摄录一体机

图 2-2 广播级摄录一体机

2. 业务级

业务级电视摄像机一般应用于中、小型电视台,文化宣传、教育、工业、交通、医疗等领域。

业务级摄像机比广播级摄像机低一个档次,它的图像质量较好,价格适中,重量较广播级稍轻一点。

从技术指标上讲,业务级摄像机一般要求水平清晰度达到 450 电视线,信噪比(S/N)达到 50 dB 以上。在功能上它几乎具有广播级的所有功能,对于一些特殊用途的业务级摄像机来说,还必须具备一些特殊的功能,如显微摄像机、红外线摄像机等。

图 2-3 业务级摄录一体机

3. 家用级

家用级摄像机是电视摄像机中质量最低的一类摄像机。这是一种用于家庭文化娱乐的摄像机,其操作人员往往没有经过专业培训,因此要求结构简单,操作简便,而图像质量水平只要能与家用录像机、电视机相配合,能满足一般的观看即可。从技术指标上讲,此类摄像机水平清晰度一般在 350 电视线左右,但对灵敏度要求很高,一般最低照度要求达到 0.75~1 Lx,以使摄像机有更广泛的使用领域。摄像机的自动控制功能很强,使非专业人员无需手动调整,就能使各种参数自动达到最佳状态,例如自动白平衡功能、自动聚焦功能、自动光圈功

图 2-4 最高级的家用摄录一体机

能、自动增益功能等。此类机器也往往带有一些简单的特技功能,如淡变、定格、叠化、划像等。家用级摄像机一般价格便宜,结构小巧,携带方便,在电视节目制作中也有一定的用途,例如从运动员角度拍摄赛车的比赛实况,事件现场目击者自己抢拍事件发生现场状况,登山运动员自己拍摄登山活动等。

2.2.2 按制作方式分类

按电视节目制作方式分类,摄像机可分为 ESP 用、EFP 用和 ENG 用摄像机三大类。

1. ESP 用摄像机

ESP 用的摄像机要求图像质量最好,通常非常沉重,需要用三脚架或其他一些类型的摄像机底座设备来支撑,不方便随意搬动。

图 2-5 ESP 演播室专用摄像机

这类摄像机不带录像机,机身后半部分是与摄像机控制单元(CCU)相连的专用适配器,厂家不同,型号不同。现行的适配器与摄像机控制单元(CCU)连接采用多芯电缆或三同轴电缆两种方式。多芯一般为模拟信号方式;三同轴为数字信号方式。

高质量的 ESP 用摄像机包含有三个 CCD 和许多电子控制装置,它们装配有一个大的镜头和大的寻像器,因此,整个摄像机头比一般的便携式摄像机重得多。

图 2-6 ESP 演播室专用摄像机

图 2-7 ESP 演播室专用摄像机

它们也往往需要通过电缆(包括多芯电缆或三同轴电缆)把摄像机和摄像机制作单元 CCU、同步发生器、电源等一系列制作高质量的电视节目所必需的设备相连接。

现在使用的 ESP 摄像机主要是数字摄像机。高清晰度电视摄像机是一种新的发展趋向。高清晰度摄像机(HDTV)有超级的分辨率,其水平清晰度可高达 1 125 行,相当于现行电视系统(625 行)的两倍,因此色彩更加逼真,电视图像从最亮到最暗有更多丰富的层次,使它成为 35 mm 电影的一个强有力的对手。HDTV 摄像机是一种高度专业化的电视摄像机,通常采用 16∶9 的宽高比,类似于宽银幕电影的宽高比例。高清晰度摄像机之所以难以普及,主要原因是视频系统的所有元素都必须是高清晰度的,不仅仅只是摄像机本身。目前日本几家公司都推出了小高清摄像机,像 SONY 的 HVR－Z1C、JVC 的 GY－HDV111EC 等,这些设备价格较低,4 万元左右,再加上一套支持高清的非线编,就能实现高清晰度电视节目的制作。现在高清晰度制作系统主要用于非广播电视领域的电子化的电影制作。

2. EFP 用摄像机

EFP 方式使用的摄像机往往是便携式的,摄像机中包括了摄像机系列的所有部件。它可以采用电池供电方式,也可以采用交流电源供电方式。从构成形式上看,这种方式使用的摄像机,几乎包括了 ESP 系统的所有部件。EFP 用摄像机质量与 ESP 用摄像机相当,但体积更小,可以满足轻便型现场节目的制作需要。

图 2－8 EFP 用摄像机

3. ENG 用摄像机

ENG 用摄像机是典型的便携式摄像机,而且基本上都是摄录一体机。

ENG 用摄像机工作于复杂多变的拍摄环境中,它要求摄像机体积要小,重量要轻,便于携带,对非标准的照明情况有良好的适应性,在恶劣的气候条件下有良好的工作稳定性,自动化程度高,在实际操作中调整方便。

图 2－9 ENG 用摄像机

无论是 ESP 用、EFP 用、还是 ENG 用摄像机,都在向高质量化、固体化、小型化、高清晰度化等方向发展,它们制作的电视图像质量的差别也越来越小。

2.2.3 按摄像机的光电转换器件分类

按摄像机的光电转换器件分类,摄像机可分为摄像管摄像机、CCD 电子耦合器件摄像机和 CMOS 摄像机。

1. 摄像管摄像机

摄像管相当于此类摄像机的"心脏",其靶面材料常采用氧化铅、硒砷碲等。因此,摄像管摄像机可按其光电靶材料不同分为氧化铅管摄像机和硒砷碲管摄像机等。氧化铅管摄像机常用于广播级摄像机,其图像质量好,灵敏度高,光电转换线性好。硒砷碲管摄像机常用于业务级摄像机,价格较低,图像质量和性能接近氧化铅管摄像机。

摄像管摄像机还可按摄像管的数量分为单管、两管和三管。广播电视系统采用的都是三管摄像机,这类摄像机彩色还原好、清晰度高、图像质量优。家用级摄像机大多采用单管。

摄像管直径的大小与图像质量有很大关系,因此,摄像管式摄像机也可按成像器件的尺寸分类,有 5/4 英寸、1 英寸、2/3 英寸、1/2 英寸和 1/3 英寸等。尺寸越大,有效像素越多,图像清晰度越高,灵敏度越好,体积也越大。5/4 英寸和 1 英寸常用于 ESP 方式,2/3 英寸常用于 EFP 和 ENG 方式,1/2 英寸常用于 ENG 和家用系列。现在,摄像管摄像机已经被淘汰。

2. CCD 摄像机

CCD 摄像机是采用电子耦合器件替代摄像管来实行光电转换、电荷储存与电荷转移的。CCD 的功能相当于摄像管,但它具有体积小、重量轻、寿命长、工作电压低、图像无失真、抗灼伤等摄像管无可比拟的优点。目前,广播电视系统使用的摄像机都以 CCD 为光电转换器件。

CCD 摄像机拍摄的图像质量与 CCD 的感光面积、CCD 的工作方式有很大关系。按摄像机使用 CCD 的个数可分为单片、两片、三片式摄像机,三片式摄像机质量最好,广播电视系统均采用三片式 CCD 摄像机。

CCD 摄像机按其相当于摄像管的感光靶面对角线尺寸可分为 2/3 英寸、1/2 英寸和 1/3 英寸等。尺寸越大,图像质量越高。

CCD 摄像机还可以按 CCD 电子耦合器件的电荷转移方式分为 IT(行间转移)方式、FT(帧间转移)方式和 FIT(行帧间转移)方式三种。等级稍高的取 FIT,稍低点的取 IT,而 FT CCD 摄像机亦不乏佼佼者。

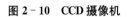

图 2-10　CCD 摄像机

3. CMOS 摄像机

CMOS 是索尼公司研制的一种光电转换器件，
目前只应用在索尼的一些小型摄像机上。CMOS 和 CCD 在制造上的主要区别是：
CCD 是集成在半导体单晶材料上，而 CMOS 是集成在被称做金属氧化物的半导体材
料上，工作原理没有本质的区别。CCD 只有少数几个厂商例如索尼、松下等掌握这种
技术。而且 CCD 制造工艺较复杂，采用 CCD
的摄像头价格都会相对比较贵。事实上经过
技术改造，目前 CCD 和 CMOS 的实际效果的
差距已经减小了不少。而且 CMOS 的制造成
本和功耗都要低于 CCD 不少，所以很多摄像
头生产厂商都采用 CMOS 感光元件。成像方
面：在相同像素下 CCD 的成像通透性、明锐
度都很好，色彩还原、曝光可以保证基本准

图 2 - 11　CMOS 摄像机

确。而 CMOS 的产品往往通透性一般，对实物的色彩还原能力偏弱，曝光也都不太
好，由于自身物理特性的原因，CMOS 的成像质量和 CCD 还是有一定距离的。但由
于 CMOS 低廉的价格以及高度的整合性，因此在摄像头领域还是得到了广泛的应用。

因为 CMOS 结构相对简单，与现有的大规模集成电路生产工艺相同，从而生产成
本可以降低。在原理上，CMOS 的信号是以点为单位的电荷信号，而 CCD 是以行为
单位的电流信号，前者更为敏感，速度也更快，更为省电。现在高级的 CMOS 并不比
一般的 CCD 差，但是 CMOS 工艺还不是十分成熟，普通的 CMOS 一般分辨率低而成
像较差。

2.2.4　按产生的信号性质分类

按产生的信号性质分类，摄像机可分为模拟摄像机和数字摄像机两类。

1. 模拟摄像机

模拟摄像机内部采用模拟信号处理方法，输出的是模拟信号，即视、音频信号的幅
度和时间都是连续变化的模拟量。

现在模拟摄像机已经被淘汰，电视节目制作领域使用的都是数字摄像机。

2. 数字摄像机

数字摄像机内部采用数字信号处理方法，输出的是数字信号，即视、音频的幅度和

图 2-12　数字摄像机

时间都是离散的数据。数字信号有比模拟信号便于加工和处理的优点,可以长期保存和多次复制,抗干扰和抗噪声能力强,尤其是在远距离传输时不会产生模拟电路中不可避免的信噪比劣化、失真度劣化等损害,大大提高了电视节目的制作质量。因此,作为电视节目制作的信号源采集设备的数字摄像机,在广播电视领域得到了广泛使用。

2.2.5　按摄像机录像机的结构分类

按摄像机录像机的结构分类,摄像机可分为摄录分体机和摄录一体机两类:

摄录分体机是早期的机型,但现在演播室系统使用的都属于摄录分体机;另外,有些电视剧组为了导演观看方便,使用的大多也是摄录分体机。

摄录一体机是摄像机与录像机结合成一个整体的设备。它们的体积较小,重量较轻,可以由一个人独立操作,机动灵活,广泛用于 ENG 前期拍摄录制和家庭中使用。早期的摄录一体机是由摄像机和录像机组装而成的,现在的摄录一体机机身是一个整体,不能分离。

2.2.6　按扫描线数分类

按扫描线数分类,摄像机分为高清晰度摄像机和标准清晰度摄像机两类。

高清晰度摄像机的行扫描线频率为 1 250 行,目前有 1080i 和 720P 两种格式。1080i 采用的是隔行扫描方式,而 720P 采用的是逐行扫描方式。无论哪种扫描方式,它们的画幅宽高比都是 16∶9。

标准清晰度摄像机的行扫描频率为 625 行,其画幅宽高比为 4∶3,有的也有4∶3和 16∶9 可切换式的。

2.2.7　按记录媒介分类

按记录媒介分类,摄录一体机可分为传统的磁带记录式摄像机、光盘记录式摄像机、硬盘记录式摄像机和存储卡记录式摄像机四种。从长远考虑,硬盘记录式摄像机将替代磁带记录式摄像机,而光盘记录式摄像机和存储卡记录式摄像机是一些过渡产品。

2.3 摄像机的技术规格和技术指标

摄像机的技术规格和主要技术指标是选择和客观评价摄像机质量的主要依据。

2.3.1 摄像机的技术规格

摄像机的技术规格包括摄像方式、摄像器件、光学系统组成和相关参数、信号处理方式、色温滤色片档数，等等。例如，JVC 公司生产的 GY-DV500EC 摄像机的技术规格为：

(1) 成像器件：1/2 英寸 IT（行间转移）CCD×3

(2) 彩色分离光学系统：F1.4 三色分光棱镜

(3) 有效像素：44 万像素（(H)752×(V)582）

(4) 彩色制式：PAL(R-Y、B-Y 编码)

(5) 镜头安装：刺刀型（与 1/2 英寸镜头兼容）

(6) 滤光片：3200 K、5600 K、5600 K+ND

(7) 增益：-3、0、6、9、12、18 dB、ALC、LOLUX

(8) 快门速度：1/125、1/250、1/500、1/1000、1/2000

(9) 可变扫描速度：50.1 Hz 至 2067.8 Hz

(10) 视频输出信号：1Vp-p，75 Ω(BNC)不平衡式复合输出

2.3.2 摄像机的主要技术指标

1. 灵敏度

灵敏度反映了摄像机对光像反应的灵敏程度，通常以在 2000 Lux 照度下，色温为 3200 K 时，拍摄反射系数为 89.9％的景物，信号输出为 700 mV(0.7 V)时，摄像机使用的光圈大小来表示。例如，索尼 DVW-970 摄像机的灵敏度为：F11，2000 Lux。JVC 的 GY-DV500EC 摄像机的灵敏度为：F11，2000 Lux。松下 AJ-D908MC 摄录一体机的灵敏度为：F13，2000 Lux。

灵敏度高，就意味着拍摄低照度景物时，视频图像相对来说色彩失真少，电子噪音小；灵敏度低，就有可能使视频图像显示为黑白或在画面暗部区域出现噪波点。

2. 图像清晰度

图像清晰度是指摄像机分辨黑白细线条的能力,通常用图像中心部分的水平分辨率来表示。摄像机的成像装置是决定图像清晰度的主要因素,其他的因素有镜头、分光系统、扫描系统的线数等。从技术的角度讲,分辨率取决于扫描线和像素的数量,每一幅画面的扫描线数越多,每一行的像素越多,图像的清晰度就越高。

水平清晰度即水平分解力,是指图像中心部分沿水平方向能够分辨的电视线数。对于 CCD 摄像机,整个图像内的水平清晰度都是一致的。例如,JVC 的 GY-DV500EC 摄像机的清晰度为:水平分解力在 650 电视线以上,垂直分解力在 450 电视线以上;索尼 DVW-970 摄像机的清晰度为:水平分解力在 700 电视线以上,垂直分解力在 450 电视线以上;松下 AJ-D908MC 摄录一体机的清晰度为:水平分解力在 750 电视线以上,垂直分解力在 450 电视线以上;索尼高清晰度摄像机 HDW-F900R 摄录一体机的清晰度为:水平分解力在 1000 电视线以上。

3. 信噪比(S/N)

信噪比是在标准照度 2000 Lux 下,摄像机图像信号对于绿通道或亮度通道在没有进行伽玛校正和孔阑校正时测量的信号与噪波的比例,简称信噪比。信噪比是摄像机的主要指标,该项指标越高越好。例如,JVC 的 GY-DV500EC 摄像机的信噪比是 58 dB;松下 AJ-D908MC 摄录一体机的信噪比是 63 dB;索尼 DVW-970 摄像机的信噪比是 65 dB;索尼高清晰度摄像机 HDW-F900R 摄录一体机的信噪比是54 dB。

4. 最低照度

最低照度是在一定信噪比的条件下,比较所需景物照度的大小。照度越低,说明摄像机的灵敏度越高,它也是灵敏度的另一种表示方法。例如,JVC 的 GY-DV500EC 摄像机的最低照度是 0.75 Lux(F1.4 LOLUX 方式);松下 AJ-D908MC 摄录一体机的最低照度是 0.01 Lux(在 F1.4 条件下,+48 dB,+20 dB 增益);索尼 DVW-970 摄像机的最低照度是 0.008 Lux(F1.4,+48 dB 增益,电子快门 16 帧);索尼高清晰度摄像机 HDW-F900R 摄录一体机的最低照度是 0.03 Lux(F1.4,+42 dB 增益)。

5. 图像的几何失真

图像的几何失真是表示重现图像与实际图像几何形状的差异,是衡量有管摄像机图像质量的一个主要标志。CCD 摄像机不存在几何失真。

6. 量化

数字量化和数字信号处理的等级是数字摄像机出现后新增的技术指标。CCD 器件产生的模拟信号必须转换成数字信号,再进行数字处理,这一转换和处理的精度对信号的技术质量有重大影响,因此必须加以限定。对演播室数字信号编码规定的最低要求是 8 bit 量化。

模拟信号和数字处理的参数之间存在一定的关系,信杂比和动态范围与在转换成数字信号时使用的量化级数成正比。因此,一个 10 bit 的数字信号比 8 bit 的数字信号在信杂比和动态范围方面有 12 dB 的改善。今天广播级的数字摄像机 A/D(模/数)转换的量化级数多为 12 bit,可以在信杂比的动态范围上增加 24 dB 的优势。使用 12 bit 的 A/D 转换器,可对 600% 的视频电平采用动态压缩算法进行处理。这一功能使摄像机在强光下拍摄时,大大增加了高亮度的层次,降低了高亮度的彩色畸变,提高了拐点的级数。同样 600% 电平,压缩至 100% 电平,10 bit 拐点压缩为 438 级,而 12 bit 则高达 672 级,大大提高了图像的层次。

20 世纪 90 年代中期,大部分摄像机厂家开发的摄像机多采用 10 bit A/D 转换器,再用 13 bit 数字处理。到 90 年代末期,各摄像机厂家开发的摄像机几乎都采用 12 bit A/D 转换器。

7. 重合精度

三片或三管式摄像机重现的彩色图像是由红、绿、蓝三个基色图像混合得来的,三个摄像管的空间位置和几何位置必须一致,否则混合出来的图像必然会出现红、绿、蓝等色的彩色镶边。重合精度是用来衡量彩色摄像机红、绿、蓝三个光栅重合配准的程度,重合误差越小,精度越高。因此,在三管摄像机中就有中心调整开关,用来调整三个摄像机管的几何位置。

对于 CCD 式摄像机,因为 CCD 结构简单、体积较小,可以在摄像机中固定得很牢固,不会产生空间位置的移动。因此,在 CCD 式摄像机中没有中心调整开关,它们的重合精度为 100%。

2.4 彩色电视摄像机的工作原理

彩色电视摄像机位于电视系统的最前端,是电视系统的主要信号源,是彩色电视系统的最关键的设备之一。

彩色电视摄像机既是光的分解设备,又是光电转换设备。它利用三基色原理把彩色景物的光像分解为红、绿、蓝三种基色光像,由摄像管或 CCD 电子耦合器件完成光信号到电信号的转换,然后通过各种电路对信号进行放大、加工、处理,最后编码形成符合一定规范的全电视信号(或视频信号)。

就电视摄像机而言,主要由光学系统、机身、寻像器、声音采集和传输系统等组成。

2.4.1 光学系统

摄像机的光学系统有三个主要功能:景物成像、基色分光和色温校正。这三种主要功能分别由变焦距镜头、分色装置和色温变换滤色镜来完成。

1. 变焦镜头

镜头决定着摄像机能够看到什么。变焦距镜头由于它的焦距范围是连续可调的,但其成像面的位置是保持不变的,因此,在拍摄位置不变的情况下,摄像机能够连续改变摄取场面的大小,也就是景别的变化。

变焦距镜头的最长焦距与最短焦距之比称为变焦倍数。变焦倍数越大,说明摄像机可拍摄的场面变化范围也越大。一般变焦距镜头的变焦倍数为 12～22 倍;ESP 方式用的摄像机镜头的变焦倍数为 15～20 倍,而 EFP 方式用的摄像机变焦镜头的变焦倍数更大一些,那些为报道大型体育比赛架在观看台上的摄像机镜头的变焦倍数可达到 40～101 倍,家用摄像机镜头的变焦倍数一般能达到 12 倍。

下面这些变焦镜头主要用于 ENG 和 EFP 专业及广播级摄像机,它们的变焦倍数在 13～22 倍之间。镜头上标有"A18×7.6DERMDERD"等字样,其中"18"表示镜头的变焦倍数,"7.6"表示镜头的最短焦距。

A18×7.6变焦镜头

13×4.5变焦镜头

20×6.4变焦镜头

图 2-13　ENG、EFP 用变焦镜头

下面这种方镜头主要用于 EFP、ESP 系统的大座机。它们的变焦倍数比普通镜头大得多,一般在 20～101 倍之间。镜头上标有"Ah20×8BESM"、"XA101×8.9BESM"等字样,"20"、"101"表示变焦倍数,"8"、"8.9"表示镜头的最短焦距。

Ah20×8变焦镜头　　　　Ah60×9.5变焦镜头　　　　Digisuper100XS变焦镜头

图 2-14　EFP、ESP 用变焦镜头

在彩色摄像机中,变焦镜头和 CCD 摄像器件之间必须安装分色装置,这就要求变焦距镜头有较长的后焦距,使镜头的成像向后延伸,从而保证镜头成像落到成像面上,而且满足分色装置对后焦距的要求。

2. 分色装置

分色装置是把变焦镜头传来的镜头成像的光束分解为红、绿、蓝三个基色光束,并分别投向各自的光电转换器件的靶面上。常用的分色装置有分色镜和分色棱镜两种。

(1)分色镜:把分色膜镀在透明的光学平板玻璃上,使未被透射的光产生反射,如图 2-15 所示。景物光通过镜头后经第一个半透膜先将蓝光分离出来,使其投向蓝色光电转换器件;再经第二个半透膜将红光分离出来,使其投向红色光电转换器件;而绿光一路直达绿色光电转换器件。

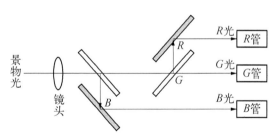

图 2-15　分色镜原理示意图

分色镜的优点是结构简单,分色效率高;缺点是玻璃的厚度会引起分色镜内部不必要的反射,而形成二次影像,以及光的相干性会形成色渐变效应。采用分色棱镜可以克服这些缺点,因此现代彩色摄像机多采用分色棱镜作为分色装置。

(2)分色棱镜:由三块棱镜黏合而成,如图 2-16 所示。分色棱镜能够将从光源发出的光分离成红、绿、蓝三色,并在各自的 LCD 上绘制相应的 RGB 图像,然后将其

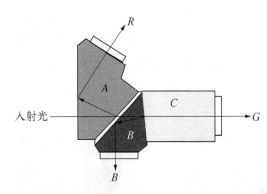

图 2 - 16   分色棱镜原理示意图

重新合成,反射红色、蓝色,透过绿色,合成颜色及图像。

3. 色温变换滤色镜

自然界中各种景物呈现的彩色不仅与景物本身的特性有关,而且与照明光源的光谱成分(即光源的色温)有关。

我们都有这样的经历,当我们观察白炽灯泡和日光灯时,会发现白炽灯泡发出的光要红一些,而日光灯发出的光要白一些,这就是因为这两种光源的色温不同。白炽灯泡的色温低,而日光灯的色温高。

色温是表征光源特性的一个标准。提到色温必须先介绍绝对黑体,绝对黑体也称为全辐射体,是在任何温度下,对于任何波长的光的吸收系数为100%,反射系数为零的一种物体。黑体是一种在自然界中找不到的理想物质,实际的黑体是由俄国学者建议的,其做法是在一个用不透明的材料制成的中空腔体上开一个小孔,这个小孔的面积与腔体表面面积相比足够小,射入小孔的光线,经过腔体内壁多次反射和吸收,最后反射出小孔的光线接近零。这个小孔就是在物理实验和工程技术中实际应用的黑体,通常也近似地称其为绝对黑体。设法给这样的腔体加热,小孔将辐射出光,其光谱是连续分布的,并与黑体温度有着单一对应的关系。如果一种光源的光谱分布与黑体在某一温度下辐射出的光的光谱分布相同或者相近,并且两者的色度相同,那么就将此时黑体的温度(K)称为该光源的色温。

光源的色温不包含温度的概念。例如,碘钨灯的色温是 3200 K,中午日光的色温是 5600 K,是指将绝对黑体加热到 3200 K 温度时辐射出的光与碘钨灯发出的光色度一样,当加热到 5600 K 温度时辐射的光与中午日光的色度相同。

常见光源的色温是这样的:聚光灯、新闻碘钨灯的色温是 3200 K;日落、日出前后日光的色温是 3200 K 左右;标准日光(上午 9 点至下午 4 点之间的日光称为标准日光)的色温是 5600 K;白炽灯泡的色温是 2800 K。具体常见光源色温如表 2 - 1 所示:

表 2-1　各种光源的色温

光　源　名　称		色　温　值
日光色温	黎明和黄昏	1850 K
	上午 9 点前和下午 4 点后	2380～4500 K
	上午 9 点后和下午 4 点前	4500～5600 K
	薄云遮日	6800～7000 K
	阴天	7500～8400 K
	晴朗无云的天空	13000～27000 K
	晴天室内漫散射光	5500～7000 K
人工光源	标准蜡光	1900 K
	钨丝灯	2600～2900 K
	日光灯	6000～7000 K
	石英溴钨灯	3100～3200 K
	镝灯	5000～6000 K
	氙灯	6000 K

　　人眼对光的颜色适应性是很强的。无论在日光灯下还是白炽灯泡下,无论日出日落还是艳阳高照,人眼都会正确分辨大千世界的各种颜色。但是,摄像机就没有人眼这么好的适应性,在过去以及现在摄像机的手动模式下,摄像机光电转换器件对光源色温的记录是绝对客观的,光源色温的变化在摄像机上变得十分明显。虽然现在的摄像机许多都具有自动白平衡跟踪功能,但真正能准确重现画面色彩的,还是手动白平衡调整。

　　彩色摄像机为了适应在不同的照明条件下,拍摄同一景物时,屏幕上重现图像的色彩能正确再现景物的色彩,必须对光源的色温进行校正。具体办法是在变焦镜头和分色装置之间加入色温滤色片,利用它的光谱响应特性补偿因光源色温不同引起的重现彩色失真。通常摄像机的分色装置是以 3200 K 演播室卤钨灯光源为基准进行设计的,该色温滤色片是无色透明的,一般摄像机上都将其编为 1 号滤色镜,在这个位置,镜头与光电转换之间什么也不加,光线直接进入光电转换器件。当光源色温偏高时,光谱中蓝色成分增多,需插入浅橘色的合适色温滤色片来降低蓝光的透光率,使光源的色温降到 3200 K。同理,当光源色温偏低时,光谱中红色成分增多,需插入浅蓝色的色温滤色片来降低红光的透光率,使光源的色温升到 3200 K。但在实际使用中,没有这样的滤色片,对于低于 3200 K 的,摄像机都以 3200 K 处理,即用 3200 K 状态调整白平衡。

通常摄像机把 3200 K、5600 K、5600 K+1/4ND 等几种不同的色温滤色片安装在一个圆盘上选择使用。其中 ND 是指中性滤色片(弱光片),一般用于光源照度比较高的场合,1/4 是指透光率,也就是只让 1/4 的光线到达光电转换器件。由于高色温与强照度往往同时出现,因此很多摄像机的中性滤色片与高色温滤色片合做成一片。例如,索尼的 BVP‑300P/330P 摄像机,有四档色温变换滤色镜可供选择,0 档:镜头盖(关闭);1 档:3200 K;2 档:5600 K+1/4ND;3 档:5600 K。其中第二档就是 5600 K 色温滤色片与 1/4 透光率的中性滤色片合在一起做成的。JVC 公司的 GY‑DV500 摄像机有三档色温变换滤色镜可供选择,1 档:3200 K;2 档:5600 K;3 档:5600 K+ND。

2.4.2　CCD 摄像器件

CCD 摄像器件即电子耦合器件,又称图像传感器,相当于有管摄像机的摄像管。它有独特的工作方式和许多优良的性能。摄像时,当摄像机头前的光像通过摄像机镜头成像于 CCD 器件上时,就会转变成积累电荷形成的电子图像,储存于 CCD 器件中,完成光电转换和信息储存的过程。为了按照扫描顺序取出储存于 CCD 器件中的图像信号,CCD 采用一定的电荷转移方式转移像素,并读出图像信号。

前面提过,CCD 按照电荷转移方式的不同,可分为 IT 式、FT 式、FIT 式。IT 式的优点是结构简单,但早期的 IT 式 CDD 光利用率低、灵敏度较低;高亮度下会产生垂直拖尾,活动图像清晰度较差,现在这些不足已经被改进。FT 方式的优点是灵敏度高,水平清晰度高,但其基片尺寸较大,材料利用率不高,价格昂贵,专业级摄像机大多采用 FT 式 CCD。FIT 方式的最大特点是不用采取任何措施就可消除 IT 和 FT 方式的高亮度垂直拖尾现象,缺点是 CCD 芯片的制作困难,价格较高,目前主要应用于广播级摄像机。

2.4.3 摄像机的电路处理系统

摄像机的电路处理系统主要包括预放器、视频信号处理电路、编码器和辅助电路系统等。

1. 预放器

预放器位于光电转换器件之后,是视频通道的第一个放大器,其主要作用是将光电转换器件摄像管或 CCD 器件输出的很微弱的电信号加以放大,然后输出给视频信号处理电路。

2. 视频信号处理电路

视频信号处理电路包括增益调整、黑斑校正、预弯曲、轮廓校正、彩色校正、黑白电平控制、杂散光校正、γ 校正及混消隐切割等电路。

增益调整电路的主要作用是根据摄像机拍摄景物的照度情况,分别对 R、G、B 三个通道的电路放大量进行调整,就是人们常说的自动增益控制。

黑斑校正主要用来校正由镜头成像引起的图像亮度不均匀的现象。

轮廓校正主要用来增强图像轮廓的黑白对比度,从而提高图像的清晰度,但不能调得太高,否则图像噪波就会加强。

彩色校正用于调整因分光棱镜的分光特性与显像管混色的要求不能完全一致而引起的彩色失真。

黑白电平控制电路用于调节图像的背景亮度。

杂散光校正电路用于消除杂散光对重现图像的影响。

γ 校正电路即灰度校正,是为了降低电视机的成本,把显像管在电信号变成光信号时,由于线性不好所形成的亮度和色度失真提前在摄像机内进行校正。

混消隐切割电路用来修整重显图像四周的边幅及除去消隐电平中的噪声。

总之,视频信号处理电路主要是对光电转换器件形成的电信号进行各种必要的校正和补偿,从而获得优质的电视信号。机器档次不同,电路的多少也就不同,处理的能力也大不一样。高质量的摄像机之所以体积大、重量重,除采用的镜头不同外,在很大程度上是因为其视频信号处理电路很复杂。

3. 编码器

编码器主要是将视频信号处理电路输出的 R、G、B 三路基色信号根据彩色、黑白电视兼容的需要,以及电视制式标准的要求进行编码,使其变成彩色全电视信号。电视制式不同,编码器的工作组成也不同。现在编码器的输出是多种多样的。就模拟信号而言,可以输出彩色全电视信号即复合信号;可以输出亮度信号(Y)、色差信号(R-Y、B-Y)即分量信号;还可以输出色度信号(C)和亮度信号(Y),即亮色分离信号。就数字信号而言,可以输出 DV(1394)格式的数字信号;也可以输出 SDI 格式的数字信号。根据录像机能够接纳的信号类型,不同的输出方式可供不同的录像机使用。

4. 辅助电路系统

辅助电路系统提供摄像机头、视频信号处理和编码器所需要的各种必要信号,对摄像机完成光电转换、形成彩色全电视信号起着重要作用。辅助电路系统主要有同步信号发生器、彩条信号发生器、自动控制系统、电源电路等。

同步信号发生器能产生行、场同步和消隐信号以及编码器所需的副载波等信号,供摄像机作为形成全电视信号的基准;同时可由外同步信号控制,实现和外同步源的锁相。

彩条信号发生器用于产生彩条信号。

自动控制系统主要用来运算和记忆数据、发出控制指令、控制电压、控制信号,保证摄像机的各种自动调节电路和开关控制的正常运行。

电源电路系统可以将电池或交流电源供给的电压变换成摄像机内所需要的各种电压。

 实验二　　　　　数字摄像机及其光学系统

实验目的:1. 了解摄像机光学系统的组成、各种镜头的特性。

　　　　　2. 熟悉色温的概念和摄像机色温变换滤色镜的关系。

　　　　　3. 熟悉各类摄像机的分类方法和特点。

　　　　　4. 掌握各类摄像机的使用环境。

实验内容:全面讲解摄像机光学系统的组成;色温的概念和摄像机色温变换滤色镜的关系;各种镜头的特性和使用环境;摄像机的分类方法和各类摄像机的使用环境。

　　　　让学生熟悉摄像机的组成;各类摄像机的基本结构;专业广播级摄像机色温变换滤色镜的正确选择方法。

主要仪器：DSR‐PD190P　3CCD 全自动小型摄像机　　　　5 台

GJ‐DV500　3CCD 专业摄像机　　　　　　　　5 台

LDK 300　广播级演播室摄像系统　　　　　　3 套

miniDV 录像带　　　　　　　　　　　　　　5 盘

NP‐2000 方向电池　　　　　　　　　　　　　5 块

DF‐248 方向电池　　　　　　　　　　　　　5 块

教学方式：集中讲解和多媒体展示相结合；教师演示和学生操作相结合。

预习要求：课程讲授的第三章《家用摄像机》相关内容。

实验类型：演示、验证实验。

实验学时：3 学时。

本章思考题

1. 摄像机的像素和摄像机的质量有什么关系？

2. 什么是"同步"？

3. 什么是"扫描"？

4. 摄像机按质量可分为哪几类？

5. 摄像机的主要技术指标有哪些？

6. 镜头的主要作用有哪些？

7. 什么是量化？量化等级与信杂比和数字信号的动态范围有什么关系？

8. 摄像机的光学系统有哪些功能？

9. 分色镜和分色棱镜有什么区别？

10. 色温滤色片有什么作用？

第三章

家用摄像机的使用

学习目标

1. 熟悉小型摄像机的结构特点。

2. 熟悉 DSR-PD190P 摄像机各开关、按钮的功能。

3. 掌握 DSR-PD190P 摄像机的基本使用方法。

4. 熟悉 DSR-PD190P 摄像机的菜单。

5. 掌握 DSR-PD190P 摄像机常用菜单的调整方法。

6. 通过本章的学习触类旁通,掌握家用及小型摄像机的使用方法。

家用摄像机是摄像机领域一个很庞大的组成部分。随着人们生活水平的不断提高,家用摄录一体机(又称掌中宝)进入家庭也越来越多。而随着科学技术的不断发展,家用摄录一体机的格式也发生了巨大变化。

早期的家用摄录一体机以大 1/2(VHS)为代表,如松下公司的 M1000、M9000等,后来出现 C 型带摄录一体机。这类摄像机因其磁带尺寸较大,现在已经被淘汰。与此同时,索尼公司推出了 8 mm 格式,有 Video 8 和 Super 8 两种,现在市场上仍有家用型的 Super 8 摄录一体机,这种摄录一体机使用的磁带是专用的 8 mm 磁带,大小和盒式录音带差不多,比录音带稍厚一点。

电视节目制作设备实现数字化后,家用摄录一体机出现了 miniDV 格式,现在市面流行的家用摄录一体机除 8 mm 外,基本上都采用这种磁带格式。这也是数字时代最统一的一种格式,几乎所有厂家生产的家用摄录一体机都使用这种磁带的格式。

家用摄录一体机的另一种类型是光盘摄录一体机,它以光盘为记录媒介,使掌中宝的体积更小巧玲珑,也使家用DV的后期编辑更加方便快捷。

图3-1　光盘摄录一体机　　　　　　图3-2　硬盘数码摄录一体机

最新型的家用摄录一体机是硬盘数码摄录一体机。它以硬盘为记录媒介,彻底打破了传统的记录模式,使家用DV节目的后期制作一次性解决,无需上载就能将素材复制到电脑中。该类机器没有消耗材料,不用再为购买磁带或摄像机光盘而烦恼,拍摄的素材直接记录在摄像机连接的硬盘上。

除了以上记录格式的差别外,家用摄录一体机还有成像器件的差异。早期的大1/2家用摄录一体机是模拟的摄像管式,只有单管的摄录一体机,没有三管的摄录一体机。现在的数字式家用摄录一体机有单片(单CCD)和三片(3CCD)之分,单片摄像机价格较便宜,而三片摄像机价格较贵一些,但其图像质量要比单片的好得多。索尼公司生产的DSR-PD190P就是三片(3CCD)的家用摄像机。

图3-3　存储卡式摄录一体机　　　图3-4　DSR-PD190P 3CCD摄像机

DSR-PD190P是索尼公司生产的数字化1/3英寸3CCD摄录一体机,是全自动摄录一体机。这里的全自动指的是自动光圈、自动聚焦、自动白平衡和自动增益。自动光圈是几乎所有摄像机都具有的功能,但自动聚焦、自动白平衡和自动增益是个别机器才有的功能。由于该机的全自动功能,机器只要一打开,将几个自动开关打到自动位置后,几乎不用做任何调整,只要根据照明情况选择合适的灰镜,就能正常拍摄。用这个机器拍固定镜头和推、拉、摇、移镜头,不用操心白平衡和聚焦问题,对初学者来说非常容易。下面以 DSR-PD190P 摄像机为例,对家用摄录一体机的功能和使用方法作详细介绍。

3.1　DSR-PD190P 摄像机
电源及磁带安装

3.1.1　电源的安装

DSR-PD190P 摄像机有两种供电方法:交流供电和直流供电。

1. 交流供电

交流供电时,将随机携带的交流结合器与交流电源相连,将交流结合器的直流输出插头接到摄像机后面左下角的 DC IN 插孔上。DC IN 插孔在通常情况下由一个橡胶盖板盖着,使用时打开盖板,将交流结合器的直流输出插头有▲标志的一面朝向液晶显示屏一边,插入该插孔中,打开摄像机电源就可工作。交流供电一般在摄像机机位固定、长时间连续拍摄时使用。

图 3-5　DSR-PD190P 交流供电

图 3-6　DSR-PD190P 直流供电

2. 直流供电

直流供电是用可充电电池给摄像机供电。一般在机位移动时,或短时间拍摄时采用。电池的安装方法是:将电池的▼标志朝下,极性向里,由电池舱的上部将电池放入,然后向下滑动,直到听到"咔嚓"一声为止,电池就装好了。此时打开摄像机电源就可工作。

要提请注意的是:如果交流结合器和可充电电池同时安装在摄像机上,摄像机由交流结合器供电,电池不工作。如果此时摄像机电源打不开,不是摄像机故障,应检查墙电是否有电,交流结合器是否连接好。如果一切正常,拔下直流电源插头,看摄像机用电池供电是否正常。如果仍不正常,再考虑摄像机是否出现故障。

3.1.2 电源开关

DSR‐PD190P 摄像机的电源开关和许多小型家用摄像机一样,电源开关和录像启动/停止按钮设计在一个单元上。该机的电源开关有四个位置:

☞ OFF:为电源关闭位置。摄像机不用,或给电池充电时,必须将该开关放在此位置。

☞ VCR:为放像机状态。当要播放磁带或者要录制其他设备来的信号时,将该开关打到此位置。SONY 公司从 DSR‐PD100P 起,就采用了先进的接口技术,用同一组视音频接口就能实现信号的输入和输出。当 VCR 处于放像状态时,视音频接口就是输出口;当将其他设备的输出信号接到摄像机这组接口时,它就自动变成输入口。这时,VCR 就是一台录像机,可以记录视音频信号,例如录制电视节目、

图 3‐7 DSR‐PD190P 摄像机的电源开关

复制磁带等。这是 SONY 公司独有的技术,DSR‐PD150P、DSR‐PD190P 也不例外。其他公司的设备无此功能。

☞ CAMERA:为摄像机位置。当要摄像时,把该开关打到此位置。

☞ MEMORY:记忆棒(数码照相机)位置。当把该摄像机当数码照相机使用时,把该开关打到此位置,但必须在摄像机上安装记忆棒(DSR‐PD150P 随机提供,DSR‐PD190P不随机提供)。

该开关的打开方法和一般开关不一样。在打开该开关时,必须在按住该开关中间小绿键的同时,上下拨动该开关到所需要的位置,不能硬扳,否则会损坏机器的开关,这一点要特别注意。另外,在这个开关的侧面有一个开关,该开关是为了锁定电源开关在开启时不会打到 MEMORY(记忆棒)位置而影响工作。因此,正常情况下将这个

小开关打到 LOCK(锁定)位置,要使用 MEMORY(记忆棒)照相时,再将其解锁。

3.1.3 磁带的安装

DSR－PD190P 摄像机使用的磁带是 miniDV 格式的磁带,该机的磁带安装方法是:

图 3-8 磁带的安装

(1) 在压下 EJECT(出带)开关上的小蓝键的同时,将该开关沿开关旁的箭头方向向下滑动,打开带舱盖和带舱。

(2) 将磁带有带轴的一面向里,"⇩"箭头标志向下,深深地插入最里面一层的带舱内。按下带舱上的 PUSH(推动)标记关闭里面的磁带舱。

(3) 再按下带舱盖上的 PUSH(推动)标记关闭带舱盖。

注意:一定要按住带舱盖的 PUSH(推动)标记关闭带舱盖,否则带舱盖无法关上,机器不能进入正常工作状态。

3.2 DSR－PD190P 摄像机各开关、按钮的名称及功能

3.2.1 左侧面板各开关、按钮的功能

1. ND FILTER(灰镜选择开关)

家用小型摄像机一般都没有色温变换滤色镜,但为了适应强光下拍摄,像专业和广播级摄像机一样,都设有灰镜。

DSR－PD190P 的灰镜开关有三个位置:OFF、1 和 2。

➤ OFF 是不加灰镜:适应于室内和光线

图 3-9 ND FILTER(灰镜选择开关)

比较暗的拍摄环境。通常情况下选择该开关到这个位置。当 ND OFF 指示符号在液晶屏或寻像器上闪烁时,必须将该开关打到"OFF"位置,否则拍摄的图像会出现噪波,

影响图像质量。

➢ ND1 加 1 号灰镜：适用于室外阴天等光线较强的拍摄环境。当 ND1 指示符号在液晶屏或寻像器上闪烁时，将该开关打到"1"的位置。

➢ ND2 加 2 号灰镜：适用于室外晴天等光线很强的拍摄环境。当 ND2 指示灯在液晶屏或寻像器上闪烁时，将该开关打到"2"的位置。

根据提示设置灰镜到适当位置，能确保拍摄的画面层次分明，亮度正常，否则会出现不尽如人意的画面效果。

2. FOCUS(聚焦选择开关)

该开关用来选择摄像机的聚焦方式，是实现全自动拍摄的一个很重要的选择开关，是实现自动聚焦的唯一选择。该开关也有三个位置：AUTO、MAN 和 INFINITY。

➢ AUTO：为自动聚焦位置。对于变焦倍数为 12 倍以下的镜头和镜头与摄像机为一个整体的这种家用型小摄像机，都有自动聚焦

图 3 - 10　FOCUS(聚焦选择开关)

功能。在自动聚焦模式下，无论镜头如何变化，都不会出现聚焦不实的现象，尤其是推镜头。因此，一般情况下，将该开关打到"AUTO"自动聚焦位置。

➢ MAN：为手动聚焦位置。有时候，为了实现某种特殊效果，如要进行移焦点拍摄，或者拍摄的画面内容轮廓不清，或者镜头前有隔挡物，无法使画面主体聚焦清晰，自动聚焦会出现问题，这时就要采用手动聚焦。在需要进行手动聚焦时将该开关放到此位置，例如，拍摄位于树丛后面的人物的活动，为了使人物聚焦清晰，就需要使用手动聚焦。

手动聚焦的方法有两种：一种方法是将该开关打到 MAN 位置，然后转动镜头上的聚焦环，使图像清晰；另一种方法是将该开关打到 MAN 后，按下该开关下面的PUSH AUTO(压下自动)按钮，实现手动状态下的自动聚焦，使图像聚焦清晰。对于上面提到的几种情况，只能用转动镜头上的聚焦环使图像清晰的方法进行手动聚焦。

➢ INFINITY：为无限远聚焦位置。该功能在自动聚焦在近距离的物体上以及自动聚焦在远距离的物体上时都非常有用。

3. IRIS(手动光圈)按钮

当摄像机后面板左上角的 AUTO LOCK(自动锁定)选择开关设置在中间(自动

图 3-11　IRIS(手动光圈)按钮

锁定解除)位置时,按一下该按钮,光圈的 F 值指示灯出现在液晶屏或寻像器上,例如"F5.6"。这时转动该按钮旁边的拨轮,可以调整光圈值的大小。手动光圈调整可用斑马条纹作为调整的参考。

要恢复到自动光圈模式,可再按一个该按钮,使液晶屏或寻像器上的 F 值消失,或将 AUTO LOCK(自动锁定)选择开关设置到上面 AUTO LOCK(自动锁定)位置。

4. FADER 按钮

该按钮是用摄像机在拍摄时制作简单特技的一个按钮。它有五个状态:FADER、MONOTONE、OVERLAP、WIPE 和 DOT。

➤ FADER 是淡入、淡出,也称渐隐、渐显,通常结合在一起使用,就是前一个场景的最后一个画面由正常的亮度、色彩饱和度逐渐淡下去,变成黑场,后一个场景的第一个画面由全黑开始渐渐变成正常的亮度和彩色饱和度。图像由正常值到全黑,称为淡出;图像由全黑到正常值,称为淡入。

在 DSR-PD190P 上要实现淡入,则需在摄像机处于待机"STBY"模式下,按一下"FADER"按钮,使"FADER"字符出现在寻像器和液晶屏上,并且闪烁。此时按下记录/停止按钮,摄像机就自动关闭光圈后,再开始记录,然后慢慢打开光圈到正常值,实现这个镜头的淡入效果。

图 3-12　FADER 按钮

要实现淡出,则需在摄像机处于记录"REC(记录)"模式下,按一下"FADER"按钮,使"FADER"字符出现在寻像器和液晶屏上,并且闪烁。此时按下记录/停止按钮,记录并不立即停止,而是摄像机慢慢自动关闭光圈,待画面全部变黑后,才停止记录,实现这个镜头的淡出效果。

淡入淡出效果主要用于节目的分段,说明这一段内容已经告一段落,下一段内容重新开始。

➤ MONOTONE 为黑白。图像由黑白渐渐变为彩色,或由彩色逐渐变为黑白,是对画面色彩的淡入、淡出,只是画面色彩发生变化,而画面亮度不发生变化。其工作原理和"FADER"一样,在待机模式下,按两下"FADER"按钮,待屏幕上出现"MONOTONE"字符并闪烁时,开始录像后是彩色的淡入;在记录模式下,按"FADER"按钮,屏幕上出现"MONOTONE"字符并闪烁时,停止录像后是彩色的淡出。该特技主要用于彩色画面和黑白画面的连接,使其过渡自然。

➢ OVERLAP 为叠化,也叫 X 淡变或叠印,是上下两个镜头交叠——前一个镜头画面逐渐浅淡的同时,后一个镜头的画面逐渐清晰,两个镜头在叠化的过程中有几秒钟的重叠、融合,后一个镜头的画面好像是从前一个镜头的画面中自然显露出来的,形成一个画面转化到另一个画面的视觉效果。

DSR‐PD190P 实现叠化的方法是将已经记录在磁带上的最后一个镜头的最后一帧画面做静帧处理,与当前拍摄的画面在录像机开始记录的瞬间进行叠化。在开始录像之前,取景构图时,静帧画面和当前画面是叠加在一起的。

➢ WIPE 为划像,也称划变。可分为"划出"和"划入"两种,划出即前一个画面从某一个方向退出画框,空出的地方则由叠放在原画面背后的后一个画面取而代之;而划入则是前一个画面作为衬底在画框中不动,后一个画面由某一方向进入画面,对前一个画面取而代之。

DSR‐PD190P 的"WIPE"划像属于划出特技,即从画面中央进行垂直开门。其原理也是将已经记录在磁带上的最后一个镜头的最后一帧画面做静帧处理,与当前拍摄的画面在录像机开始记录的瞬间开门划像。在开始录像之前,取景构图时,静帧画面和当前画面也是叠加在一起的。

➢ DOT 为随机划变。这是 DSR‐PD150P 和 DSR‐PD190P 独有的一种特技,也是将已经记录在磁带上的最后一个镜头的最后一帧画面做静帧处理,与当前拍摄的画面在录像机开始记录的瞬间作随机划变,即先将静帧画面变成随机的黑点并逐渐布满图像,使屏幕变黑,再将黑屏溶解成随机黑点并逐渐消失,当前图像完全显现。

总的来看,DSR‐PD190P 的特技分为两大类:FADER 和 MONOTONE 两种特技是一个类型,它们在待机状态和记录状态都能进行;而 OVERLAP、WIPE 和 DOT 这三种特技是一个类型,它们只能在待机状态下进行。这三种特技可以将一组镜头一个接一个连续制作下去。

5. BACK LIGHT(背光)按钮

这个按钮只有一个功能,即当背景太亮、前景太暗时(例如,拍摄背对窗户的人物,或处于逆光的人物),人物背景光太强,摄像机的自动光圈调整作用,使得人物面部光线不足,看不清人物的面部表情和神态。此时,按一下该按钮,前景主体的亮度就能提高一些。但用完后一定要将这个功能解除,否则,后面拍摄的图像就会发白,出现过激现象。

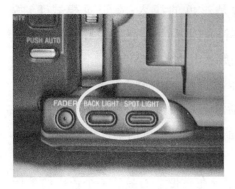

图3-13 BACK LIGHT(背光)按钮和 SPOT LIGHT(聚光灯)按钮

6. SPOT LIGHT(聚光灯)按钮

该按钮的功能正好与 BKCK LIGHT 相反,就是当前景太亮、背景太暗时(例如背对黑板的讲课教师、背景幕布颜色很深的会议主席台成员或舞台表演者,还有身穿黑衣服的人物),按一下该按钮,打开此功能,从而避免人物的面部曝光过度。但用完后一定要将这个功能解除,否则,后面拍摄的图像就会变暗,影响画面效果。

3.2.2 后部面板各开关、按钮的功能

1. AUTO LOCK(自动锁定)开关

该开关位于机器后面板的左上角,是摄像机是否处于全自动除聚焦开关之外的又一个很重要的开关,该开关有三个位置可供选择:AUTO LOCK、手动和 HOLD。

➢ AUTO LOCK 自动锁定位置:在此位置,摄像机处于全自动状态,即自动增益、自动光圈、自动电子快门和自动白平衡。因此,一般情况下将该开关打到此位置,以实现自动状态下的拍摄工作,确保拍摄的图像色彩还原正常,画面亮度适宜,图像层次丰富。

图3-14 AUTO LOCK(自动锁定)开关

图3-15 手动调整按钮

➢ 手动：要手动调整光圈、增益、电子快门和白平衡时，将该开关放到此位置。

☞ 手动光圈的调整：如前所述，将该开关打到中间手动位置，按一下摄像机左侧面板的"IRIS 光圈"按钮，然后拨动光圈按钮旁边的拨轮，就可调整摄像机的光圈大小。

☞ 手动增益的调整：将该开关打到中间手动位置，按一下该开关旁边的"GAIN 增益"按钮，此时摄像机寻像器或液晶屏屏幕下方就会出现"0dB"字样，上下拨动后面板左下角的"SEL/PUSH EXEC"拨轮，就可以调整摄像机增益的大小。手动增益调整适应于在光线非常昏暗的情况下拍摄，增益调整范围为 0～18dB，步进等级为 3dB。

☞ 电子快门速度调整：将该开关打到中间手动位置，按一下该开关旁边的"SHUTTER SPEED"按钮，此时摄像机寻像器或液晶屏屏幕下方就会出现"50"字样，上下拨动后面板左下角的"SEL/PUSH EXEC"拨轮，就可以调整摄像机电子快门的大小。电子快门的调整范围为 3～10000，分别为 3、6、12、25、50、60、100、120、150、215、300、425、600、1000、1250、1750、2500、3500、6000、10000 共 18 档。电子快门太小时，图像会出现抽帧现象；电子快门太大时，整个画面就会变暗。因此，不必要时务必将其关闭。电子快门有两个作用：一是拍摄显像管式电脑屏幕，为了消除画面闪烁；二是让快速从画面上掠过的运动物体在后期编辑作慢动作处理时，使画面清晰。

☞ 手动白平衡的调整：将该开关打到中间手动位置，按一下该开关旁边的"WHT BAL"按钮，此时摄像机寻像器或液晶屏屏幕下方就会出现"※（灯泡）、☀（太阳）或 ◾"标识，上下拨动后面板左下角的"SEL/PUSH EXEC"拨轮，可以变换标识符。☀（太阳）表示室外拍摄时；※（灯泡）表示室内拍摄时，它们是对手动白平衡的大概选择。◾表示手动白平衡调整。调整的方法是：将摄像机对准一个白色物体，并用推镜头的方法使其充满画面，然后将"SEL/PUSH EXEC"拨轮向里压住不放，此时，"◾"标识开始闪烁，说明机器正在进行白平衡调整，调整好后，"◾"标识停止闪烁。

➢ HOLD：要将手动调整的数值保持不变时，将该开关放到此位置。

2. AE SHIFT（自动曝光）按钮

按一下该按钮，此时摄像机寻像器或液晶屏屏幕下方就会出现"AS0"字符，上下拨动后面板左下角的"SEL/PUSH EXEC"拨轮，可用来调整摄像机的自动曝光参考值，让摄像机的光圈自动开大或自动关小。根据拍摄环境，按下该按钮，通过 SEL/PUSH EXEC 拨轮来增加或减少自动曝光参考值，从而调整画面亮度。该量值的调

图 3-16　AE SHIFT(自动曝光)按钮

整范围是－4～＋4。该按钮的功能和"BACK LIGHT"、"SPOT LIGHT"的作用有点类似，0～＋4 相当于"BACK LIGHT"；－4～0 相当于"SPOT LIGHT"，只不过这里的调整更为精细，也可以和 BACK LIGHT、SPOT LIGHT 配合使用，直到画面效果满意为止。

3. AUDIO LEVEL(音频电平调整)按钮

当要手动调整音频电平时，按一下此按钮。但有个前提，就是必须将 MENU(菜单)中的 TAPE SET(磁带设置)主菜单中的音频 AUDIO SET(音频设置)子菜单中的 AGC CH1 和 AGC CH2 都选择到 OFF 位置，然后退出菜单到待机模式，再按动该按钮，音量指示表就会出现在液晶显示屏上，并在其下方有两个条型指示表，白条的长短表示音量调节的大小。转动"SEL/PUSH EXEC"拨轮，可以改变白条的长短，用来调节音量的大小，推动拨轮可以切换要调节的声道。CH1 和 CH2 哪个字符变为黄色，哪个声道的电平就能被调整。要退出调整状态，再按一下 AUDIO LEVEL 按钮。

图 3-17　AUDIO LEVEL
(音频电平调整)按钮

图 3-18　AUDIO LEVEL
使用时的显示

3.2.3　液晶屏舱门内各开关、按钮的功能

1. MENU(菜单)按钮

家用摄像机和专业摄像机一样，都有菜单，而家用摄像机的菜单更为实用，许多设置都是在菜单中完成的，例如视频记录格式、音频录制方式、彩条信号的输出等。索尼

的 DSR-PD190P 也不例外。

　　DSR-PD190P 的 MENU(菜单)按钮位于液晶屏舱门内,设置菜单时,首先需按一下MENU(菜单)按钮,此时菜单选项就出现在液晶显示屏或寻像器上。然后转动"SEL/PUSH EXEC"拨轮选择所需要的条目,向里按下拨轮确定条目。

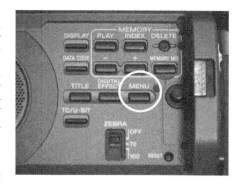

图 3-19　MENU(菜单)按钮

　　此时,机器进入模式设定状态,再转动"SEL/PUSH EXEC"拨轮选择所需要的条目并按下拨轮选定条目。

　　此时,机器进入下一级菜单,再转动"SEL/PUSH EXEC"拨轮选择所需要的模式并按下拨轮选定模式。

　　关于该机的菜单在下一节专门介绍。

　　2. DISPLAY(显示)按钮

　　该按钮用来开关液晶屏和寻像器上机器状态的相关信息显示。通常情况下,摄像机的工作状态指示会显示在液晶屏或寻像器上。要取消这些信息的显示,按一下该按钮。要重新显示这些信息,再按一下该按钮。

图 3-20　DISPLAY(显示)按钮

图 3-21　DATA CODE(数据码显示)按钮

　　3. DATA CODE(数据码显示)按钮

　　DSR-PD190P 在记录时,不仅将图像记录在磁带上,同时也自动将摄像机的一些信息数据记录在磁带上,包括拍摄时的日期/时间或各种设置。

　　在重放模式下,按下该按钮,液晶屏或寻像器上的显示将做如下变化:时期/时间→

各种设置(超级平衡拍摄、白平衡、增益、电子快门速度、光圈值、曝光模式)→无显示。

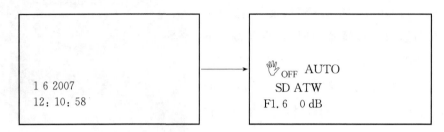

在上图的设置显示屏中,"🖐OFF"为超级平衡拍摄状态显示;"AUTO"为曝光模式显示;"SD"为电子快门速度显示;"ATW"为白平衡状态显示;"0 dB"为增益状态显示;"F1.6"为光圈值显示。

4. TITLE(叠加标题)按钮

这一功能只能用于带有存储器的磁带,对于普通的磁带,不能实现此功能。带有存储器的磁带,是索尼公司独有的,这种磁带上面都有 CM 标记。

图3-22　TITLE(叠加标题)按钮

图3-23　TC/U-BIT(时间码/用户比特)按钮

5. TC/U-BIT(时间码/用户比特)按钮

该按钮用来切换液晶屏和寻像器上计数器显示的内容。每按一次该按钮,计数器的内容就在时间码和用户比特之间转换。在"TC"状态显示时间码,显示形式为"00：00：00：00";在"U-BIT"状态显示用户比特,显示形式为"00 00 00 00"。两者是有区别的。如果遇到计数器显示的不是时间码,按一下该按钮,使其返回到时间码显示状态。

6. DIGITAL EFFECT(数字特技)按钮

该机内置了一些数字特技供使用者选择。在将各种特技效果添加到所记录的图像中时,其声音不会受到任何影响。特技功能有:

STILL（静帧）：可以记录一个静止画面，为将其叠加到活动图像上作准备。

FLASH（FLASH MOTION）（闪动）：可以固定间隔连续记录静止画面。

LUMI.（LUMINACE KEY 亮键）：可以将静止画面中较亮的区域替换为活动图像。

TRALL（尾迹）：可以使所记录的图像产生拖尾效果。

OLD MOVIE（老电影）：可以使记录的图像产生老电影效果——黑带会出现在屏幕的顶部和底部，屏幕的实际尺寸会发生变化，变成电影的宽银幕尺寸。

图 3－24　DIGITAL EFFECT
（数字特技）按钮

具体操作方法是：

（1）在待机或记录模式下，按一下"DIGITAL EFFECT"，液晶屏和寻像器上会出现特技效果指示。

（2）转动"SEL/PUSH EXEC"拨轮，选择所需要的数字特技模式。数字特技指示会作如下变化：STILL（静帧）↔FLASH（闪动）↔LUMI.（亮键）↔TRALL（尾迹）↔OLD MOVIE（老电影）。

（3）向里推一下"SEL/PUSH EXEC"拨轮，液晶屏和寻像器上出现特技类型指示。

（4）转动"SEL/PUSH EXEC"拨轮调整特技。

要调整的项目有：

☞ STILL（静帧）：要叠加在活动图像上的静止画面与活动图像的比例。

☞ FLASH（闪动）：闪动的间隔。

☞ LUMI.（亮键）：在静止画面中，要由活动图像替换区域的彩色配置。

☞ TRALL（尾迹）：拖尾效果消失的时间。

☞ OLD MOVIE（老电影）：不必调整。

屏幕上条形标记越长，要求数字特技效果越强。

（5）要取消"DIGITAL EFFECT"数字特技，再按一下该按钮。

7. 记忆棒操作区

该区域是对摄像机中记忆棒的操作，包括记忆棒内容播放、单张照片删除、记忆棒照片与摄像画面的叠加等。

要操作记忆棒，必须将电源开关旁边的"LOCK"（锁定）开关打到右边关的解锁位置,否则,摄像机电源开关打不到"MEMORY 记忆棒"位置。

➢ PLAY(重放):播放记忆棒内存储的照片。操作方法是:将摄像机电源开关打到"MEMORY"记忆棒位置,按一下"PLAY"键,记忆棒上记录的最后一张照片显示在液晶屏和寻像器上,按图中的"＋"或"－"按钮,选择所需要的照片,要观看前面的照片,按"－"按钮,要观看后面的照片,按"＋"按钮。要删除当前照片,按"DELETE"按钮。要停止播放,再按一下"PLAY"键。

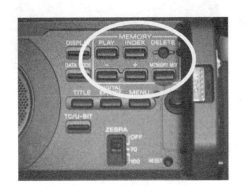

图 3－25　记忆棒操作区

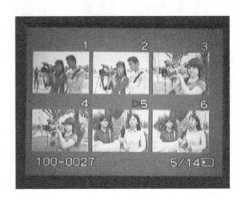

图 3－26　INDEX(多幅播放)

➢ INDEX(多幅播放):可以在液晶屏或寻像器上一屏播放六幅照片,这一功能对搜索某个照片时特别有用。要在多幅播放模式下返回到标准播放模式,按"＋"或"－"按钮,使屏幕上的红色"▶"落在要显示的照片编号上,再按一下"PLAY"键。

➢ DELETE(删除图片):在记忆棒操作模式下,可以将正在播放的当前图片删除。操作方法是:在记忆棒播放模式下,先按该按钮,寻像器上就会出现"DELETE?"

图 3－27　MEMORY MIX(内存混合)

(删除吗?)字样,这时再按一下该按钮,播放的图片就被删除。

➢ MEMORY MIX(内存混合)。该功能用于在活动图像上叠加记忆棒里的一幅照片。操作方法是:在摄录一体中插入一个记录好的记忆棒和一盘要记录的磁带。

(1)将摄像机的电源开关 POWER 打到CAMERA(摄像机)位置。

(2)在待机模式下按一下该按钮,记忆棒

中最后记录的照片就以画中画的形式出现在屏幕的右下方。

（3）按记忆棒操作区的"＋"或"－"按钮选择要叠加的照片。

（4）转动"SEL/PUSH EXEC"拨轮选择所需要的画中画叠加模式。模式变化顺序为：M. CHROM（内存色键）→M. LUMI（内存亮键）→C. CHROM（摄像机色键）→M. OVERLAP（内存叠加）。

（5）向里推一下"SEL/PUSH EXEC"拨轮，选择的照片就叠加在活动图像上，摄录一体机处于待机模式。

（6）转动"SEL/PUSH EXEC"拨轮调整效果。

8. ZEBRA（斑马条纹）开关

该开关用来设置摄录一体机液晶屏和寻像器中，当被摄对象亮度超过了一定电平值时，图像上是否出现斑马条纹。

斑马条纹的作用，一般来说，是给手动光圈调整提供一个参考标准，以便使手动光圈的调整符合电视要求的标准。该开关有三个位置：

图 3-28　ZEBRA（斑马条纹）开关

➢ OFF（关闭）：液晶屏和寻像器上不出现斑马条纹。当摄像机处于全自动拍摄时使用。

➢ 70(70％)：在被摄对象亮度为 70％时，液晶屏和寻像器上就出现斑马条纹。

➢ 100(100％)：当被摄对象亮度达到和超过 100％时，液晶屏和寻像器上出现斑马条纹。

斑马条纹出现在液晶屏或寻像器上会影响摄像师的取景构图。因此，在全自动拍摄时，请将该开关打到"OFF"位置。

3.2.4　液晶屏上的信息及各按钮的功能

1. 液晶屏和寻像器上的各种指示灯

DSR-PD190P 在操作使用时，液晶屏和寻像器上会有摄像机工作状态指示，以便摄像师在操作摄像机时，随时掌握摄像机的工作情况。这些指示信息的显示与否，由"DISPLAY"按钮来控制。这些指示包括（如图 3-29 所示）：

**图3-29 液晶屏和寻像器
上的各种指示**

➢ 428 min：电池电量指示。表明摄像机电池大概还能工作多少分钟。电池型号不同、质量不同,该指示会有很大差别。

➢ STBY：录像机状态指示,表明录像机的工作状态。在待机时显示"STBY"。当录像机处于记录状态时,显示"REC"。摄像师在操作摄像机时,要随时注意该指示灯。要停止录像时必须显示"STBY";要记录拍摄内容时,必须显示为"REC"。否则,很可能出现该记录的内容没有记录下来,而把不该记录

的无用内容记录在磁带上。

➢ 00：01：45：08：时间码指示灯。

➢ 40 min 🎧：磁带剩余量指示。表明磁带还能记录多少分钟。

➢ DVCAM：记录格式指示。表明摄录一体机目前记录的是哪种格式,取决于菜单中"REC MODE"的设置情况,有 DVCAM 和 DV $\boxed{SP}$ 两种。

➢ 32 K：音频采样频率指示。表明摄录一体机采样频率的设置情况,有 32 K 和 48 K 之分。

➢ 音频电平指示表：用来指示音频电平的大小。其有无取决于主菜单"TAPE SET"中"AUDIO SET"子菜单的设置。哪个声道设置为"OFF",哪个声道电平表就出现,两路都设置为"OFF",就有图3-30的电平表指示。具体情况详见菜单设置一节。

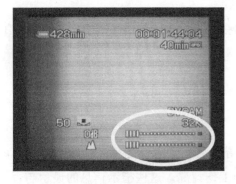

图3-30 音频电平指示表

图3-31 VOLUME(监听音量调整)按钮

2. VOLUME(监听音量调整)按钮

用来调整摄录一体机监听音量的大小。"＋"号键为开大监听音量；"－"号键为关小监听音量。该调整只改变记录或重放时的监听音量,不会改变实际拍摄时的录音电平。录音电平的大小,依靠"AUDIO LEVEL"来调整,或由摄录一体机自动调整。

3. LCD BRIGHT(液晶显示屏亮度调整)按钮

用来调整液晶显示屏的亮度。"＋"号键为加大液晶显示屏亮度；"－"号键为减小液晶显示屏亮度。该调整只改变观看效果,并不会改变实际拍摄时画面的亮度。实际记录的效

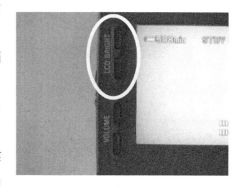

图 3－32　LCD BRIGHT(液晶屏亮度调整)按钮

果由光圈调整和增益调整来控制,或在全自动模式下,由摄录一体机自动控制。

3.2.5　其他位置各开关、按钮的功能

1. 变焦开关

变焦开关一般为跷跷板式,压"W"一端时,是作拉镜头操作,压"T"一端时,是作

图 3－33　变焦开关

推镜头操作。推拉的速度取决于压跷跷板的力度,压得越轻,推拉速度越慢；压得越重,推拉速度越快。机器质量越高,速度变化的等级越多,操作就越随心所欲。机器质量越低,速度变化少,操作越不理想。DSR－PD190P 属于中等偏上的水平。

有的掌中宝摄像机的变焦开关不是这种跷跷板式的,而是拨动开关式,其工作原理和跷跷板式是一样的,将开关拨向"W"是拉镜头,拨向"T"是推镜头。

2. PHOTO(拍照)按钮

该按钮有三个功能：

● 当摄像机电源开关打到"MEMORY"(将电源开关旁边的 LOCK 开关置于解锁

状态),记忆棒插入机器后,该摄录一体机可以作为数码相机用。拍照时先轻轻按下该按钮,摄录一体机开始聚焦——液晶屏或寻像器上的绿色圆点"●"闪烁。聚焦完成后,绿色圆点"●"停止闪烁,此时,再用力按下该按钮,完成拍照。如果没有聚焦时间,可直接用力按下该按钮。

图 3-34　PHOTO(拍照)按钮

● 当电源开关打到"VCR",摄录一体机中插有记忆棒,并安装了一盘有内容的磁带,在播放磁带的过程中,按下该按钮,可将磁带的画面抓拍到记忆棒中,采集形成照片。也就是说,用此方法,可以从录制的磁带中采集照片。这对一些重大事件或从电视节目中录制下来的磁带,只有录像带而没有照片,需要照片时可用此方法。

在此模式下,如果给摄像机输入一路视频信号,例如将电视接收机的输出信号接到摄录一体机的 A/V 视音频端口上,按下该按钮;也可将输入信号如电视节目视频信号,抓拍成照片,存储在记忆棒上。

● 当电源开关打到"CAMERA"摄像机位置时,按下该按钮,可将摄录一体机拍摄的画面作为静止画面记录在磁带上,记录长度为 7 秒。这一功能对于没有携带记忆棒,或记忆棒已经存满,但仍想拍照且尚有多余的磁带时非常有用。此时,可将要拍摄的照片先记录在磁带上,待回家后再将磁带上的照片内容复制到记忆棒上,然后导入到电脑上存储起来。如果摄像机设置是 DVCAM 格式,普通 MiniDV60 磁带可以记录 340 幅照片;如果摄像机设置是 DV SP 格式,普通 MiniDV60 磁带可以记录 510 幅照片。

将磁带上的静止画面复制到记忆棒上的方法是:

(1) 在摄录一体机中装入记录有静止画面的录像带,并将有足够空间的记忆棒插入摄录一体机中(如果空间不够,可以进行多次复制)。

(2) 将摄录一体机的电源开关打到"VCR"录像机状态,并对磁带进行倒带操作。

(3) 按一下"MENU"菜单按钮,打开录像机菜单。

(4) 转动"SEL/PUSH EXEC"拨轮选择 ▭ 记忆棒,并向里推一下拨轮确认。

(5) 转动"SEL/PUSH EXEC"拨轮选择"PHOTO SAVE"(照片存储),并向里推一下拨轮确认。"PHOTO BUTTON"(照片键)字样出现在液晶屏或寻像器中。

（6）用力按下"PHOTO"（拍照）按钮，来自磁带的静止画面就被记录在记忆棒上，复制的静止画面的数量也会显示出来，当复制完成后，"END"字样显示出来。按一下"MENU"按钮，取消复制。

3. BATT RELEASE（电池拆卸）按钮

当要更换电池时，必须使用此按钮，不能硬性拔下电池。正确的操作方法是：用右手大拇指按下 BATT RELEASE（电池拆卸按钮）的同时，用中指和无名指从电池底部将电池向上托，电池就会很顺利地取下。取一块充满电的电池，按照电池的安装方法再将其装上。

4. REC START/STOP（记录开始/停止）按钮

图 3-35　BATT RELEASE（电池拆卸）按钮

该按钮位于摄像机上面板右上角，与摄像机电源开关中间的红色按钮等效，主要是为了方便操作。当低角度或贴近地面拍摄时，用电源开关中间的记录开始/停止按钮就有些不便，这时，可以将右手从上到下插入手带，用右手大拇指按动该按钮来开始/停止记录。

图 3-36　REC START/STOP（记录开始/停止）按钮

图 3-37　视、音频插孔

5. 视、音频插孔

位于摄录一体机右侧面板上大橡皮舱门内的视、音频插孔是摄像机与外部相连的主要插孔。这组端口既是输出插孔,又是输入插孔。当将其与外部其他设备的输入口相连时,它是输出口;当在"VCR"状态下,将其他设备的输出口与之相连时,它就自动变成了输入口。这些插孔对于节目复制、录制电视节目等非常有用。

● 中间由黄、红、白组成的一组莲花插口是普通的视、音频插口,黄色为 VIDEO 视频,红色和白色为立体声的 AUDIO 音频插口。红色一般为右声道,白色一般为左声道。

● 位于端口最上面的 4 芯插口是 S - VIDEO(S 端子)插口。它可以替代黄色的 VIDEO 视频插口,其图像传输质量要比 VIDEO(视频)好。现在家庭里的普通电视机、DVD 机都带有 S - VIDEO(S 端子)插口。S 端子和 VIDEO 只能使用两者之一,不能同时使用。这些端口都是模拟接口。

● 位于最下方的是 DV 端口。这是本机唯一的数字传输接口,属于 4 芯 DV1394 接口。该接口的传输特点是:视、音频实行捆绑式传输,无需再专门连接音频电缆。

6. 耳机和 LANC(遥控)插孔

位于摄录一体机右侧面板上小橡皮舱门内的是耳机和遥控插孔。

● 耳机插孔是为了监听声音信号,当录制现场声或重放磁带时,可在此接一个耳机,用来监听声音质量。

● 遥控插孔是专门连接三脚架上的遥控装置用的。当摄录一体机架在三脚架上时,操作机器上的记录开始/停止按钮、变焦操作开关和拍照按钮就显得不方便。有的三脚架就带有专门的遥控装置,使用时可以将其遥控插头连接到这个插孔。

图 3 - 38　耳机和 LANC(遥控)插孔

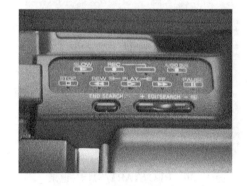
图 3 - 39　录像机操作区

7. 录像机操作区

位于摄录一体机手柄下面的是录像机操作区。当电源开关打到"VCR"时,该操作区的指示灯就会点亮。这时可以对摄录一体机中的录像带进行 REW ⏪（倒带）、FF ⏩（快进）、PLAY ▶（播放）、STOP ■（停止）、PAUSE ⏸（暂停）、REC ●（录制）、SLOW ⏭（慢速播放）和 AUDIO DUB ⊖（音频复制）等操作。

要进行节目录制时，必须先按下录制键旁边与其相连的空白键 □ 的同时，再按下 REC ● 录制键。

要进行慢速播放时，在 PLAY ▶ 播放状态下按住 SLOW ⏭ 键不放。

要进行图像搜索，在 PLAY ▶ 播放状态下按住 REW ⏪（倒带）或 FF ⏩（快进）不放。

8. EDIT SEARCH（编辑搜索）按钮

在摄像模式下按下该按钮，可以控制录像带的倒放和进带，从而改变下一次开始记录的磁带位置。例如在拍摄过程中，无意中多录了一些无用的内容，可以在摄像状态下，压住该键的"一"号一端，使磁带倒放，回到有用镜头的末尾，然后松开该按钮，下面拍摄就从此位置开始记录，无需将摄录一体机转换为"VCR"状态来寻找磁带位置。

图 3 - 40　EDIT SEARCH（编辑搜索）按钮

图 3 - 41　END SEARCH（结束点搜索）按钮

9. END SEARCH（结束点搜索）按钮

这一按钮可以准确而方便地让摄录一体机自动找到目前记录部分的最后结尾，尤其是在拍摄过程中，又将摄录一体机打到"VCR"录像机状态对磁带进行了回放后，要马上找到拍摄内容的结尾时。例如当拍摄了一段内容后，想观看一下拍摄效果，当观看结束后或观看还没有结束又需要马上进行拍摄，这时就需要尽快找到拍摄内容的结尾，否则会将已经录制好的内容消掉，或造成磁迹不连续的现象，使用该按钮就能避免这些问题发生。

3.2.6 音频输入部分各开关的功能

音频输入控制部分位于摄录一体机手柄前面,共有五个开关。其中左边三个开关是控制 INPUT1(第一声道)用的,右边两个开关是控制 INPUT2(第二声道)用的。

图 3–42 音频输入控制部分

图 3–43 音频输入插口

1. REC CH SELECT(记录声道选择)开关

该开关有两个位置,用来决定将音频控制部分背面的 INPUT1(输入声道 1)的信号是记录在两个声道还是记录在一个声道上。

➤ CH1·CH2(第一、第二声道均记录由 INPUT1 输入的声音)。通常情况下,如果摄录一体机只接随机话筒或者只接一个外接话筒,为了使记录的声音具有立体声效果,将该开关打到此位置。

➤ CH1(INPUT1 输入的声音只记录在第一声道)。当要在 INPUT2(第二声道)输入接口再一个话筒时,必须将该开关打到此位置,否则,INPUT2(第二声道)所接的话筒不能输入到摄录一体机。这一点要特别注意。

2. INPUT LEVEL(输入电平)开关

➤ LINE(线路输入)。当音频输入接口连接的是高阻抗的信号时(如现场调音台、录音机、CD 机等来的声音),将该开关打到此位置。

➤ MIC(麦克风)。当音频输入接口连接的是低阻抗的信号时(如麦克风),将该开关打到此位置。一般情况下,该开关都必须处于此位置,否则,话筒声音无法录制。

➤ MIC ATT(麦克风衰减)。当麦克风的声音大得无法调整时,将该开关打到此位置,它可以将麦克风音量衰减 20 dB。

3.　+48V（镜像电源开关）

由于摄录一体机随机附带的麦克风都是电容话筒，电容话筒都需要电池供电。因此，该开关一般都必须打到"ON"位置。如果打到"OFF"，即使连接正确，话筒也仍然没有声音输入到摄像机。

后面两个开关是对 INPUT2（第二声道）的控制，工作原理和方法与 INPUT1 相同。

4.　手柄上的 START/STOP（开始/停止）按钮

该按钮与电源开关中心的红色按钮等效，主要用于低角度拍摄和偷拍。

5.　手柄上的变焦开关

与机器上变焦开关等效，主要用于低角度拍摄和偷拍。该变焦开关能否起作用以及变焦的快慢，取决于手柄右侧小开关的设置。

图 3-44　手柄上的 START/STOP
按钮、手柄变焦开关

 实验三　　　**DSR-PD190P 摄像机的使用**

实验目的：1. 了解摄像机各开关、按钮的功能和使用环境。

　　　　　2. 熟悉 DSR-PD190P 摄像机的性能及各个开关、按钮的功能。

　　　　　3. 掌握 DSR-PD190P 摄像机的基本操作方法。

实验内容：全面讲解 DSR-PD190P 摄像机的性能；各个开关、按钮的功能和基本操作方法及使用环境。

　　　　　让学生熟悉 DSR-PD190P 摄像机的性能；了解摄像机各开关、按钮的功能和使用环境；练习 DSR-PD190P 摄像机的基本操作方法。

主要仪器：DSR-PD190P 3CCD 全自动小型摄像机　　　　　　5 台

　　　　　miniDV 录像带　　　　　　　　　　　　　　　　5 盘

　　　　　DF-248 方向电池　　　　　　　　　　　　　　5 块

教学方式：集中讲解和多媒体展示相结合；教师示范和学生实践相结合。

预习要求：课程讲授的第三章 3.3《DSR-PD190P 摄像机的菜单条目介绍》相关内容。

实验类型：演示、验证实验。

实验学时：3 学时。

3.3　DSR-PD190P 摄像机菜单条目介绍

3.3.1　摄像机菜单

DSR-PD190P 摄像机主菜单如下：

TC：TC/UB SET(时间码/用户比特设置)

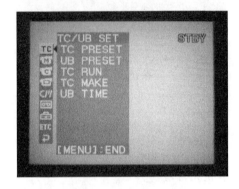

图 3-45　DSR-PD190P 摄像机主菜单

M　：MANUAL SET(手动设置)

C　：CAMERA SET(摄像机设置)

：LCD/VF SET(液晶显示屏/寻像器设置)

：TAPE SET(磁带设置)

：时钟设置

ETC：OTHERS(其他)

：退出菜单

1. TC/UB SET(时间码/用户比特设置)菜单

只有 REC MODE(记录方式)设置为 DVCAM 格式时，才能进行时间码菜单的设置。

➤ TC PRESET(时间码预置)

预置/复位时间码。

➤ UB PRESET(用户比特预置)

预置/复位用户比特。

➤ TC RUN(时间码运行)

☞ REC RUN(记录运行)：时间码数值仅在录像机记录时才发生变化。当你想在脱机编辑中使用连续时间码时，请选择该设置

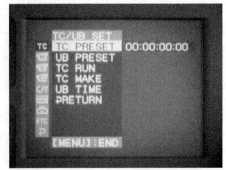

图 3-46　TC PRESET(时间码预置)

（机器默认为 REC RUN）。

☞ FREE RUN（自由运行）：无论摄录一体机现在处于什么操作模式，时间码都在变化。当要调整时间码数值和实际时间之间的差值时，请选择该设置。

➢ TC MAKE（时间码制作）

☞ REGEN（重建）：使用磁带上的时间码，无论 TC RUN（时间码运行）如何设置，运行模式都自动设置为 REC RUN（记录运行）（机器默认为 REGEN）。

☞ PRESET（预置）：在开始记录时，按照时间码预置时设置的时间码数值开始运行。在要进行连续时间码记录时，先将该开关打到"PRESET"位置，待时间码按设置的数值开始记录后，再将该开关打到"REGEN"位置，以便倒带后的时间码连续。

➢ UB TIME（用户比特时间）

☞ OFF（关闭）：不将用户比特设置为实时时钟（机器默认为 OFF）。

☞ ON（开）：将用户比特设置为实时时钟。

时间码，是继 CTL（控制磁迹）之后出现的一种新型的磁带计数方式。控制磁迹计数的方法是，在图像的每一帧画面上，机器发生一个脉冲信号，通过计算这个脉冲数来达到计数的目的，因此，它是一个磁带位置的相对地址，是可以清零的。而时间码是指在录像机记录时，时间码发生器发生一个时间，时间的形式和现实时间一样，在记录图像时，除记录 CTL 控制磁迹外，同时也将时间码记录在磁带上，它是一个绝对地址，是不能被清零的。而且，不论你设置与否，机器的时间码发生器始终都在工作，也就是说，记录每个图像时，机器都自动记录时间码。只是如果不刻意设置，时间处于一种无序状态。

正是由于时间码是每个镜头的绝对地址，一旦被记录，就不能被清零和改变，后来人们在开发非线性编辑时，就设计了一个批采集功能。只要拍摄的有用镜头的时间码表（在非线性编辑系统中称为 EDL 表）形成后，利用批采集功能，就能将 EDL 表中的镜头采入非线性编辑系统，其余的废镜头一个也不会被采集。

2. MANUAL SET（手动设置）菜单

➢ AUTO SHTR（自动电子快门）

☞ ON（打开）：机器自动调整电子快门速度（机器默认为 ON）。

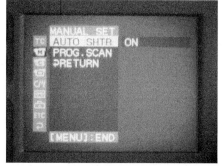

图 3-47 MANUAL SET（手动设置）菜单

☞ OFF(关闭)：为固定电子快门速度。

➤ PROG. SCAN(逐行扫描)

☞ OFF(关闭)：在隔行扫描模式下记录静止/活动图像(机器默认为OFF)。

☞ ON(打开)：在逐行扫描模式下记录静止/活动图像。

3. CAMERA SET(摄像机设置)

➤ D ZOOM(数字变焦)

☞ OFF(关闭)：取消数字变焦,只用光学变焦。变焦倍数最大为12倍(机器默认为OFF)。

图3-48　CAMERA SET(摄像机设置)

☞ 24X：启动24X数字变焦。变焦倍数超过12倍,光学变焦加数字最大可达24倍。

☞ 48X：启动48X数字变焦。光学变焦加数字变焦,变焦倍数最大可达48倍。

➤ 16∶9 WIDE(16∶9画幅格式)

☞ OFF：不使用16∶9画幅格式(机器默认为OFF)。

☞ ON：使用16∶9画幅格式。

16∶9是新式的画幅格式,是高清晰度电视的标准格式。虽然目前电视系统还没有全面实现高清晰度化,但市面上已经有了大量的16∶9画幅格式电视机,尤其是大屏幕的液晶电视和等离子电视,都是16∶9画幅格式。因此,标清的数字式摄像机,许多都设有16∶9画幅设置开关,可以将拍摄的画幅比例调整为16∶9画幅格式,以便在16∶9的电视上看到犹如宽银幕的画面效果。

如果你拥有16∶9画幅格式的电视机,可将该菜单调到"ON"位置,进行16∶9模式拍摄。此时,摄像机的寻像器和液晶屏都变成上下遮幅的好像宽银幕式的画面效果,这是正常的。但要提醒注意的是,在这种模式下拍摄的节目,要在普通的4∶3画幅的电视机上观看,画面就会纵向拉长,产生失真。有的拍摄者为了实现遮幅效果,有意将摄像机画幅调为16∶9模式,这是错误的。笔者建议：要想实现遮幅效果,拍摄时还按4∶3的画幅格式拍摄,待后期编辑时,在非线性编辑系统上,利用非线性的特技或字幕功能,给标准画面上下加边,实现遮幅效果。为了拍摄时能以遮幅的画面效果进行构图,可给液晶屏的上下边缘贴上黑边。

➤ STEADYSHOT(超级平稳拍摄)

☞ ON：使用超级平稳拍摄（机器默认为 ON）。

☞ OFF：不使用超级平稳拍摄。

➢ FRAME REC（帧记录）

☞ OFF：不使用帧记录（机器默认为 OFF）。

☞ ON：使用帧记录。此时寻像器或液晶屏右上角会出现"FRAME REC"字样。该模式适用于拍摄动画。在此模式下，每按一次摄像机的录像按钮，机器自动记录六帧画面。

➢ INT. REC（间歇记录）

☞ ON：使用间歇记录。此时寻像器或液晶屏右上角会出现"INTERVAL"字样，并闪烁。在此模式下，按一下摄像机的录像按钮，间歇记录开始。记录以"SET"设置的记录时间和间歇时间进行。

☞ OFF：不使用间歇记录（机器默认为 OFF）。

☞ SET：间歇记录设置。

✎ INTERVAL：间歇时间设置。有 30SEC（30 秒）、1MIN（1 分钟）、5MIN（5 分钟）和 10MIN（10 分钟）共四个选择。根据需要选择相应的间歇时间。

✎ REC TIME：记录时间设置。有 0.5SEC（0.5 秒）、1SEC（1 秒）、1.5SEC（1.5 秒）和 2SEC（2 秒）共四个选择。根据需要选择相应的间歇时间。记录时间越短，记录的结果动感越强。

间歇记录适应于拍摄日出、日落以及花开、花谢、植物发芽等现实生活中变化节奏缓慢的自然现象，通过间歇录像，使节奏加快。拍摄这类镜头时，一定要使用三脚架，将摄像机架稳，对准被摄对象，调整好景别和构图，然后先进行"SET"设置，再将间歇记录设置为"ON"，最后退出菜单设置，按一下摄像机的录像按钮，间歇录像开始。

➢ WIND（防风）功能

☞ CH1：OFF：不降低第一声道的吹气声（机器默认为 OFF）；ON：降低第一声道的吹气声。

☞ CH2：OFF：不降低第二声道的吹气声（机器默认为 OFF）；ON：降低第二声道的吹气声。

4. LCD/VF SET（液晶屏/寻像器设置）

➢ VF POWER（寻像器电源）：用来选择寻像器电源是由液晶屏的状态控制还是一直处于打开状态。

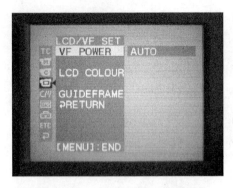

图 3-49　LCD/VF SET(液晶屏/
寻像器设置)

☞ AUTO：表示当液晶屏不打开，或液晶屏屏幕转向前面以及反向扣进液晶屏舱门时，寻像器电源自动打开，供摄像师拍摄时观察使用。当液晶屏舱门的"OPEN"开关正常打开液晶屏时，寻像器电源自动关闭。液晶屏正常打开后，可以沿其水平轴旋转，转向前面，给镜头前的演员观看；还可以顺势折回来，屏幕向外，扣进液晶屏舱门，将拍摄的画面内容给机器旁边的导演看。

☞ ON：寻像器电源开。此状态表示，不论液晶屏处于什么状态，寻像器的电源始终处于打开状态。一般不选择此状态，因为这样比较费电，也没有必要这么做。

➢ LCD COLOUR(液晶屏色彩)：用来调整液晶屏的色彩饱和度。选到此条目时，在其右边出现一个下面带小三角形的长条，如图 3-50所示。转动"SEL/PUSH EXEC"拨轮，可以调整灰条长短，用来改变液晶屏的色

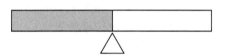

图 3-50　LCD COLOUR 液晶
屏色彩饱和度调整

彩饱和度，小三角形所处位置为标准位置，也就是出厂设置位置。

➢ GUIDE FRAME(指向框或称导向框)：为保证画面拍摄是否水平提供一个参考依据。

☞ OFF：屏幕上不出现导向框(机器默认为 OFF)。

☞ ON：屏幕中心出现一个四分之一画幅大小的导向框。需要时设置为"ON"。此导向框不会记录到拍摄的画面内容里。

图 3-51　磁带设置

5. 磁带设置

➢ REC MODE(记录模式)

☞ DVCAM：DVCAM 格式，是索尼公司实现数字化时推出的一种专门用于专业级领域的数字格式，其质量与松下公司的 DVCPRO 25M 相当，比 DV 格式好一些。在此模式下，普通的 MiniDV60 录像带只能记录 42 分钟的内容(机器默认为 DVCAM)。

☞ DV SP：DV 格式，是实现数字化后，家用摄录一体机中最为统一的一种格式。几乎所有厂家生产的设备都支持这种格式，一般分为 DV SP 和 DV LP 两种格式。

DV LP 记录速度更慢，普通的 MiniDV60 录像带在 DV LP 模式下，可以记录两个小时的内容，但其图像质量要比 DV SP 差，而且，许多专业设备不兼容 DV LP 格式的记录和播放。这样，会给后期制作带来不便。因此，一般情况下，不要用 DV LP 模式进行记录。DSR - PD190P 只能录制 DV SP 格式，不能录制 DV LP 格式。在 DV SP 模式下，普通的 MiniDV60 录像带可以录制 62 分钟的内容。因此，要拍摄较长的节目，例如课堂实录、各种晚会、报告会、学术讲座等，可以使用 DV LP 格式。

➢ AUDIO MODE（音频模式）

☞ FS32K：使用 32 K 采样频率。采样频率有 32 K、44.1 K、48 K 和 96 K 之分。32 K 用于四声道系统，44.1 K 用于 VCD 格式，48 K 用于高保真的两声道系统，96 K 用于高清系统。本机默认为 32 K，也建议使用 32 K 采样频率进行记录。

☞ FS48K：48 K 采样频率。

用 48 K 记录的磁带，在本机上不能进行声音复制，也就是说，不能给已经记录的素材上重新配音。用 32 K 采样频率记录的素材，可以在 DSR - PD190P 上重新配音。

➢ REMAIN（磁带剩余量显示）

☞ AUTO：自动显示。在电源打开后（机器中已装有磁带），或才安装好磁带后，或按下"DISPLAY"键后，自动显示磁带剩余量，并持续 8 秒钟（机器默认为 AUTO）。

☞ ON：始终显示磁带剩余量。建议使用该模式以便随时观察磁带剩余量。

➢ MIC NR（麦克风降噪）

☞ ON：打开麦克风降噪系统。可降低麦克风的噪音（机器默认为 ON）。

☞ OFF：关闭麦克风降噪系统。

➢ AUDIO SET（音频设置）

☞ AGC CH1：第一声道自动增益控制。

✎ ON：对 CH1 第一声道采用自动增益控制电路控制录音电平（机器默认为 ON）。

自动增益控制是无线电上的一个术语，其

图 3 - 52　AUDIO SET 设置
为 OFF 时的显示

意思是通过电子线路可以控制输入信号的大小,使其始终保持输出信号幅度一致。

  ✍ OFF：对 CH1 第一声道不采用自动增益控制电路控制录音电平。

  ☞ AGC CH2：第二声道自动增益控制。

  ✍ ON：对 CH2 第二声道采用自动增益控制电路控制录音电平(机器默认为 ON)。

  ✍ OFF：对 CH2 第二声道不采用自动增益控制电路控制录音电平。

根据自动增益控制的原理和使用经验,笔者认为,当拍摄的环境比较嘈杂时,为了使手持话筒的现场主持人和被采访者的声音录制得很清晰,应将该菜单设置为"OFF";如果拍摄环境的声音时大时小,难以控制,应将该菜单设置为"ON"。

当某一路设置为"OFF"时,寻像器和液晶屏的右下角会显示该声道的电平指示表。如果两路都设置为"OFF",寻像器和液晶屏的右下角会显示两个电平指示表,以便使用者掌握录音电平的大小,并可通过 AUDIO LEVEL 按钮打开音频电平调整窗口,手动调整录音电平。

  6. 时钟设置

  ➤ CLOCK SET(时钟设置)：可以在此模式下,用"SEL/PUSH EXEC"拨轮设置当前时间。设置完成后,可以将当前时间附加在拍摄的画面上,具体方法见 DATE REC 日期记录。

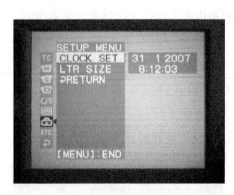

图 3-53 时钟设置菜单

  ➤ LTR SIZE(字符尺寸)：可改变菜单操作时选中条目的字符尺寸。

  ☞ NORMAL：正常尺寸。选中的条目字符尺寸不发生变化。

  ☞ 2X：放大一倍。选中的条目字符尺寸比原来放大一倍。

  7. 其他设置

  ➤ WORLD TIME(世界时间)：根据世界不同地区时间与摄像机所调时间的时间差,加、减小时数,这样,摄像机的时间显示会自动改变为当地时间。

  ➤ BEEP(嘟嘟声)：用来选择摄像机操作某些开关时,是否发出声音。

  ☞ MELODY：在打开电源开关、按下记录/停止按钮和进行菜单调整时发出嘟嘟声。

图 3 - 54　其他设置

图 3 - 55　BEEP(嘟嘟声)菜单

☞ NORMAL：只在打开电源开关和按下记录/停止按钮时发出嘟嘟声(机器默认为 NORMAL)。

☞ OFF：关闭。操作任何开关都不发出声音。

➢ COMMANDER(遥控器)

☞ ON：使用随机提供的遥控器(机器默认为 ON)。

☞ OFF：屏蔽遥控器,避免其他录像机遥控器的遥控操作使本机出现误操作。

➢ DISPLAY(显示)

☞ LCD：摄像机的相关指示信息只在寻像器和液晶屏上显示(机器默认为 LCD)。

☞ V - OUT/LCD：摄像机的相关指示信息在寻像器、液晶屏、VIDEO OUT(视频输出)上都显示,但不会被记录。这一功能可使用于实验教学：当讲解该摄像机的屏幕信息和菜单设置时,可将该摄像机的 VIDEO OUT(视频输出)接到一个电视机上,这样液晶屏上的所有信息,电视机都能看到,以便进行教学演示和讲解。

➢ DATE REC(日期录制)

☞ OFF：图像上不附加当前时间(机器默认为 OFF)。

☞ ON：图像上附加当前时间。对于一些对录制时间较为关注的事件,例如婚礼、生日、葬礼等,可将录制日期和时间附加在拍摄的画面上,以便记住这些重要日期。一般情况下,不要打开此功能。因为日期一旦附加在画面上,以后是永远去不掉的,使素材的用途受到限制。

➢ REC LAMP(记录指示灯)：用来开关摄像机手柄后面和话筒安装座前面的摄像记录指示灯,在记录过程中是点亮还是不点亮。

☞ ON：打开。在摄像机记录过程中，前后指示灯都点亮。前面的指示灯主要给镜头前的演员和工作人员看，告诉他们摄像机已经开始记录，该怎么表演就可以开始了。后面的指示灯主要给机器旁边和后面的工作人员看，告诉他们摄像机已经开始记录。

☞ OFF：关闭。在摄像机记录过程中，前后指示灯均不点亮。主要用于偷拍和拍摄反光的物体，例如拍摄镜框里面的内容，由于前面的指示灯会在被摄物上形成反光点而被拍进镜头，影响画面效果。

➤ COLOUR BAR(彩条信号)

☞ OFF：关闭。不打开彩条信号输出。

☞ ON：打开。打开彩条信号输出。摄像机输出彩条信号，用来调整监视器和寻像器或给磁带的前面做记录，以保护磁带，并保证在线性编辑系统上进行编辑时，录在磁带最前面的第一个镜头肯定能被编上。一般摄像机装入新磁带后，或要消掉一盘已用过磁带的全部内容时，都要在磁带开头录制 30 秒到 1 分钟的彩条信号。

➤ HRS METER(小时表)：用来观察机器的运行时间。新机器所有指示都为 $0 \times 10H$，即 0×10 小时。要检查新设备是否被人用过，可打开此表。超过 10 小时可以观察到，小于 10 小时观察不到。

3.3.2 录像机菜单

当摄像机电源开关打到"VCR"录像机状态时，按下"MENU"按钮，打开录像机菜单。

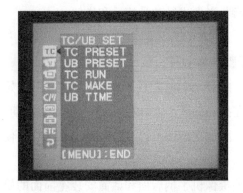

图 3-56　录像机菜单时间码设置　　　图 3-57　录像机菜单录像设置

1. TC（时间码）

菜单内容和调整方法与摄像机一样，用来调整录像机的时间码。同样也只能在DVCAM模式下进行设置，在DV模式下不能设置。要让摄录一体的时间码按自己的要求从特定的时间码开始，就必须进行该设置。

2. VCR SET（录像机设置）

➤ CH SELECT（声道选择）

☞ CH1·CH2：录像机回放时，两路声音输出都有信号。

☞ CH1：只回放第一声道的声音。

☞ CH2：只回放第二声道的声音。

➤ AUDIO MIX（音频混合）：用来调整1、2声道和3、4声道的平衡。

➤ A/V→DV OUT（模拟信号转换为数字信号）

☞ OFF（关闭）：摄录一体机输出数字格式的模拟图像（机器默认为OFF）。

☞ ON（打开）：摄录一体机输出格式模拟的数字图像。

➤ NTSC PB（播放NTSC制式的节目）

☞ ON PAL TV：用摄录一体机在PAL制式的电视机上播放磁带内容（机器默认为ON PAL TV）。

☞ NTSC 4.43：用摄录一体机在NTSC 4.43制式的电视机上播放NTSC制式记录的磁带内容。

3. LCD/VF SET（液晶屏/寻像器设置）菜单

该菜单与摄像机状态下的菜单相同，这里不再重复。

4. MEMORY SET（记忆棒设置）菜单

➤ QUALITY（质量）

☞ SUPER FINE（超级质量）：使用记忆棒拍照时，以超级质量模式进行静止画面的拍摄。在此模式下，图像的压缩比约为1/3，一张4M的记忆棒能拍摄20幅照片。

☞ FINE（优质）：使用记忆棒拍照时，以优质模式进行静止画面的拍摄。在此模式下，图像的压缩比约为1/6，一张4M的记忆棒能拍摄40幅照片。

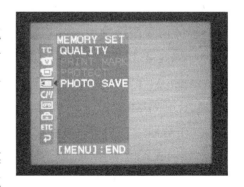

图3-58 记忆棒菜单设置

☞ STANDARD(标准)：使用记忆棒拍照时，以标准模式进行静止画面的拍摄。在此模式下，图像的压缩比约为 1/10，一张 4M 的记忆棒能拍摄 60 幅照片。

5. 带盒存储器

➤ CM(SEARCH 使用带盒存储器进行搜索)：有"ON"和"OFF"两种模式。

☞ ON(打开)：该功能只能用于带有带盒存储器的磁带，普通磁带无此功能。操作方法是：

图 3 - 59　带盒存储器

（1）将摄像机 POWER(电源开关)打到 VCR(录像机)。

（2）在菜单设置中将该项设置为"ON"。

（3）在摄像机遥控器上反复按下 SEARCH MODE(搜索模式)键，直到索引搜索指示灯出现。指示灯的变化顺序是：INDEX SEARCH（索引搜索）→ TITLE SEARCH(标题搜索)→DATE SEARCH(日期搜索)→PHOTO SEARCH(照片搜索)→PHOTO SCAN(照片扫描)→无指示灯。

（4）在遥控器上按下"|◀◀"或"▶▶|"选择重放的索引点。此时摄录一体机开始在选中的索引点处自动重放。

☞ OFF(关闭)：不使用带盒存储器进行搜索。

➤ TITLE DSPL(标题显示)：为了显示已叠加的标题。

☞ ON(打开)：显示已叠加的标题(机器默认为 ON)。

☞ OFF(关闭)：不显示已叠加的标题。

6. 磁带设置

➤ REC MODE(记录方式设置)：与摄像机菜单相同。

➤ AUDIO MODE(音频方式设置)：与摄像机菜单相同。

➤ REMAIN(磁带剩余量显示)：与摄像机菜单相同。

➤ DATA CODE(数据码显示)

☞ DATE/CAM(日期/摄录一体机)：在重放时显示日期、时间和各种设置(机器默认为 DATE/CAM)。

☞ DATE(日期)：在重放时显示日期和时间。

➢ MIC NR(麦克风降噪)：与摄像机菜单相同。

➢ AUDIO SET(音频设置)：与摄像机菜单相同。

 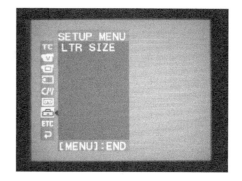

图 3-60　🎧 磁带设置　　　　　　　　图 3-61　时钟设置

7. 时钟设置

在录像机菜单中,时钟设置只有 LTR SIZE(显示尺寸)一项,操作方法与摄像机相同。

8. 其他设置

➢ BEEP(嘟嘟声)：与摄像机菜单相同。

➢ COMMANDER(遥控器)：与摄像机菜单相同。

➢ DISPLAY（显示）：与摄像机菜单相同。

➢ VIDEO EDIT(视频编辑)：要制作节目或执行视频编辑时使用。

图 3-62　其他设置

该机的节目制作包括两方面的含义：一是复制磁带;二是编辑节目。不论哪种方法,都需要对制作系统进行必要的连接。连接方法如图 3-63 所示：

视、音频连接电缆

摄录一体机　　　　　　　　　　　　　录像机/放像机

图 3-63　系统连接示意图

在这个制作系统中,摄录一体机是被当作放像机用的。视、音频连接方式有三种：A/V(视/音频)电缆连接、S - VIDEO(S端子)电缆连接和DV(数字视、音频)连接。

操作1：节目编辑。

(1) 在摄录一体中插入一盘素材带,在录像机中插入一盘空白带。

(2) 选择菜单到 VIDEO EDIT(视频编辑),然后向里推一下拨轮。

(3) 使用摄录一体机上的磁带控制键,搜索要插入的第一个场景的起点,然后暂停播放。

(4) 转动"SEL/PUSH EXEC"拨轮,或按一下遥控器上的"MARK"(标记)键,第一个节目的"CUT - IN"(入点)就被设定,节目标记的顶部变为浅蓝色。

(5) 使用摄录一体机上的磁带控制键,搜索要插入的第一个场景的结尾,然后暂停播放。

(6) 转动"SEL/PUSH EXEC"拨轮,或按一下遥控器上的"MARK"(标记)键,第一个节目的"CUT - OUT"(出点)就被设定,节目标记的底部变为浅蓝色。

(7) 重复步骤(3)～(6),然后设置 PROGRAM(节目)。当节目设定以后,节目标记变为浅蓝色。

最多可以设置 20 段节目。

操作2：复制磁带。

(1) 在菜单设置中选择"VIDEO EDIT"(视频编辑),转动"SEL/PUSH EXEC"拨轮选择"START"(开始),然后向里推一下拨轮。

(2) 转动"SEL/PUSH EXEC"拨轮选择"EXECUTE"(执行),然后向里推一下拨轮。

(3) 搜索第一个节目的开始处,然后开始复制。此时"EXECUTING"指示灯闪烁。

➤ EDIT SET(编辑设置)：调整和设置摄录一体机和一台录像机之间的同步,以便进行复制操作。

➤ HRS METER(小时表)：与摄像机菜单相同。

3.3.3 记忆棒菜单

当摄像机电源开关打到"MEMORY"记忆棒状态时,按下"MENU"按钮,打开记忆棒菜单。

1. MANUAL SET(手动设置)

➢ AUTO SHTR(自动电子快门)：在记忆棒状态，MANUAL SET 手动设置只有这一项选择。

2. CAMERA SET(摄像机设置)

➢ STEADY SHOT(超级平稳拍摄)：在记忆棒状态，CAMERA SET 摄像机设置也只有这一项选择。

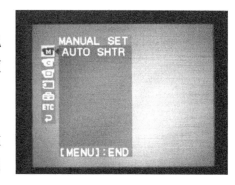

图 3 - 64　MANUAL SET(手动设置)

3. LCD/VF SET(液晶屏/寻像器设置)

➢ VF POWER(寻像器电源)：与摄像机菜单相同。

➢ LCD B. L.(液晶屏亮度)：与摄像机菜单相同。

➢ LCD COLOUR(液晶屏色彩)：与摄像机菜单相同。

➢ VF B. L.(寻像器亮度)：与摄像机菜单相同。

➢ GUIDE FRAME(导向框)：与摄像机菜单相同。

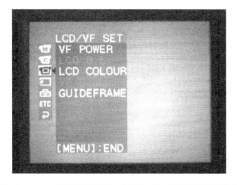

图 3 - 65　LCD/VF SET(液晶屏/寻像器设置)菜单

图 3 - 66　MEMORY SET(记忆棒设置)

4. MEMORY SET(记忆棒设置)

➢ CONTINUOUS(连续拍摄方式)

☞ OFF(关闭)：不使用连续拍摄方式。在此模式下，每按一下"PHOTO"按钮，摄像机像普通照相机一样，每次只拍摄一张照片。

☞ ON(打开)：使用连续拍摄方式。在此模式下，每按一下"PHOTO"按钮，摄像机连续拍摄四张照片，适应于快速运动物体的抓拍。

☞ MULTI SCRN(多屏拍摄)：使用连续拍摄方式的多屏拍摄。在此模式下，每按一下"PHOTO"按钮,摄像机在一屏内连续拍摄九张照片,相当于画中画,将九幅画面放在一屏内。

➤ QUALITY(质量):详见录像机菜单。

➤ PRINT MARK(打印标记)

☞ OFF(关闭):要在照片上擦除打印标记(机器默认为 OFF)。

☞ ON(打开):在稍后要打印的照片上写上打印标记。

➤ PROTECT(保护)

☞ OFF(关闭):不保护当前照片(机器默认为 OFF)。

☞ ON(打开):保护当前照片以防止意外擦除。在播放照片时进行设置。

➤ SLIDE SHOW(幻灯放映):以幻灯片方式放映照片。在播放照片时进行设置。

➤ DELETE ALL(删除所有照片):用于删除所有未被保护的照片。

➤ FORMAT(格式化):要格式化记忆棒时使用。

其他菜单与摄像机菜单相同,只是内容多少不一样。这里不再叙述。

 实验四　　　DSR‐PD190P 摄像机的菜单设置

实验目的:1. 了解 DSR‐PD190P 摄像机菜单的功能和使用环境。

　　　　　2. 熟悉 DSR‐PD190P 摄像机常用菜单的设置。

　　　　　3. 掌握 DSR‐PD190P 摄像机三种模式下菜单的设置方法。

实验内容:全面讲解 DSR‐PD190P 摄像机菜单的功能、基本操作方法和使用环境。

　　　　　让学生熟悉 DSR‐PD190P 摄像机三种模式下菜单的功能和使用环境;练习 DSR‐PD190P 摄像机各类菜单设置方法。

主要仪器:DSR‐PD190P 3CCD 全自动小型摄像机　　　　　5 台

　　　　　miniDV 录像带　　　　　　　　　　　　　　　5 盘

　　　　　DF‐248 方向电池　　　　　　　　　　　　　5 块

教学方式:集中讲解和多媒体展示相结合;教师示范和学生实践相结合。

预习要求:课程讲授的第三章 3.3 中《间歇录像和逐帧录像》相关内容。

实验类型:演示、验证实验。

实验学时:3 学时。

实验五　　　　　　间歇录像和逐帧录像

实验目的：1. 了解间歇录像和逐帧录像的功能和使用环境。

　　　　　2. 熟悉 DSR－PD190P 摄像机进行间歇录像和逐帧录像的操作方法。

　　　　　3. 掌握使用 DSR－PD190P 摄像机进行间歇录像的操作方法。

　　　　　4. 掌握使用 DSR－PD190P 摄像机进行逐帧录像的操作方法。

实验内容：讲解间歇录像和逐帧录像的原理和使用环境；在 DSR－PD190P 摄像机上进行间歇录像的操作步骤；在 DSR－PD190P 摄像机上进行逐帧录像的操作步骤。

　　　　　让学生熟悉间歇录像和逐帧录像的概念；练习在 DSR－PD190P 摄像机上进行逐帧录像和间歇录像；掌握在 DSR－PD190P 摄像机上进行间歇录像和逐帧录像的操作步骤。

主要仪器：DSR－PD190P 3CCD 全自动小型摄像机　　　　　5 台

　　　　　miniDV 录像带　　　　　　　　　　　　　　　5 盘

　　　　　DF－248 方向电池　　　　　　　　　　　　　5 块

教学方式：集中讲解和多媒体展示相结合；教师示范和学生实践相结合。

预习要求：课程讲授的第四章《专业、广播级摄像机》相关内容。

实验类型：演示、验证实验。

实验学时：3 学时。

本章思考题

1. 现行数字时代家用摄像机有哪几种格式？

2. 家用数字摄像机处于全自动模式时，都有哪些功能是自动的？

3. DSR－PD190P 的"FADER"功能包括哪几种特技？ 应该怎样操作才能实现？

4. 使用 DSR－PD190P 进行拍摄时，在什么情况下要使用手动聚焦？

5. 当拍摄对象背靠窗户时，DSR－PD190P 应如何调整？

6. 当拍摄对象穿着黑色衣服且背景色调太暗时，DSR－PD190P 应如何调整？

7. 在 DSR－PD190P 上设置时间码时应如何操作？

8. 什么是间歇录像？ 在 DSR－PD190P 上进行间歇录像时应如何操作？

9. 录音电平的手动调整有什么优点？在 DSR－PD190P 上怎样才能将机器设置为手动录音电平调整方式？

10. 要在 DSR－PD190P 上连接两个话筒时，音频部分的开关应怎样设置？

11. 怎样才能改变 DSR－PD190P 的记录格式？

第四章

专业、广播级便携式数字摄像机的使用

学习目标

1. 掌握广播、专业级摄像机镜头的特性和使用方法。

2. 掌握跟焦点镜头的拍摄技巧和方法。

3. 掌握移焦点镜头的拍摄技巧和方法。

4. 掌握寻像器的正确使用方法。

5. 熟悉专业、广播级摄像机各开关、按钮的功能和使用环境。

6. 掌握专业、广播级摄像机白平衡的调整方法。

7. 掌握专业、广播级摄像机聚焦的操作方法。

专业、广播级便携式彩色数字电视摄像机主要由镜头、机身、寻像器、电源、话筒、电缆和适配器等几部分构成。

4.1 专业、广播级便携式
数字摄像机的镜头

专业、广播级便携式摄像机的镜头均为变焦镜头。无论是数字摄像机还是模拟摄像机,无论是广播级摄像机还是专业级摄像机,它们使用的镜头的结构基本都是一样的。所不同的是镜头的接口不一样,数字式的有 1/2 英寸和 2/3 英寸之分。遮光罩也有变化,数字摄像机使用的多为方口内聚焦式,而模拟摄像机一直使用圆口外聚焦式。下面以 CANON YH18×6.7K12C、1/2 英寸变焦镜头为例,对变焦镜头进行讲解。

图 4‐1　CANON 1/2 英寸 18 倍变焦镜头

图 4‐2　内聚焦式镜头聚焦环

1. 聚焦环

位于镜头遮光罩之后。由于经常要用手抓住它调整镜头的焦距,因此,它是镜头上体积最大的一个调整环,旋转此环可以调整透镜焦距使镜头的焦距落在被摄体上。作为专业、广播级摄像机使用的这种大镜头,只有手动聚焦方式,没有自动聚焦方式。因此使用时,如果图像模糊,需旋转此环,使图像清晰为止。顺时针方向旋转,镜头的焦点前移,逆时针方向旋转,镜头的焦点后移。拍摄时,如果时间允许,一般是先将画面推成特写,旋转此聚焦环使图像清晰,然后再拉开到需要的景别进行拍摄。如果时间不允许,一般用左手握聚焦环,随时聚焦,右手操纵变焦开关。

图 4‐3　镜头变焦环

2. 变焦环

位于聚焦环与光圈环之间。该环上有一个操作手柄,是用来进行手动变焦的。在伺服(电动)变焦状态下,不能扳动此手柄。该环与聚焦环之间镜头的固定部分上标有一组数字,并有一条指示线,是用来指示镜头焦距长短的。最大数字除以最小数字,就是镜头的变焦倍数。变焦方式选择开关(ZOOM)位于镜头操作手柄的下方,开关上面标有 SERVO(伺服,即电动变焦)和 MANU(手动)字样,使用时根据需要选择此开关到相应位置。

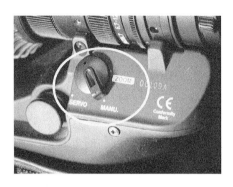

图4-4　镜头变焦方式选择开关　　　　**图4-5　电动变焦操作开关**

电动变焦时,将变焦方式开关ZOOM(变焦)打到SERVO(伺服)位置,压变焦开关"W"或"T"进行变焦操作。"W"是拉,即景别逐渐变大;"T"是推,即景别逐渐变小。在实际拍摄时,通常都使用伺服变焦方式。变焦的速度取决于手压变焦开关力量的大小,也就是说,变焦开关压下的力量越大、压得越深,则变焦速度就越快;力量越小、压得越浅,则变焦速度就越慢。在镜头性能有效的范围内,变焦速度的变化是无级的,即变焦速度从最慢到最快的变化是连续可调的。使用时只要掌握好压此开关的力量,就能达到自己所需的变焦速度。

手动变焦时,将变焦方式开关ZOOM(变焦)打到MANU(手动)位置,然后转动变焦环上的变焦手柄进行变焦。如果镜头的电动变焦速度能达到自己的要求,就尽可能使用电动变焦,在需要快推、快拉时,电动变焦达不到要求,再使用手动变焦。

3. 光圈环

位于变焦环与后焦距调整环之间。光圈环标有一组数字,一般标注为1.4、1.8、2、2.8、4、5.6、8、11、16、22等字样,是光圈大小的标称值。在其前面有一条指示线,用来指示镜头当前使用的光圈数值。

图4-6　镜头光圈环　　　　　　**图4-7　光圈方式控制开关**

光圈操作方式有自动和手动两种。由光圈方式开关 IRIS(光圈)来控制,该开关位于变焦开关前面。当把光圈方式开关 IRIS(光圈)打到"A"时,为光圈自动调整方式。电视摄像机不同于电影摄影机,电视技术对摄像机输出的信号幅度有非常严格的要求,它要求电视信号的电平幅度为标准的 $1Vp-p$(1 伏峰-峰值),既不能超幅,也不能欠幅。如果超幅,电视画面就会发毛,播出后电视接收机接收到的信号中,声音会出现嗡嗡的啸叫声,严重影响收看效果。如果欠幅,电视接收机接收到的电视信号画面噪波会加大,严重时会出现不同步的现象。因此,为了保证电视信号电平幅度标准,一般情况下将此开关打到"A"(自动)位置。当把该开关打到"M"时,为手动方式。在实际拍摄时,当光线有瞬间变化现象,例如画面上的人物在翻书,或有人用闪光灯照相,由于画面中有高光部分瞬间出现,在自动方式下,摄像机的光圈会产生瞬间收缩再打开的现象,为消除此类现象发生,就将该开关打到"M"状态,以锁定镜头的光圈。在此开关前面有一个圆形按钮,并用一根白线将其与"M"相连,其意思是:当光圈方式开关打到"M"手动位置时,按下此按钮,机器进入自动光圈调整状态,松开此按钮,光圈调整回到手动调整状态。可用此按钮实现手动状态下光圈瞬间自动调整。

4. VTR(录像触发)按钮

此按钮位于镜头操纵手柄的后面。肩扛摄像时,手握镜头操作手柄,右手大拇指正好落在这个按钮上。当摄像机打开后,给录像机里面安装好磁带,需要记录摄像机拍摄的图像时,按一下该按钮,录像机就开始记录,需要停止录像机记录时,再按一下该按钮。

图 4 - 8　VTR(录像机启动和停止)按钮

图 4 - 9　视频返回按钮

5. RET(视频返回)按钮

此按钮位于镜头变焦开关的后面。RET 是英文字母 Return 的缩写,意思是返回,在这里是指视频返回。对于演播室摄像机,当其通过摄像机控制单元(CCU)与特技切换台相连时,特技切换台上的输出信号接到 CCU 的 Return in 视频返回输入口上,按住此按钮,寻像器上显示从切换台输出的信号,以便摄像师观察切换台使用的信号。当然在现场切换系统中,得做相应的连接才能实现视频返回。

6. 后聚焦调整环/固定螺钉

该环位于镜头光圈环与微距环之间。环上标有白色刻度线,在其前面镜头的固定部分标有 F.B 字样,镜头出厂时,刻度线和 F.B 字样是对齐的。环上还有一个固定螺丝,用来锁定此环。由于摄像机机身和摄像机镜头一般都是两个厂家生产的,因此,在摄像机组配起来或更换镜头后,为了使镜头的成像能准确地落到光电转换器件的靶面上,弥补由于摄像机的分色棱镜的厚度不同而引起的成像距离的变化,一般都要进行后焦距调整。后焦距不正常的现象是:当镜头推上去后,旋转聚焦环使图像清晰,而镜头拉开后图像变模糊。具体调整方法见本章"摄像机的调整"部分。

图 4-10 后焦距调整环

图 4-11 微距拍摄聚焦环

7. 微距聚焦环(用于拍摄近距离的物体)

此环位于镜头的最后端,当拍摄的物体太小,或者拍摄距离太近,镜头推大时用聚焦环也调整不清晰。此时,沿箭头方向旋转此环,可近距离拍摄极小的被摄对象的特写镜头。在微距方式下,不能进行变焦操作,一变焦整个图像就会模糊。微距拍摄使用完毕,应将此环及时恢复到正常位置,否则正常拍摄时,整个画面都非常模糊。

  实验六   变焦距镜头的特性

实验目的:1. 熟悉变焦距镜头的结构及其特点。

2. 掌握手动聚焦的操作方法。

3. 掌握电动变焦的操作方法。

4. 掌握手动变焦的操作方法。

5. 掌握手动光圈的操作方法。

主要仪器：GY－DV500EC 3CCD 专业摄像机   5 台

          miniDV 录像带   5 盘

          NP－2000 方向电池   5 块

实验内容：全面讲解变焦距镜头的结构及其特点；重点讲解手动聚焦、电动变焦和手动变焦的操作方法及使用场合。

          让学生练习特写镜头的拍摄和推镜头的拍摄与聚焦方法；急推、急拉镜头的拍摄方法。

教学方式：集中讲解和多媒体展示相结合；教师示范和学生实践相结合。

预习要求：课程讲授的第四章 4.2《镜头的视觉功能》相关内容。

实验类型：演示、验证实验。

实验学时：3 学时。

4.2　镜头的视觉功能

4.2.1　摄像机的光学系统

摄像机的光学系统是摄像机的重要组成部分之一，是决定电视图像质量的关键。光学系统包括镜头、中性滤色片、色温滤色片、分色棱镜。

近几年来，多用途彩色摄像机发展迅速，其光学系统也随之取得了较大的进展。变焦镜头的变焦比也叫变焦倍数，已由过去的 6 倍发展到现在的 12～22 倍，而广播级摄像机变焦镜头的变焦比可以达到 45 倍。采用了高折射率的分色棱镜后，摄像机体积进一步缩小，对镜头后截距大小的要求也随之降低了。较高级的彩色摄像机的镜头后面有中性滤色镜与色温滤色镜盘，中性滤色片就是通常所说的灰度滤光镜，它不改变图像的颜色，只改变图像的亮度。每个镜盘均可以单独选用。

4.2.2　镜头的光学特征

摄像机镜头的光学特征有焦距、视角和相对孔径三个因素。这三个因素对摄像机拍摄的画面都会产生影响,它们的技术性能及组配关系,直接决定了摄像师所能达到的技术可能性和艺术可能性。

1. 焦距

摄像机镜头的焦距是指焦点至镜头中心的距离,如图 4－12 所示:

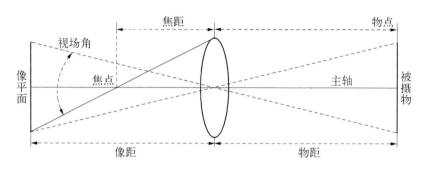

图 4－12 摄像机镜头光学原理示意图

镜头焦距的长短与被摄对象在光电转换器件(CCD)上的成像面积的大小成正比,如果在同一距离上(注意是摄像距离不变),对同一被摄对象进行拍摄,这时,镜头的焦距越长,成像面积就越大,放大倍率就越高,例如变焦镜头的望远镜头(这里所说的成像面积也就是成像的大小);反之,镜头焦距越短,成像面积越小,放大倍率就越低,例如变焦镜头的广角镜头。在这里要提醒注意的是成像面积与景别的区别,成像面积是被摄对象在画面中的大小,而景别是镜头的取景范围,从表现上两个正好相反,成像面积越大,景别越小,成像面积越小,景别越大。

定焦镜头一般分为长焦距镜头、标准镜头和短焦距镜头三种。焦距与像平面对角线接近或相等的镜头称为标准镜头;焦距大于像平面对角线的镜头,称为长焦距镜头;焦距小于像平面对角线的镜头,称为短焦距镜头。焦距能发生变化的镜头自然称为变焦距镜头。

2. 视角

镜头的视角也叫视场角,是指 CCD 器件有效成像平面边缘与镜头节点所形成的夹角。镜头的视场角反映了摄像机记录景物范围的开阔程度。镜头的视场角与被摄对象在画面中的成像效果成反比:视场角越大,被摄主体成像越小,画面景别越开阔;视场角越小,被摄主体成像越大,画面景别越狭窄。

3. 相对孔径与光圈系数

镜头的相对孔径是指镜头的入射光孔直径(D)与焦距(f)之比,它的大小表明镜头接纳光线的多少。相对孔径是决定镜头透光能力和鉴别力的主要因素。相对孔径的倒数被称为光圈系数(F),它通常标刻在镜头的光圈环上。F值变化一档,相当于摄像机镜头的通光量变化一倍。在摄像时我们说开大光圈,实际上是在光圈调节环上从大F值向小F值的一端转动,即减少光圈系数值;而缩小光圈,则是从小F值向大F值一端转动,光圈系数值加大。比如,从光圈8调到光圈5.6,就是开大了光圈,光圈系数减小,通光量增大一倍,曝光值增加一级。如果从5.6调到8,就关小了光圈,光圈系数增大。

对相对孔径和光圈系数的调节,决定了镜头的通光量和镜头的景深。对摄像机的镜头进行光圈选择,实质是一个曝光控制问题。现在的摄像机通常都有手动光圈和自动光圈两种控制方式。自动光圈只能对被摄场景的曝光控制做技术性处理,对于有意识、有目的的动态用光和艺术处理只能用手动光圈才能更好地表现。在拍摄同一照度下的同一场景时,光圈越大,景深范围越小;光圈越小,景深范围越大。这是一个规律。对镜头的曝光有意识的控制和不同景深的选择性运用,是摄像师实现创作意图、取得最佳画面效果的有效手段。

焦距、视场角和相对孔径这三个表示镜头光学特性的参数,它们之间的关系是彼此联系又互相制约的。在这三个因素中对画面造型影响最大,实际拍摄时作用最为突出的是镜头焦距的变化。因此,要想做好摄像工作,就必须了解和掌握不同焦距镜头所呈现的画面造型的特点。

4.2.3 聚焦与景深

1. 聚焦

指为了使被摄对象在画面上有清晰的图像,必须根据它与摄像机之间的距离,调整镜头的焦点,使景物能在成像平面上清楚地成像。聚焦的方法是:将景物画面推成特写,旋转摄像机镜头上的聚焦环,使图像清楚,然后拉开到所需要的景别进行拍摄。聚焦不仅是技术问题,也有技巧。例如,当拍摄一朵小红花时,利用长焦镜头的小景深,可使花朵后面杂乱的背景变得模糊,从而突出小红花。

2. 景深

在摄像时,当给一个物体聚焦时,我们会发现画面上不仅只是聚焦的那个物体清晰,而且在它前后的一定范围内的景物也很清楚,这一清晰的区域称为景深。景深的大小与光圈、物距和焦距三个因素有关,其变化规律是:焦距越长,景深越小;光圈越大,景深越小;物距越大,景深越大。

3. 跟焦点

在实际的拍摄中被摄对象常常是运动的,有时摄像机也会运动,这样原来的焦点就改变了。当原有景深不能保证画面清晰时,你只好重新不断聚焦,即不断根据被摄主体的移动而随时调焦,使焦点始终落在运动对象上,保持画面清晰,这种方法是人们常说的跟焦点。跟焦点的道理并不复杂,但是要使焦点的调节与被摄主体的运动配合得天衣无缝却不容易。焦点跟得好不好,主要取决于操作的熟练程度和摄像师对主体运动的方向、速度的判断是否正确。在拍摄中,摄像师要十分注意主体的运动方向,要能够预计到可能出现的变化,一旦主体的运动方向发生变化应能够立即做出反应。跟焦点拍摄一般用于演员从远处向摄像机走来,要始终保持演员的近景或特写。拍摄这类镜头时,一般摄像师只负责构图——始终保持演员的近景或特写,副摄像负责旋转聚焦环,使拍摄的画面始终保持清晰。拍摄过程往往要进行几遍,一般先预演一遍,找好聚焦环变化的范围,然后开始正式拍摄,一遍不行就再来一遍,直到满意为止。

4. 移焦点

移焦点是指当被摄对象与摄像机都固定时,将画面上表现的重点在两个人物(或者是物体)之间进行转换,时而让甲人物清楚,乙人物模糊;时而让甲人物模糊,乙人物清楚。这种虚实转换可达到画面视觉中心的转移,有强烈的主观意识。拍摄这类镜头时,一般多使用望远镜头,在广角下由于景深大,很难实现这种效果。另外,摄像机离被摄对象要足够远,两个被摄对象之间也要有足够的距离。还有,要尽可能地使用大光圈,光圈太小时,景深范围较大,移焦点的效果不明显。

5. 定焦点

这是最常用的方法。也就是对准被摄主体进行聚焦,被摄主体处在景深范围的中间,被摄主体的前景和后景都比较清晰。这种方法最接近我们的眼睛在观察物体时盯着看的效果,非常符合人们的观察习惯,是摄像工作最常用的一种方法。

4.2.4　变焦距镜头的功能

虽然变焦距镜头的焦距是连续可变的,但在不同的焦距位置拍摄的画面特点是有差别的。为了更好地了解变焦距镜头的特性,下面分长焦、标准和短焦三个层次加以说明。

1. 长焦距镜头

长焦距镜头也叫窄角镜头。它的视角小于 20°,它拍出的镜头对主体物的放大倍率大,画面景深小,主体物周围很小区域清楚,前景、背景均模糊。人们习惯于称这种镜头为小景深镜头。这种小景深镜头的拍摄要点是摄像机与主体之间的距离要大一些,在保证所需景别的前提下,镜头的焦距越长,前、后景越模糊,小景深效果越明显。

长焦距镜头的透视效果是:前景物体、背景物体看上去大小差别不明显,它们之间的距离似乎缩短了,物体间显得拥挤,画面上纵向运动的物体,在视觉上感到比真实的要慢。由于它的空间深度被压缩,使人难以判断物体间的真实距离。

长焦距镜头适用于拍摄远距离的局部放大的画面,拍摄那些对背景、环境要求不高的特写。用长焦距镜头拍摄的画面局部细节清晰,可以造成虚实效果,以突出主体,表现压缩、拥挤的画面效果。例如,拍摄马路上的车流、人流,要表现人很多,最好用长焦距镜头,这样,人与人之间的距离就缩小了,画面就显得很饱满。再比如,拍摄人物近景时,为了使画面上杂乱的背景虚化以突出主体,可适当拉大摄像机和人物之间的距离,用长焦距镜头拍摄。

长焦距镜头不适宜手持或肩扛拍摄,因为摄像机的晃动会被放大,而且长焦距镜头对调焦的要求很高,所以应尽可能地采用三脚架等支撑物来进行拍摄。

2. 中焦距镜头

中焦距镜头也称标准镜头。它的视角为 24°左右,放大倍数中等,景深范围适中,只是画面的最前面、最后面的景物会模糊。它的透视效果是正常的透视感,与人的眼睛直接看到的几乎是一样的,没有各种夸张效果。由于它与人的视觉一样,所以在纪实性节目中使用会给人以真实感,适合拍摄纪录片。

3. 短焦距镜头

短焦距镜头也叫广角镜头,它的视角大于 30°。这种镜头放大倍数小,景深范围大,它拍出的画面几乎全部是清晰的。它的透视效果是:前景物体显得比背景物体大得多;空间距离显得比实际大,夸张了透视感、纵深感;物体与摄像机的运动,显得比真实的要快;当被摄体太接近镜头时,会产生变形失真。有时为了追求某种特殊气氛,往往利用这种镜头的变形效果。例如,电视连续剧《黑洞》就使用了许多这样的变形镜头。

短焦距镜头拍出的图像晃动小,适用于摄像机运动拍摄,或手提肩扛式拍摄。短焦距镜头不宜拍摄正常情况下的特写,不易使观众注意力集中于视觉中心。

变焦距镜头具有在一定范围内连续变化焦距,而成像位置不变的性能。在拍摄中对景物画面取景的大小可相应地连续变化,即景别可从大到小,从小到大连续变化。变焦镜头在造型表现上的特点主要有以下几个方面:

第一,一个变焦距镜头可以替代一组不同焦距的定焦镜头,在实际拍摄过程中不必为变换焦距而更换镜头,加快了现场摄制速度,便于摄制人员对拍摄中的意外情况做出现场应变和快速反应。

第二,在摄像机机位不动的情况下即可完成变焦距推拉,实现画面景别的连续变化。

第三,可以跨越复杂空间完成移动机位所不能完成或不易完成的推拉镜头。

第四,摄像机镜头上的电动变焦装置可以使景别的变化平稳而均匀。另外利用镜头上的手动变焦,可以实现急推或急拉,产生一种新的画面运动,形成新的画面节奏。例如,为了表现一种紧张的气氛,如某件事情的出现使主人公震惊,一般就用这种急推镜头。再比如,拍摄霹雳舞时,为了表现强劲的节奏,就用这种连续的快推快拉。

第五,在摄像机机位运动的过程中进行变焦操作,可以构成一种更为复杂的综合运动镜头,产生人们生活中视觉经验以外的更为流畅多变的画面运动效果。

 实验七   **跟焦点、移焦点镜头的拍摄**

实 验 目 的:1. 熟悉跟焦点、移焦点拍摄的应用场合。

               2. 掌握跟焦点、移焦点拍摄时摄像师的操作要领。

               3. 掌握跟焦点拍摄时副摄像的操作要领。

主 要 仪 器:GY-DV500EC 3CCD 专业摄像机   5 台

            miniDV 录像带   5 盘

            NP-2000 方向电池   5 块

            力派 H35 三脚架   5 个

实 验 内 容:讲解跟焦点、移焦点拍摄的使用场合;跟焦点、移焦点镜头的拍摄

            技巧。

跟焦点练习：将学生分为三个人一个小组：一个人从远处向摄像机走来，一个人操作摄像机，只负责构图——始终保持近景或特写，另一个人慢慢旋转聚焦环，始终保证图像清晰。

移焦点练习：将学生分为三个人一个小组：两个人在离摄像机足够的距离处面向摄像机站着，人与人之间也要有足够的距离，一个人操作摄像机进行移焦点拍摄。

教 学 方 式：集中讲解和多媒体展示相结合；教师示范和学生实践相结合。

预 习 要 求：课程讲授的第四章 4.3《寻像器》和 4.4《摄像机机身》相关内容。

实 验 类 型：演示、验证实验。

实 验 学 时：3 学时。

4.3 寻 像 器

图 4-13 JVC 公司生产的
VF-P115BE

寻像器是摄像机拍摄时的观察窗，摄像师通过寻像器来进行取景和构图，同时还可通过寻像器来观察摄像机的工作状况。摄像机的类别不同，寻像器的结构也有所不同。家用型摄像机一般有两个寻像器，一个小寻像器和一个小液晶显示屏。小寻像器有黑白的也有彩色的，小液晶显示屏都是彩色的。人们习惯用小液晶显示屏来进行取景和构图，但它比较费电。专业和广播级 ENG 用摄像机使用的寻像器都是 1.5 英寸可拆卸式的黑白寻像器。这类寻像器的外观看上去差不多，但厂家不同，寻像器的结构也有所不同，而且与摄像机连接的接口也不相同，因此不能相互替换。另外，寻像器的目镜、目镜聚焦环、亮度、对比度旋钮的位置也有差异。下面以 JVC 公司生产的 VF-P115BE 为例介绍一下广播、专业级摄像机寻像器的使用方法。

1. 目镜

由眼罩和放大镜两部分组成。眼罩的作用有两点：一是使寻像器屏幕上的光线不向外散射,同时也遮住外面的光线不至于照到寻像器屏幕上,以保持良好的观察效果;二是使摄像人员观察屏幕时不磨眼睛。放大镜的作用是将寻像器显像管的屏幕加以放大,使摄像人员能更清楚地看到寻像器显像管屏幕上的画面内容。目镜可以合上

观看,也可以打开,直接观看寻像器屏幕,但标准的使用方法是合上目镜观看。这样,摄像师就像看大屏幕电视一样,非常清晰地看到所拍摄的画面。前提是必须闭上左眼,用右眼观看。有的人不习惯用一个眼睛观看寻像器,但作为一个称职的摄像师,必须这样做,才能明察秋毫,准确地摄取目标,及时发现画面存在的问题。

图 4 - 14　寻像器目镜

2. 目镜聚焦环

此环位于目镜筒的外面,松开此环,目镜可以推进和拔出,来调整目镜与寻像器的距离,以便使观察到的图像清晰。

图 4 - 15　目镜聚焦环

图 4 - 16　记录指示灯

3. 记录指示灯

此灯位于寻像器的前面板上,此灯的控制开关位于寻像器的左侧面板上,和CONT(对比度)、BRIGHT(亮度)在一体。当记录指示灯开关打到"ON"时,在录像机记录过程中此灯点亮,用来告诉镜头前的演员,录像机已经开始记录,表演可以开始了。

4. TALLY(记录指示灯)开关

用来控制记录指示灯在录像过程中是点亮还是关闭。一般情况下将此开关打到"ON",如果拍摄玻璃里面的物体或反光的物体时,记录指示灯会被反射进入镜头,影响画面质量,建议把该开关打到"OFF",以消除反光。另外,要进行偷拍时,可将此开关打到"OFF"位置,这样,别人觉察不到摄像机的拍摄。

图 4-17 记录指示灯开关

5. PEAKING(轮廓)旋钮

此旋钮一般和 CONT(对比度)、BRIGHT(亮度)并排。旋转该旋钮,调节寻像器上图像的轮廓,以提高图像的锐度,使聚焦更为明显、精确。此调整只改变寻像器的图像轮廓,不影响摄像机的输出信号。JVC 的 VF-P115BE 寻像器没有 PEAKING(轮廓)旋钮。

6. CONT(对比度)旋钮

此旋钮位于寻像器的左侧面板上,与 BRIGHT(亮度)并排。其作用是用来调整寻像器的对比度,使寻像器上的图像看起来更黑白分明。一般习惯的做法是将该旋钮开到最大。此调整只改变寻像器上的图像对比度,不影响摄像机的输出信号。

图 4-18 亮度、对比度旋钮

7. BRIGHT(亮度)旋钮

用来调整寻像器上图像的亮度。此调整也是只改变寻像器图像的亮度,不影响摄像机的输出信号。

寻像器是摄像师取景、构图、观察画面质量好坏的标准窗口。因此,在正式拍摄前都要对寻像器进行认真调整。调整的依据是让摄像机输出彩条信号(将"OUTPUT"开关打到"BARS"),然后旋转 CONT(对比度)和 BRIGHT(亮度)旋钮,使白、黄、青、绿、紫、红、蓝、黑几个条都能看到,尤其是蓝和黑两个条不能分不开,看上去一样黑,而要层次分明;白条不能太亮、太刺眼。

4.4　摄像机机身

　　摄像机机身内部为摄像机器件和各种电路处理系统,一般无需使用者调节,外部为各种功能调节按钮,机型不同,开关、按钮的位置稍有差别,但基本大同小异。下面以 JCV 公司生产的 GY‑DV500EC 为例,作全面介绍。

4.4.1　左侧面板上各开关、按钮的功能

1. 蓄电池盒打开按钮

　　拿到摄像机要做的第一件事,就是安装电池。该机使用的是标准的 NP 电池,也可以使用扣板电池,但必须拆掉 NP 电池安装盒,换上扣板电池安装座。安装 NP 电池时,压住该按钮上端的"PUSH"位置,向上翻开电池舱盖,将电池上的指示箭头"⬇"向下,电池的极性向里,顺导棱将电池装入电池舱,最后关上电池舱盖。

图 4‑19　蓄电池盒打开按钮

图 4‑20　POWER(电源开关)

2. POWER(电源开关)

　　该开关位于摄像机左侧面板的左下角,是摄像机电源的总开关。要开始使用摄像机,必须先打开电源开关,尤其是几乎所有的机器在不开电源的情况下就可以安装磁带。但建议大家还是规范操作,先打开摄像机电源开关,再安装磁带。而对于 JVC 公司生产的 GY‑DV500EC 摄像机必须这样做,否则,机器会出错(错误指示为"ERRE 4100"),使拍摄工作无法进行。如果不小心在没有打开电源的情况下,安装了磁带而出现错误,解决的办法是:先将电源开关打到 OFF,关掉电源。然后,一打开电源就进

行取带操作。这样磁带就会自动弹出,故障现象消失。

3. FILTER(滤色镜)调节轮

拍摄环境确定之后,就要根据照明条件光源的色温选择滤色镜的位置。对于专业级摄像机,一般将灰度滤光镜和色温滤色镜设计在一个调节轮上,通常分为三档。1档:3200 K,用于碘钨灯和日出、日落时;2档:5600 K,用于室内日光灯和室外阴天;3档:5600 K+1/32ND,用于室外晴天。对于广播级摄像机,一般将灰度滤光镜和色温滤色镜设计在一个同轴的两个调节轮上,位于前面的调节轮只调节滤色镜,通常有3200 K、5600 K、6000 K 和 6500 K 几档;而位于后面的调节环是灰度滤光镜,通常有clear 1/4ND、1/8 ND、1/16 ND、1/32 ND 和 1/64 ND 几档。这里的1/ * 指的是只让1/ * 的光线进入摄像机,例如,1/32 就是只有原光线的1/32 进入摄像机。调节灰度滤光镜的依据就是镜头的光圈,选择合适的灰度滤光镜,让自动光圈调节到8~11 之间为宜。

图 4-21　FILTER(滤色镜)调节轮

图 4-22　VTR(录像机状态)开关

4. VTR(录像机状态)开关

该开关位于摄像机左侧面板的左下方,有 STBY 和 SAVE 两个位置。广播级和专业级像摄像机都设有此开关,通过该开关可选择摄像机的工作状态。

SAVE(节电模式):在这种模式下,电源只给成像器件、镜头和寻像器供电,不给录像机供电,在拍摄时间较为充足的时候使用。在这个模式下,当按下录像按钮后,录像机不是马上录像,而是要等待两三秒后才开始录像,适宜于拍摄风光片、专题片、电视剧等,而不适宜于抢拍。

STDY(待机模式):在这种模式下,按下记录开关后,录像机马上开始记录,适宜于新闻片、纪录片的拍摄。一般情况下,只要电池充足,都选择此模式,这样不至于漏掉很重要的拍摄内容。

5. GAIN(增益)开关

该开关位于摄像机左侧面板的左下方,与 VTR 开关并排。广播级和专业级像摄像机都设有此开关,可以通过电子的手段提升摄像机的光灵敏度,适用于光照不足、又没有照明设施的情况。该开关有三个位置:L、M、H。"L"为不加增益;"M"为加中档增益;"H"为加高档增益。每一档提升的增益数由摄像机的菜单来调整,一般人们习惯于将"L"设为"0 dB",也就是正常的工作状态;"M"设为"9 dB","H"设为"18 dB"。要提醒注意的是:将该开关打到"M"或"H"后,虽然图像变亮了,但图像面噪波也随之加强,设置越高,噪波越大,图像质量越差。因此,通常情况下,如果被摄对象照度不足,尽可能使用灯光照明,提高被摄对象的照度,而不要使用增益开关来增加画面亮度。万不得已时,最多使用"M"档。当该开关打开时,寻像器右侧会出现一个字符"G"。

图 4-23 GAIN(增益)开关

图 4-24 OUTPUT(输出)开关

6. OUTPUT(输出)开关

该开关位于摄像机左侧面板的左下方,与 VTR 开关并排,用来选择输出信号的内容。该开关有两个位置是决定输出信号的,即 BARS 和 CAM。打到 BARS 位置,摄像机输出彩条信号,用来调整监视器和寻像器或给磁带的前面做记录,以保护磁带,并保证在线性编辑系统上进行编辑时,录在磁带前面的第一个镜头肯定能被编上;打到 CAM,输出摄像机拍摄的画面。CAM 位置也有两个位置:AUTO KNEE(自动拐点)"ON"、"OFF",用于打开或关闭自动拐点功能。自动拐点功能也称为对比度控制改善功能,简称 DCC,用于扩大拍摄景物的亮度动态范围,特别适用于拍摄高对比度的景物,如拍摄晴天阴影中的人物、汽车内的人物、室内有窗户的人物画面,使人物和高亮度背景都层次分明,清晰可见。

7. WHT. BAL(白平衡)开关

该开关位于摄像机左侧面板的左下方,与 VTR 开关并排,用于记忆白平衡调整的数值。共有三个位置:A、B 和 PRST。打到"A",调整的白平衡值寄存在 A 寄存器里;打到"B",调整的白平衡值寄存在 B 寄存器里;打到"PRST",摄像机采用机器里在

图 4-25 WHT. BAL(白平衡)开关

3200 K 色温下设置的不可擦除的白平衡值。"A"和"B"只是提供了两个白平衡记忆位置,以简化操作。在调整白平衡时,一定要使该开关处于"A"或"B",不能把该开关打到"PRSET"。使用"A"和"B"来简化操作步骤的具体做法是:如果拍摄工作是在室内和室外交替进行,那么,在室内 3200 K 色温下拍摄时,将色温变换滤色镜打在"1"号位置,将该开关打到"A",调整一次白平衡;换到室外

5600 K色温下拍摄时,则将色温变换滤色镜打到"2"或"3",将该开关打到"B",再调整一次白平衡。再回到室内时,只需将色温变换滤色镜打在"1"号位置,将该开关打到"A",就能进行正常拍摄,无需再进行白平衡调整;换到室外也一样,只需将色温变换滤色镜打到"2"或"3",将该开关打到"B",就能进行正常拍摄。

"PRSET"的使用方法是,如果拍摄时间非常紧迫,拿到摄像机后没有时间调整白平衡,或者一时找不到白色物体,那么,就将该开关打到"PRSET"位置。但色温变换滤色镜必须是相应位置,如果拍摄环境是 3200 K 色温,色温变换滤色镜必须打到"1";如果是 5600 K 色温,必须将色温变换滤色镜打到"2"或"3",否则,拍出来的图像色彩仍然不正常。当然,现在摄像机大多都有自动白平衡跟踪功能,在来不及调整白平衡时,可以使用此功能。在自动白平衡状态下拍摄,无需考虑色温变换滤色镜的位置,只要调整好灰度滤光镜,就能保证拍摄的图像色彩逼真,层次分明。

8. AUTO IRIS(自动光圈参考电平)开关

该开关位于摄像机左侧面板的中部,VTR 开关上方,可在不同拍摄环境情况下选择不同的自动光圈调节的基准数值。该开关有三个位置: BACK L、NORMAL 和 SPOT L。

BACK L 用于在背景太亮的情况下拍摄,此时镜头光圈比标准级别增开一级,以

提高前景主体的亮度。当然要拍摄剪影效果时,无需使用此功能。当该开关打到此位置,寻像器右侧出现"I"。

NORMAL 为正常状态,通常使用此位置。

SPOT L 用于在前景太亮、背景太暗的情况下拍摄,此时镜头光圈比标准级别关闭一级,以降低前景主体的亮度。当该开关打到此位置,寻像器右侧也出现"I"。该机的 BACK L 和第三章介绍的 DSR‒PD190P 摄像机的 BACK LIGHT 功能一样;SPOT L 和 SPOT LIGHT 功能一样。

图 4‒26 AUTO IRIS(自动光圈参考电平)开关

9. FULL AUTO(全自动按钮及指示灯)

该按钮位于摄像机左侧面板中部,GAIN 开关上方。当按一下此开关,全自动方式打开,此时该按钮左下角的指示灯点亮,且寻像器右侧出现"FAS"字样。该机的全自动方式是自动白平衡、自动增益、自动光圈、自动电子快门。在该方式下,"GAIN"开关、"OUTPUT"开关、手动光圈操作、电子快门以及白平衡开关均不起作用,因此机器不能输出彩条信号;光圈调整无论是手动模式还是自动模式机器都将自动调整;增益开关无论置于何处都没有反应;电子快门开关也打不开;白平衡调整也不能进行。要实现以上操作必须退出全自动状态。

图 4‒27 FULL AUTO(全自动按钮及指示灯)

图 4‒28 BLACK(黑扩展和黑压缩)开关

10. BLACK(黑扩展和黑压缩)开关

该按钮位于摄像机左侧面板中部,OUTPUT 开关上方,用于调整图像黑色部分的增益值。该开关有三个位置:STRETCH、NORMAL 和 COMPRESS。

STRETCH 只在黑暗部分扩展信号,使黑暗部分的层次更丰富。例如当拍摄人物时,如果人物的头发看上去漆黑一团,缺乏光感,可打开此开关,使人物的头发稍亮一些。

NORMAL 为标准方式,一般情况下放在此位置进行拍摄。

BLACK COMPRESS 是压缩黑色部分信号的增益,以增强图像的对比度。例如当拍摄印刷物时,为了使书里面的文字比较清晰,可用此状态,尤其是拍摄历史文献资料时,更应如此操作。当该开关打到非"NORMAL"位置时,寻像器右侧出现字符"B"。

11. LOLUX(低照度)按钮

该按钮位于摄像机左侧面板中部,WHT. BAL 开关右上方,用于打开或关闭低照度方式。低照度方式只适应在极低照度下拍摄,这个操作优先于正常的增益操作,在此方式下,摄像机增益被强行加大到 33 dB。要提醒注意的是,在此方式下,信号噪波也被同时放大,图像上布满噪波点,无论光线强弱都是如此。因此一般情况下,尽量不要用此开关。当拍摄的照明条件不好时,要提高图像的亮度,可用"1"号滤色镜,并使用增益开关适当加大图像的增益,或使用全自动方式使机器自动加大增益。该按钮打开时,机器面板上没有任何指示,只是寻像器右边出现"L"字样。如果图像上出现噪波点,寻像器上并有"L"显示,请立即按一下此按钮,关掉此方式。

图 4-29　LOLUX(低照度)按钮

图 4-30　SHUTTER(电子快门)开关

12. SHUTTER(电子快门)开关

该开关位于摄像机左侧面板的左上方,AUTO IRIS 开关的上方。该开关可用来改变电子快门的速度,为拍摄的素材在后期编辑时进行慢动作处理提供高质量的运动图像;也可用于拍摄电脑屏幕时,消除屏幕闪烁现象,使画面稳定。具体操作方法是:在正常画面方式下,按此拨轮将打开电子快门,此时,寻像器上出现字符"S"。显示快门速度时,向上旋转可增加快门速度,向下旋转可减少快门速度。步进式(STEP)快门速度的循环顺序为:1/125→1/250→1/500→1/1000→1/2000→1/125。可变式(VARIABLE)快门速度的变化范围为:50.1~2067.8连续可调。步进式(STEP)电子快门用于拍摄高速运动的物体,例如拍摄一滴果汁滴入盛有果汁的盆中,要将果汁滴下,然后反弹形成的水柱拍摄清楚,并在后期编辑进行慢动作处理时使画面清晰,就必须使用高速电子快门方式拍摄才能实现。可变式(VARIABLE)电子快门用于拍摄电脑屏幕时,消除屏幕闪烁现象。电子快门方式选择必须在菜单中进行,具体操作的方法是:压住"STATUS"(状态)按钮不放保持两秒以上,打开摄像机菜单,上下拨动拨轮选择条目"OPERATION MENU"(工作菜单),向里推一下拨轮确定该条目进入下一级菜单,在此菜单内选择第一项"SHUTTER"(电子快门)条目,向里推一下拨轮,确定该条目进入电子快门方式选择菜单,里面有"STEP"和"VARIABLE"两种状态,根据需要加以选择。然后再按一下"STATUS"(状态)按钮退出菜单。在正常拍摄模式下,按一下拨轮以打开电子快门,然后根据需要调整电子快门速度。在摄像机处于全自动模式时,电子快门不能使用。

13. STATUS(状态/菜单)按钮

该按钮位于摄像机左侧面板上部,与"SHUTTER"(电子快门)开关并排。在正常方式下按此按钮,用于在寻像器上显示摄像机的状态。每按一次,所显示的状态将改变一次。显示内容变化顺序为:状态0,寻像器上除拍摄的画面和相关的一些开关状态指示如FAS、I、B、G、L、SD外,再没有任何其他附加信息;状态1为摄像机工作显示,该状态下除

图4-31 STATUS(状态/菜单)按钮

状态0显示的信息外,还有音频电平指示、磁带剩余量指示、电池电压指示、镜头光圈值和录像机的状态指示;状态2显示摄像机部分开关、按钮的设置情况。具体显示如图4-32所示。

状态0的相关信息为:

➤ "ACCU FOCUS"是进行精确聚焦操作时,寻像器上出现的信息。

➤ "FAS"是当摄像机全自动方式打开时,寻像器上出现的信息。

➤ "G"为增益开关"GAIN"打开时,寻像器上出现的信息。

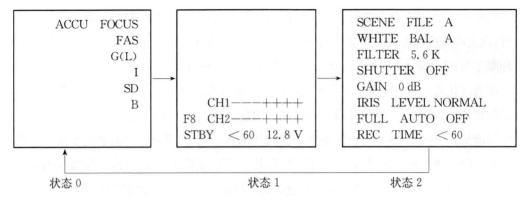

图 4－32　寻像器上的信息

➤ "L"为低照度按钮"LOLUX"打开时,寻像器上出现的信息。

➤ "I"为自动光圈参考电平开关"AUTO IRIS"不在"NORMAL"正常位置时,寻像器上出现的信息。

➤ "SD"为皮肤细部功能运用时寻像器上出现的信息。

➤ "B"为黑扩展和黑压缩开关 "BLACK" 不在"NORMAL"正常位置时,寻像器上出现的信息。

状态 1 的相关信息为:

➤ "F8"是镜头当前光圈大小指示,其变化范围一般为 1.4～16。如果光线不足,在正常模式下会出现"OPEN"字样,在全自动模式下会出现 ＊＊dB;如果光线太强,在正常模式下会出现 F16,有时也会出现拍摄的画面一闪一闪的现象,这是由于光圈已经关到最小了,但光线仍然很强,自动光圈想进一步关小,而无法关小引起的。解决的办法是选择合适的灰度滤光镜;在全自动模式下,会出现 1/＊＊,这是由于光圈已经再不能关小了,机器自动打开了电子快门以降低光线(注: ＊为具体数值)。

➤ "STBY"是录像机及"VTR"录像机开关设置状态指示。当"VTR"开关打到"STBY"时显示"STBY",打到"SAVE"时显示"SAVE",录像机开始记录时显示"REC"。因此,这也是摄像师观察录像机状态的一个重要的参考信息,当然,录像机开始记录,寻像器屏幕右下角的"REC"记录指示灯也会点亮。

➤ CH1－－－＋＋、CH2－－－＋＋是音频指示表,用来显示声音信号是否进入以及输入电平的大小。该显示可用 VF DISPLAY 菜单来设置显示的开与关。

➤ ＜60 是磁带剩余量指示,表明磁带还能记录多少分钟(以 1 分钟为单位)。

➤ 12.8 V 是电池电压指示(以 0.1 V 为单位)。当该显示变为 11.2 V 时,就需更换摄像机电池,否则机器将自动关机。

14. ALARM(告警音量调节)旋钮

该按钮位于摄像机左侧面板的右上方。当和摄像机连接的录像机磁带快要用完或机器电池电量不足时,机器会发出警告声。用此旋钮可以调节从监听扬声器或耳机中发出的声音大小,一般情况下将此旋钮沿顺时针方向调到最大。

要提醒注意的是,在进行同期声录制时,如果磁带快要用完或电池快要没电,这种警告声音会通过随机话筒被录入到节目中,这时一定要将这个声音关小,以确保录音质量。

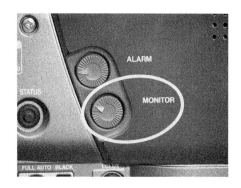

图 4-33 ALARM(告警音量调节)旋钮　　图 4-34 MONITOR(音频监听音量调节)旋钮

15. MONITOR(音频监听音量调节)旋钮

该旋钮位于摄像机左侧面板的右上方,"ALARM"(告警音量调节)旋钮的下方,用来调节监听扬声器的音量和机器后面板耳机插孔输出的音量。一般情况下,将此旋钮调到比较大的位置,尤其是在进行现场采访时,出镜记者或主持人离摄像机比较远,调大监听音量,可帮助摄像师判断音频信号的有无和大小,检测录音质量。

4.4.2 前面板各开关、按钮的功能

1. ZEBRA(斑马图样)开关

该开关位于摄像机前面板的左上方。该开关与其他开关不同,它属于水平拨动方式。它有三个位置:OFF、ON 和 SKIN AREA。当此开关打到"ON"时,在寻像器上图像亮度超过 70% 的部分会出现条纹,条纹形状有点类似斑马身上的花纹,故称其为斑马纹。寻像器上的斑马纹可作为手动调整镜头光圈时的参考。有人习惯用手动光圈进行拍摄,建议用此模式,这样调整的光圈值比较符合标准,拍摄的图像才能符合播出要求。一般情况下,将此开关放在中间的"OFF"位置。

此开关还有一个功能就是调整肤色。将此开关拨到"SKIN AREA"肤色区域一端时,通过"ADVANCED PROCESS"菜单中的"SIN DTL ADJUST"项目指定的色调区域将在寻像器中显示。该设置是否能改变皮肤细部功能使用的颜色,取决于SKIN COLOR DETECT的设置状态,只有在其设置为EXECUTE时才能实现此功能。肤色校正的改变范围是WIDE(宽),+19~NORMAL(正常)~-11,NARROW(窄),共33级。松开此开关,它将自动返回到"OFF"位置。

图4-35　ZEBRA(斑马图样)开关

图4-36　AUTO WHITE/ACCU FOCUS
(自动白平衡/精确聚焦)开关

2. AUTO WHITE/ACCU FOCUS(自动白平衡/精确聚焦)开关

该开关位于摄像机前面板的中部,用此开关进行白平衡调整和精确聚焦。

当把此开关拨向"AUTO WHITE"时,可进行白平衡调整。当把此开关拨向"ACCU FOCUS"处时,摄像机镜头上的光圈被自动打开一档,并保持10秒钟,这样拍摄的景物景深变小,以便使镜头聚焦操作起来更精确一些。

图4-37　AUDIO LEVEL CH-1(第一
声道记录电平调整)旋钮

3. AUDIO LEVEL CH-1(第一声道记录电平调整)旋钮

用来调整CH-1第一声道音频信号的记录电平。本机采用的调节值通常设置为最大(数字10)的位置。在实际拍摄过程中,如果发现第一声道电平小,录像机上第一声道电平调整旋钮已经调到最大,但声音电平指示还不够,这时请检查此旋钮是否开到最大位置。如果不是,调到最大值10后,声音电平指示就会正常。

4．VTR（录像机触发）按钮

该按钮位于摄像机前面板的左下方。此按钮和镜头上的"记录开始/停止按钮"功能一样，可用来控制录像机记录的开始与停止。尤其是摄像机架在三脚架上拍摄或抱着拍摄时，用该按钮控制录像机的开始与停止比用摄像机镜头上的按钮方便得多。该按钮再无其他功能。

图 4-38　VTR（录像机触发）按钮　　　　图 4-39　TAKE（超级场景定位器）按钮

5．TAKE（超级场景定位器）按钮

该按钮位于摄像机前面板的最右边。超级场景定位器功能可将 IN 点、OUT 点或 CUE 点的时间码数据保存在本机的存储器中。

拍摄素材时，为了让摄像机记住重要镜头的位置，例如拍摄足球赛时每个进球的镜头，可在所需场景的开始处按"TAKE"钮。第一次按"TAKE"钮，那一点的时间码数据成为场景的起点；第二次按"TAKE"钮，那一点的时间码数据成为该场景的终点，两点均储存在本机的存储器中。在后期编辑所录图像时，为了快速找到记忆的素材，例如进球的镜头，可利用存储器中的 S.S.F 数据，有效地搜索到磁带上打"TAKE"点的镜头。

4.4.3　录像机部分各开关、按钮的功能

1．音频电平表

显示音频通道的输入电平值。分为 CH-1 和 CH-2 两个通道。变化的黑色小方块多少，表示输入音量的大小，计量单位为 dB，电平表的量程为 $-\infty \sim 0$ dB。超过 0 dB 就显示"OVER"，说明输入的音频电平超幅。根据电视技术的录音要求，音频电

图 4 - 40　液晶屏上的相关信息

平的记录不能超过 0 dB。因此,在进行电视节目拍摄时,要随时注意录音电平大小,不能太小,也不能太大。录音电平控制方式有手动和自动两种。根据需要可通过液晶屏下方"AUDIO LEVEL SELECT"音频电平选择开关进行设置。

2. 32 K/48 K(采样频率指示)

显示音频记录或重放是以 12 bit 32 KHz 还是以 16 bit 48 KHz 的频率进行。在记录方式下,使用录像机菜单"SAMPLING RATE"(采样频率)来设置音频记录时所使用的采样频率。一般对于四声道系统,采用 12 bit 32 KHz,对于双声道系统,采用 16 bit 48 KHz;在重放模式下,该指示显示磁带上记录的采样频率数值。

3. AUD LOCK(音频锁定指示)

显示在记录或重放时音频信号是否与视频信号互相锁定。

4. SP

在记录方式下显示磁带速度。正常情况下显示为 SP,低速记录时显示 LP。要说明的是:该机只能记录 SP 格式,不能记录 LP 格式,但可以播放 LP 格式记录的磁带。

5. 录像带指示灯

本机装入录像带时该指示灯出现。录像带正在退出或正在装入时该指示灯闪烁。机内没有录像带时,液晶屏上没有此指示灯。由于该机的走带系统是全封闭式的,机内有无磁带,一般由该指示符号体现,也可打开磁带舱门观察机器内有无磁带。

6. REMAIN(磁带剩余时间指示)

显示磁带剩余时间(时和分),以便使用者能大概估计磁带的剩余量。

7. 走带方向指示

对应于机器内部走带方向,磁带向哪边走,指示灯的箭头就指向哪边。"←"表示倒带,"→"表示快进和走带,"←→"表示录像机处于等待状态。要说明的是:打开摄像机电源,磁带装入机器后,要对磁带进行操作,例如播放、倒带或快进,必须先压"STOP"按钮,使"←→"指示消失,解除待机模式,然后才能进行相应操作。

8. E BATT F(电池剩余电量指示)

用 7 个竖条显示电池电量。"F"表示 FULL(满),"E"表示 EMPTY(空)。当电池剩余功率减小时,亮的竖线也减少。为准确地显示剩余电池的功率,应根据使用电池的型号调节录像机菜单中的"BATTERY TYPE"一项,使剩余电压指示与使用电池相符。

9. 计数器显示

(1)磁带计数器显示。通常是作为磁带计数器用的,以时、分、秒、帧来显示。显示内容由"COUNTER"开关控制。通常情况下,该计数器显示 CTL 控制磁迹计数、时间码计数或用户比特计数。

➤ CTL 计数器:显示控制磁迹。控制磁迹是一种脉冲信号,在录像机录像时,机器自动每帧产生一个脉冲,并将其记录在录像带的 CTL 控制磁迹轨道上。CTL 计数器就是计算这个脉冲的个数,来确定磁带走的多少,以达到计数的目的。时间显示范围为−9 小时 59 分 59 秒 24 帧~9 小时 59 分 59 秒 24 帧。

图 4 - 41　计数器显示

➤ TC 时间码计数:这是一种为了获得电子编辑工作更高自动化和提高电子编辑精确程度的计数方法。它与 CTL 信号不同,它是一种绝对地址码,计数器的清零按钮对它不起作用。它的时间是由机器内部的时间码发生器产生的。时间码发生器的运行方式分为自由运行和记录运行两种模式。自由运行是不论录像机是否记录,时间码发生器的时间都在走;而记录运行是只有在录像机录制时,时间码才向前走。

➤ UB 用户比特:是一种与时间码类似的计数方式。在此模式下,可显示磁带的时间,也可显示日期,显示取决于录像机菜单中 DISPLAY SELECT(显示选择)的设置。如设置为"CLOCK"时,显示日期和时间;设置为"COUNTER"时,显示 TC 或 UB。

(2)录像机菜单设置显示。当录像机的"MENU"菜单按钮打开后,进入录像菜单设置时,计数器显示录像机菜单。

(3)小时表显示。当选择录像机设置菜单中的 HM 时,计数器显示小时表。小时表数据表示磁鼓的累计运行时间。

(4)故障码/告警显示。当本机出现异常时,计数器显示某个故障的编号。

10. OPERATE/WARNING(操作和警告指示灯)

这是用来显示摄像机和录像机工作状态的一个指示灯。

摄像机和录像机工作正常时呈黄色点亮。

在摄像机机身上的 VTR 开关打到"SAVE"位置时,此灯为橘红色。

当磁带快用完或电池快耗尽,或其他非正常情况发生时,此灯呈红色点亮并闪烁。

当磁带舱门没有关上时,此灯闪烁。

图 4-42　OPERATE/WARNING
(操作和警告指示灯)

图 4-43　复位按钮、监听选择开关

11. RESET(复位)按钮

➢ 按此按钮可对 CTL 计数器数值复零。

➢ 在时间码或用户比特预置期间按此按钮,可使时间码或用户比特数据重置为"00∶00∶00∶00"。

12. MONITOR SELECT(音频监听选择)开关

用来选择监听扬声器和耳机插孔输出的监听声音。

CH-1∶只监听第一声道的声音。

MIX∶监听两个声道的混合声。

CH-2∶只监听第二声道的声音。

音频监听选择开关对于现场录音和磁带回放非常有用。当主持人离摄像机较远或录音环境比较嘈杂时,为了监听录音质量,可将该开关打到连接主持人话筒的声道,这样,不论是机器上的扬声器,还是机器后面的耳机插孔输出的声音都很清晰。

13. LIGHT(液晶屏背景照明)开关

可以打开或关闭液晶显示器的照明灯。

照明灯打开适应于在黑暗状态下拍摄。当拍摄环境太暗时,液晶显示屏上的内容一点都看不清,要观察录像机的工作情况非常困难,可打开液晶显示器的照明灯使液晶屏变亮。但打开照明灯时比较费电,因此,如果拍摄环境较亮,请将此开关打到OFF 位置。

注意:即使此照明灯开关在 ON 位置,但VTR 开关设置在 SAVE 模式,背光灯仍不会点亮。

14. COUNTER(计数器)开关

该开关用来选择液晶屏计数显示器的显示内容。有 CTL(控制磁迹)、TC(时间码)和UB(用户比特)三个位置。

图 4 - 44   LIGHT(背光)开关和COUNTER(计数器)开关

4.4.4 录音控制开关及旋钮

1. AUDIO SELECT(音频选择)开关

有 CH‐1 和 CH‐2 两个开关,用于选择两路声音电平记录时的控制方式。

AUTO(自动):用来自动调整音频输入信号电平。在此模式下即使输入信号电平高于基准电平,机器会自动调整记录电平使其保持为基准电平。但当输入电平过低时,自动记录电平控制也不能使增加到标准电平。因此,这种模式适合声源变化范围较大的录音环境。在此模式下,左边的两个"AUDIO LEVEL"旋钮不起作用。

图 4 - 45   AUDIO SELECT(音频选择)开关

MANUAL(手动):用来手动调整音频输入信号电平。调整方法是:将对应声道的此开关打到"MANUAL"位置,然后调整左边与之对应的"AUDIO LEVEL"旋钮,使录音电平指示表的声音变化范围最大到 0 dB,但不超过 0 dB。这种模式适合于录音环境比较嘈杂的场合。笔者建议一般使用此模式,以确保录音质量。

2. AUDIO INPUT(音频输入选择)开关

有 CH‐1 和 CH‐2 两个开关,这两个开关用来选择音频信号从机器的什么地方来。

FRONT(前面)：哪一路打在此位置，表明这一路声音来自机器前面的 MIC IN 插座的声音，通常指前面的随机话筒。

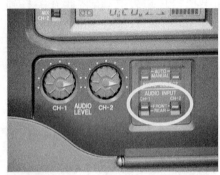

图 4－46 **AUDIO INPUT**(音频输入选择)开关

REAR(后面)：哪一路打在此位置，表明这一路声音来自机器后面的 AUDIO IN 插座的声音，通常指后面外接话筒的信号。

一般来说，在不接外接话筒时，将这两个开关都打在"FRONT"位置，这样两个声道录制的都是来自前面随机话筒的声音。

如果要接外接话筒，后面插座哪一路接话筒，就对应的将哪一路开关打到"REAR"位置。这时两路声音是：一路来自前面的随机话筒；一路来自后面的外接话筒，从而保证两路都有声音。

3. TC GENERATOR(时间码发生器设置)开关

该开关位于液晶屏下面的舱门内，有两个开关，左边开关是预置和读取开关，右边是时间码运行方式开关。

PRESET(预置方式)：要重新预置时间码时，将该开关打到此位置。此时可以按要求重新设置时间码的具体数值。

REGEN(重放方式)：当将该开关打到此位置时，本机读取磁带上已经录制的时间码，继续录像时，以此为起点，开始发生并记录时间码。当要求在已经记录了时间码的磁带上重新录制时，要保证时间码连续，将该开关打到此位置。这一功能对脱机编辑非常有用，因为脱机编辑的素材录制要求每盘带的时间码必须是连续的。如果倒带，时间码也必须倒回，用此功能就实现了时间码的找回功能。

图 4－47 **TC GENERATOR**(时间码发生器设置)开关

因此，时间码预置好后，在正常录制时，建议录制第一个镜头时，将该开关打到 PRESET 位置，录制第二个镜头时，就将该开关打到 REGEN，以便倒带时，时间码也跟着倒回。

REC(记录运行)：只在录像机记录时，时间码才运行。在此位置当记录了一个场景后,再记录另外一个场景时,可以记录一个连续的时间码。因此一般情况下,将该开关打到此位置。

FREE(自由运行方式):时间码持续不断地自由运行,不论机器记录与否。在此位置当记录一个场景后,再记录后续的场景时,将在场景更换处发生时间码不连续的现象。因此,一般情况下不用此位置。

4. CONTINUE(继续)按钮

在停止方式下,同时按此按钮和 LOG 按钮,磁带将卷到最后一个 S. S. F.(超级场景定位器)数据的 OUT 点。

5. MENU(菜单)按钮

按此按钮进入录像机菜单设置方式。进入录像机菜单设置方式后,液晶显示器上的"MENU"指示灯点亮,同时计数器和寻像器的显示变为菜单显示。要恢复到正常状态,再按一次该按钮。

图 4-48 CONTINUE(继续)、
MENU(菜单)按钮

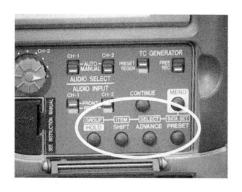

图 4-49 时间码设置按钮

6. HOLD/GROUP(保持/组别)按钮

➤ 当预置时间码或用户比特时按此按钮,目前的显示数据可保持,同时最左边的数字在闪烁。

➤ 在菜单设置方式下,该按钮可用来选择菜单的组别。

7. SHIFT/ITEM(移动/项目)按钮

➤ 在预置时间码或用户比特期间按此按钮,可选择被设置的数字,每按一次该按钮,欲设置的数字向右移一位(该位闪烁)。

➤ 在菜单设置方式下,该按钮可用来选择菜单的项目。

8. ADVANCE/SELECT(增加/选择)按钮

➤ 在预置时间码或用户比特期间按此按钮,可选择设置数字的数值,每按一次,数值增加 1 个量值。

➤ 在菜单设置方式下,该按钮可用来选择菜单项目的参数。

9. PRESET/DATA SET(预置/数据设置)

➢ 在预置时间码或用户比特期间按此按钮,时间码或用户比特的设置将预置在时间码发生器中。

➢ 在菜单设置方式下,用该按钮可确认菜单项目设置并将数据存储在存储器中。

4.4.5 后部面板插孔、开关的功能

1. EARPHONE(耳机插孔)

该插孔为一个立体声微型插孔,用来连接一个音频监听耳机。

此插孔插入耳机后,从监听扬声器发出的声音被切断。监听的具体信号,由液晶显示屏旁边的"MONITOR SELECT"(监听选择开关)来决定。

2. DV(DV 插座)

使用 DV 专用电缆,可与带有 DV 插座的数字式视频设备进行连接。

此插座既是一个输出口,也是一个输入口,可以从本机输出信号给别的机器,也可以从别的设备输出信号通过此插座给本机。这是本机唯一的一个数字信号传输接口。

图 4-50　耳机、DV 插孔

图 4-51　DC OUTPUT、DC INPUT
(直流输出、输入插座)

3. DC OUTPUT(直流输出插座)

该插座输出 12 V 直流电压,可供给无线话筒的发射机等,供电电压与供给本机的电压相同。

4. DC INPUT(直流输入插座)(XLR 4 芯)

直流 12 V 电源输入插座,可连接交流电源适配器,用专用电缆给本机供电。当该插座插上专用的 4 芯电缆时,从电池给本机的供电将自动切断,机器由本插座连接的

电源供电。因此,如果交流适配器不能供电,要实现电池供电,必须拔掉供电电缆,否则电池无法供电。

5. AUDIO IN(音频输入)插孔(XLR 3 芯)

用来连接外部音频设备或话筒,根据所连接设备来选择与之对应的小开关。要让这两个插座上连接的音频信号能够被记录,哪个声道连接有信号,必须把与之对应的那个声道机器侧面的"AUDIO INPUT"开关打到"REAR"位置。否则,即便信号已经

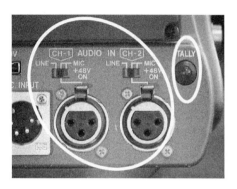

图 4-52 AUDIO IN(音频输入)插孔

输入,液晶屏上也有电平指示,但输入仍没有切换到后面的插孔,记录下来的仍然是前面话筒拾取到的声音。小开关有三个位置:

LINE(线路输入):当该插座上连接的是其他音频设备,如调音台、CD 机等,将该开关打到此位置。

MIC(麦克风输入):当该插座上连接的是麦克风时,将该开关打到此位置。

MIC +48 V ON(麦克风+48 V 开):当所连接的麦克风需要+9 V 或+48 V 供电时,将该开关打到此位置。该插座提供+48 V直流镜像电源。

6. TALLY(演播、记录指示灯)

当摄像机的信号被导播台使用或录像机开始记录时,此灯点亮。在记录起动期间,此灯闪烁。

4.4.6 右侧面板各插座的功能

1. Y/C OUT(亮/色分离输出)(4 芯专用电缆)

从该插座输出亮/色分离的视频信号。与带有 Y/C 或 S-VIDEO 端子的设备连接。S-VIDEO 又称 S 端子,它是用一根专用的 4 芯电缆,将亮度信号和色度信号分开来进行传输的一种模拟信号传送方法,其传输质量比VIDEO(复合)高,但不及分量传输。

图 4-53 Y/C OUT(亮/色分离)、
MONITOR OUT(监视输出插座)

2. MONITOR OUT(监视输出插座)(BNC 型)

输出复合视频信号。摄像机拍摄的信号或录像机播放的信号通过该插座输出。当要在监视器和电视接收机观看拍摄的磁带内容时,使用此插孔输出视频信号。

3. LINE OUT(线路输出插座)(RCA 型)

输出音频信号。无论视频信号是用 S 端子输出还是用监视输出,音频信号都必须通过该插孔输出,用得最多的是在回放磁带时监听录制的声音。如果在拍摄时输出话筒的声音,监视器会产生啸叫现象。因此,在现场拍摄监视时,一般只接视频而不接音频。

图 4 - 54　**LINE OUT(线路输出插座)**

这些视、音频输出口对于磁带回放非常有用。如果外出拍摄时没有带监视器,而又想看看拍摄的效果,只要带上一套视、音频线就可以了(注:松下、JVC 公司生产的摄像机有此功能,索尼生产的摄像机一般无此功能)。

4. VTR REMOTE(VTR 遥控插座)

用专用遥控器来遥控摄录一体机。一般不用。

5. TEST OUT(测试输出插座)(BNC 型)

输出复合视频信号,并在图像上附加寻像器上显示的相关信息,但此机不能输出寻像器上的信息。

6. SYNC IN(同步输入插座)(BNC 型)

当该摄像机用于 EFP 方式多机拍摄、现场切换时,要与外部设备同步时,从该插座输入同步信号。一般不用。

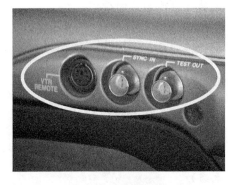

图 4 - 55　**其他插孔**

4.4.7　顶部各开关、按钮的功能

1. EJECT(开启带舱)开关

该开关位于摄像机手柄的下面,用来装入或退出录像带。操作方法是:沿开关上箭头方向拨动该开关,打开带舱盖。将磁带上的↓箭头向下、轴心向里,从舱门中间放入带舱。该机的操作要求是:必须在电源打开的情况下才能安装磁带,否则,机器就会出现

错误告警。如果万一出现这种情况,解决的办法是:先关闭电源,然后在打开电源的同时拨动带舱开关,这样等一会磁带就会自动弹出,然后再重新装入。该机在电源断开时拨动该开关可打开带舱盖,但不能装入或退出磁带。

2. 运行盖

此盖位于"EJECT"(开启带舱)开关下方,如图4-56中的小椭圆所示。当要进行磁带操作时,打开此盖。在摄像机正常操作时,此盖必须处于关闭状态。

 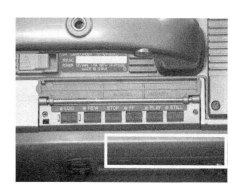

图4-56　EJECT(开启带舱)开关　　　　图4-57　录像机操作按钮

3. 录像机操作按钮

打开"运行盖",里面是操作录像机的所有按钮。这些按钮和普通录音机的按钮一样,REW ◀◀ 为倒带按钮;STOP ■ 为停止按钮;FF ▶▶ 为快进按钮;PLAY ▶ 为播放按钮;STILL ❚❚ 为暂停按钮。唯有LOG ● 是本机的专用按钮——登录钮,按住此按钮的同时按"REW"按钮,存在摄像机存储器中的S.S.F数据将写入磁带。在S.S.F数据写入磁带的过程中,该按钮前面的指示灯将点亮。要提请注意的是,在摄像机打开后,要操作录像机里的磁带,必须先按一下"STOP ■"停止按钮,然后才能进行其他操作。否则,录像机始终处于录像待机状态,无法进行录像机里磁带的快进、倒带、播放等操作。

 　实验八　　　　专业、广播级摄像机的使用

实验目的:1. 熟悉专业、广播级摄像机的性能;各个开关、按钮的功能。

　　　　　2. 掌握专业、广播级摄像机的基本操作方法。

实验内容：以 JVC 公司生产的 GY－DV500EC 专业摄像机为例，讲解 GY－
DV500EC 摄像机的性能；各个开关、按钮的功能以及基本操作方法。
让学生熟悉 GY－DV500EC 摄像机的性能及各个开关、按钮的功能；
练习 GY－DV500EC 摄像机的基本操作方法，从而掌握专业、广播级
摄像机的基本使用方法。

主要仪器：GY－DV500EC 3CCD 专业摄像机　　　　　　　　5 台

miniDV 录像带　　　　　　　　　　　　　　　　5 盘

NP－2000 方向电池　　　　　　　　　　　　　　5 块

教学方式：集中讲解和多媒体展示相结合；教师示范和学生实践相结合。

预习要求：课程讲授的 4.5《摄像机的主要调整》相关内容。

实验类型：演示、验证实验。

实验学时：3 学时。

4.5　摄像机的主要调整

摄像机在实际使用时要进行必要的调整，主要包括对摄像机寻像器的调整、白平衡的调整和后焦距的调整。

4.5.1　寻像器的调整

寻像器上的画面是可以调节的，调节的目的是为了操作时观察更舒服、对图像的观察更准确。在摄像机开机后首先要对寻像器进行调整。调整的步骤如下：

（1）根据摄像师使用寻像器的习惯，调整寻像器向机身左侧伸出的长度，并加以固定。

（2）旋转目镜聚焦环，使寻像器屏幕上显示的图像清晰可见。

（3）将摄像机的"OUTPUT"开关打到"BARS"彩条位置，利用机内产生的彩条信号，调整寻像器上的亮度和对比度旋钮，使寻像器上的彩条图像亮度适中，灰度层次良好。若有轮廓调整功能，则调整轮廓旋钮，使图像更清晰，聚焦更容易。

4.5.2　白平衡的调整

在摄像过程中，若要保证摄像机所拍摄图像的色彩能正常再现，必须对摄像机的

白平衡进行调整。

在下列情况下，需要对白平衡进行调整：刚拿到摄像机，不知道摄像机的状态如何；拍摄环境的光线发生了变化。

白平衡的调整要求必须将白色物体放置在和被摄对象相同的照明光源下进行，应采用标准的白平衡测试卡或其他可以替代的白色物体作为调整的标准。

白平衡调整的步骤如下：

（1）设置好摄像机的相关位置：电源开关"POWER"打到"ON"；输出开关"OUTPUT"打到"CAM"摄像机位置；光圈方式开关"IRIS"打到"A"自动位置。

（2）根据当前的照明情况设置滤色镜的位置为1、2或3。设置滤色片的关键是根据当前的色温。

（3）将 WHT·BAL 开关设置为 A 或 B。A 或 B 是两个白平衡记忆位置，没有什么区别。

（4）在与拍摄现场相同的照明情况下，放一个标准白色物体，调整摄像机的焦距使白色物体充满画面。如果不能充满，至少要占到屏幕的 80%。

（5）向上拨 AUTO WHT/ACCU FOCUS 开关一次，然后将其释放，自动白平衡调整开始。此时寻像器屏幕上出现"AUTO WHITE A（B）OPERATION"，表明在进行自动白平衡工作。约 2~3 秒后，显示自动变为"AUTO WHITE A（B） OK"，表明自动白平衡调整完成。

有时会出现以下错误信息：

"NG：OBJECT"（被摄物不良）：表示被摄物上没有足够的白色或色温不合适。解决的办法是，更换色温转换滤色镜或更换白色物体，重新调整白平衡。

"ERROR：LOW LIGHT"（照度不足）：表明被摄物上照度不足。解决的办法是，增加照明或检查光圈是否在自动状态"A"，如果在"M"状态，光照不足可能是因为光圈开得太小，打到"A"后重新调整白平衡。

"ERROR：OVER LIGHT"（照度太强）：解决的办法是，改变摄像机的灰度滤光镜降低照明，重新调整白平衡。

自动白平衡的"自动"仅指最后的 2~3 秒，在这 2~3 秒中，自动白平衡电路根据给定的条件自动调整白平衡，并把调整的结果存入记忆电路。真正的调整过程实际上是"手动"的。为了和全自动白平衡加以区别，故称这种方式为手动调整。

有时摄像机需要频繁地在不同光源照明条件下出入或没有足够的时间调整白平

衡,这时可使用全自动白平衡"FAS"功能(有的机器为FAW)。这种方式可以应急抢拍,使用方便。但此功能不能对超出自动调整范围的拍摄物提供最佳白平衡,而且白平衡的准确程度也不及手动白平衡调整。因此一般情况下,如果有时间调整白平衡,尽可能地使用手动白平衡调整。

　　摄像工作是一项创造性很强的工作。一般情况下为了实现色彩的正确再现,需要根据光源的色温情况及时调整白平衡;有时也可以利用白平衡的调节原理,人为控制画面的色调。由于自动白平衡调节时,白色物是摄像机确定红、绿、蓝三基色信号的比例,因此可以用带有某种色彩的物体作为"标准白色物",然后进行白平衡的调整,这样摄像机所拍摄的画面将会产生偏色,而且是偏向作为"白色物体"的补色。例如,要想使画面偏红,可用淡蓝色作为标准白色;要想使画面偏蓝,可用橘红色物体作为标准白色。

实验九　　　　　　　"白平衡"的调整

实验目的:　1. 熟悉"白平衡"的概念。

　　　　　　2. 掌握白平衡的调整方法。

实验内容:　讲解"白平衡"的概念;介绍白平衡的调整方法。

　　　　　　让学生练习白平衡调整的操作方法,做到拍摄的画面图像清晰,彩色还原正常。

　　相关知识:

(一) 三基色

三基色也称三原色,就是我们通常所说的红、绿、蓝。我们看到的电视上的各种颜色都是由这三种颜色混合而成的。它们的混合规律是:红色+绿色+蓝色=白色;红色+绿色=黄色;红色+蓝色=紫色;绿色+蓝色=青色。

(二) 色温

详见第二章2.4中的介绍。

(三) 黑、白平衡

摄像机白平衡的正确与否是重现正常彩色的先决条件。当被摄像机所摄取的白色物体在彩色监视器屏幕上显示正常白色时,我们就说摄像机取得了白平衡。实现白平衡时,信号中的红、绿、蓝三路基色信号的电平幅度相等。

在红、绿、蓝三基色视频信号中,如果黑电平的大小不一致,那么在彩色监视器显示的图像中就会出现黑色物体,但非纯黑,而是偏向于某种颜色的黑。一旦出现了这种情况,即使正确地调整了白平衡也无济于事。因而,在正式开拍前,还应该认真地进行黑平衡的调整工作。

当摄像机进行黑平衡调整时,首先用摄像机拍摄一个黑色物体,一般用盖上镜头盖的办法来代替黑色物体,然后进行黑平衡的调整。

主要仪器:GY - DV500EC 3CCD 专业摄像机   5 台

            miniDV 录像带   5 盘

            NP - 2000 方向电池   5 块

教学方式:集中讲解和多媒体展示相结合;教师示范和学生实践相结合。

预习要求:课程讲授的第四章 4.5.3《后焦距的调整》。

实验类型:演示、验证实验。

实验学时:3 学时。

4.5.3 后焦距的调整

后焦距的调整也称为 Ff(法兰)焦距调整。一般用于第一次安装镜头时,或更换镜头后。当在拍摄时,若发现变焦时长焦距镜头的聚焦和广角镜头的聚焦不能很好地吻合(推上去调实后,拉开后图像变虚),这时需要进行后焦距的调整。

后焦距的调整步骤是:

(1) 将光圈方式置于"M"(手动)状态。

(2) 将变焦方式置于"MANU"(手动)状态。

(3) 将一个轮廓清晰的物体放置在约 3 米的位置。将光圈调节环打到 F1.4 最大位置,调节照明以适合 F1.4 光圈的录像输出电平。

(4) 手动调节变焦杆将镜头推到最大长焦位置,并调节聚焦环使图像清晰。

(5) 手动调节变焦杆将镜头拉到最大广角位置,然后松开后聚焦环固定螺丝,调节后聚焦环使图像清晰。

(6) 反复上述步骤(4)~(5),直至长焦与广角镜头均能清晰成像。

(7) 锁定后聚焦环的固定螺丝,将后聚焦环固定牢靠。

实验十　　　　　　　后焦距的调整

实验目的：1. 了解后聚焦的概念及后聚焦不良的画面现象。

　　　　　　2. 熟悉后聚焦调整的操作方法。

实验内容：全面讲解后聚焦的概念及后聚焦不良的画面现象；后聚焦调整的基本

　　　　　操作方法。

　　　　　让学生练习后聚焦调整的基本操作。

主要仪器：GY-DV500EC 3CCD 专业摄像机　　　　　　　　5 台

　　　　　miniDV 录像带　　　　　　　　　　　　　　　5 盘

　　　　　NP-2000 方向电池　　　　　　　　　　　　　5 块

教学方式：集中讲解和多媒体展示相结合；教师示范和学生实践相结合。

预习要求：课程讲授的第五章《高清晰度摄像机的使用》相关内容。

实验类型：演示、验证实验。

实验学时：3 学时。

本章思考题

1. 使用专业、广播级摄像机时怎样聚焦？

2. 变焦速度与变焦开关有什么关系？

3. 怎样拍摄快推、快拉镜头？

4. 怎样判别摄像机镜头后聚焦的好坏？

5. 怎样进行微距拍摄？微距拍摄时应注意什么？

6. 长焦距镜头、中焦距镜头和短焦距镜头拍摄的画面效果各有什么不同？

7. JVC-500EC 摄像机在全自动模式下哪些开关不起作用？

8. LOLUX 按钮的功能是什么？使用时应注意什么？

9. 使用 JVC-500EC 摄像机拍摄显像管式电脑屏幕时，怎样才能保证拍摄的画面不闪烁？

10. 使用 JVC-500EC 摄像机怎样进行白平衡的调整？

11. 如果摄像机后焦距出现问题时应怎样使其恢复到正常状态？

12. 在 JVC-500EC 摄录一体机上时间码怎样设定？

第五章

高清晰度摄像机的使用

学习目标

1. 了解高清晰度摄像机和标准清晰度摄像机的区别。

2. 了解现有高清晰度摄像机的格式。

3. 熟悉高清晰度摄像机各开关、按钮的功能。

4. 掌握高清晰度摄像机辅助聚焦的使用方法。

5. 掌握高清晰度摄像机不同记录格式的调整方法。

6. 熟悉高清晰度摄像机的菜单及调整方法。

　　高清晰度电视节目制作已经成为一种新的制作模式,搭建高清晰度电视节目制作系统,是当今发展目标。要搭建高清晰度电视节目制作系统,首先得有高清晰度摄像机,同时还得有高清晰度的电视节目后期制作系统。一个环节没有实现高清晰度化,高清晰度电视节目制作就无法完成。

　　高清晰度摄像机(简称高清摄像机)是与标准清晰度摄像机(简称标清摄像机)相对而言的。从理论上讲,高清摄像机就是将摄像机的行扫描提高一倍,因此,高清摄像机的成像器件像素也要比标清摄像机多一倍。目前高清晰度电视机系统的格式是1080i。

5.1 高清晰度摄像机的发展历程

2003 年 9 月 3 日,索尼、佳能、夏普及 JVC 四家公司联合宣布了 HDV 标准(面向磁带 DV),高清摄像机的发展历程由此开始。2006 年,索尼与松下等厂商联合推出了可在光盘、硬盘以及闪存介质上存储高清影像的 AVCHD 标准,数码摄像机也因此实现了所有介质的高清化,这无疑为高清摄像机的全面发展奠定了基石。随着高清标准的建立,高清摄像机产品也应运而生。2004 年,索尼 Handycam 率先推出了 HDV HDR-FX1E。2005 年,索尼 Handycam 又继续推出 HDV HDR-HC1E。2006 年,索尼 Handycam 不仅推出了第三代 HDR-HC3E,而且还推出两款符合 AVCHD 标准的高清 DVD 摄像机 HDR-UX1E 以及高清硬盘摄像机 HDR-SR1E。

图 5-1 小高清摄像机

除索尼之外,佳能在 2006 年也开始了它的高清步伐,推出第一款高清摄像机 HDV——VIS HV10。2006 年,松下也推出了一款 AVCHD 高清摄像机,并且是采用 SD 卡存储的高清摄像机。

可以看出,目前高清摄像机产品越来越丰富,进入高清摄像机市场的品牌也越来越多。高清摄像机的发展与高清产业链的推进有着直接的关系,尤其是与高清电视的发展紧密相关。目前,高清电视正在快速推进,价格也呈直线下滑之势。

5.2 高清晰度摄像机的标准

5.2.1 HDV 标准的概念

虽然大部分消费者都知道高清这个概念,但是对 HDV 标准却不是特别清楚。HDV 标准的概念就是开发家庭摄像机,可以容易地录制高质量的 HDV 电影。HDV 标准可与现有 DV 磁带一起使用作为录制媒介。采用该标准摄像机拍摄出来的画面可以达到 720 线的逐行扫描方式(分辨率为 1280×720)以及 1080 线隔行扫描方式(分辨率 1440×1080),如索尼高清 Handycam 就采用 1080 线隔行扫描方式。

5.2.2 AVCHD 格式

全新的 AVCHD 格式支持不同介质(包括 8 cm DVD 和硬盘)录制和回放 1080i 信号的高清影像。AVCHD 使用 MPEG‐4 AVC/H.264 视频压缩编码,比MPEG‐2 和 MPEG‐4 的技术更高效。

5.3 硬盘高清晰度摄像机的发展

自 2004 年 JVC 率先推出了硬盘摄像机以来,硬盘摄像机便受到广泛关注,但因为两年来一直只是 JVC 独家推出,在市场上并没有取得很好的效果。2006 年索尼 Handycam 强势进入硬盘摄像机市场,引发了摄像机市场的巨大变化。索尼 Handycam 先是在 2006 年 5 月份推出首款顶级高端硬盘摄像机 DCR‐SR100E,销售情况非常出色,一度出现难得一见的脱销景象。之后在 8 月份,索尼 Handycam 又推出三款标清硬盘摄像机 DCR‐SR80E、DCR‐SR60E、DCR‐SR40E 以及一款符合 AVCHD 标准的高清数码摄像机 HDR‐SR1E,将触角伸向了硬盘摄像机高、中、低端所有市场。

截至 2006 年 12 月,硬盘摄像机在整个摄像机市场的销量比例已经上升到了 29%,而且这一势头仍将继续保持,超过 DVD 数码摄像机指日可待。其中,索尼占据了硬盘摄像机市场一半以上的份额,取得了绝对领先的地位。

闪存介质初露端倪,在 2007 年有抬头之势。2006 年索尼与松下等厂商共同推出了 AVCHD 标准,它让闪存介质从此也可以记录高清画面,这使闪存介质也获得了发展的新动力。另外,目前在国际市场,闪存颗粒价格日趋走低,闪存卡容量越来越大,这些都为闪存作为摄像机存储介质可以获得更大的发展创造了条件。在索尼新品高清摄像机中有一款采用闪存(记忆棒)和光盘两种记录介质的高清摄像机。而松下在 2006 年末也推出了一款使用闪存作为存储介质的产品。显然,各大 DV 品牌已经开始在为闪存式数码摄像机做市场摸底,闪存式数码摄像机将会获得一股不小的发展动力。

5.4　小高清 GY‐HD111 摄像机的使用

　　小高清摄像机是相对于大型高清摄像机而言的,它指体积比较小、价格比较便宜、具有高清标准的 HDV 摄像机。这类摄像机目前比较普及,除个人电视爱好者大多使用外,也是一些传媒学院实验教学选用的机型。JVC 公司生产的 GY‐HD111 小高清摄像机,从外观上看具有专业机的结构——大镜头、大寻像器,家用机的造型——带有一个 3.5 英寸的液晶显示屏,采用高清质量的记录格式。

**图 5‐2　JVC GY‐HD111
小高清摄录一体机**

　　下面就以 JVC 公司生产的 GY‐HD111 为例介绍一下小高清摄像机的使用方法。

5.4.1　主要技术指标

摄像部分

成像器件:1/3 英寸行间转移 3CCD

彩色分离:F1.4,3 色分光棱镜

总像素数:约 111 万像素

镜头接口:1/3 英寸卡口系统

ND(灰度滤光镜):1/4ND、1/16ND

增益:0、3、6、9、12、15、18 dB、ALC(自动亮度控制)

电子快门:标准值:50 Hz

　　　　　固定值:7.5~10000 Hz,11 级(HDV HD30P/HDV SD60P 方式),

　　　　　6.25~10000 Hz,11 级(HDV HD25P/HDV SD50P/DV50I 方式),

　　　　　6~10000 Hz,12 级(HDV HD24P)

可变扫描:60.19~1998.0 Hz(HDV HD30P/HDV SD60P),

　　　　　50.17~1982.8 Hz(HDV HD25P/HDV SD50P/DV 50I),

　　　　　48.11~1998.0 Hz(HDV 24P),

25.04～1982.8 Hz(DV25P)

动态范围：300％或更大

VTR 录像机部分

视频记录格式：720/24P,720/25P,720/30P,576/50P,480/60P,576/25P,576/50I

视频格式[HDV]视频信号记录格式：HDV720P 格式,8 位,19.7 Mbps

压缩：2 视频(类和级：MP@H-14)/4：2：0(PAL)

[DV]视频信号记录格式：DV 格式,8 位,25 Mbps

压缩：DV 压缩,4：1：1(NTSC)/4：2：0(PAL)

音频[HDV]音频信号记录格式：MPEG-1 Audio LayerⅡ

[DV]音频信号记录格式：16 位(锁定音频),2 声道 48 kHz PCM 或 12 位,4

声道 32 Hz PCM

可用磁带：miniDV 磁带

带速：18.8 mm/秒

总规格

电源要求：DC 7.2 V 2.3 A

功耗：约 16.5 W(在记录方式下)

重量：3.3 kg(包含镜头[Th16×5.5BRMU]、寻像器、电池、话筒和磁带)

工作环境：0℃至 40℃

保存环境：-20℃至 60℃

5.4.2 各开关、按钮的功能

5.4.2.1 左侧面板各开关、按钮的功能

左侧面板处于摄像师操作的这一边,因此,常用的开关按钮都处于这一边。其结构布局如图 5-3 所示。

1. POWER(电源开关)

该机的电源开关与专业级摄像机的电源开关一样,位于摄像机左侧面板的左下角。与前面介绍的 JVC GY-DV500 的电源开关结构一样,是水平拨动式,有 ON 和 OFF 两个位置。当该开关打到"ON"位置时,整机电源全部打开。

2. GAIN(增益)和 WHT. BAL(白平衡)开关

这两个开关的结构和使用方法与 GY-DV500 完全一样,这里不再重复。

用户、辅助聚焦按钮、轮廓、寻像器
亮度和监听音量旋钮部分

监听耳机

灰镜、电子快门开
关、状态按钮部分

电源开关、录像按钮、增益开关、白
平衡开关和音频电平调整旋钮部分

液晶显示屏

图 5‑3　左侧面板各开关、按钮的布局

图 5‑4　POWER(电源开关)　　图 5‑5　CH‑1/CH‑2 AUDIO LEVEL
(CH‑1/CH‑2 音频电平调整)旋钮

3. CH‑1/CH‑2 AUDIO LEVEL(CH‑1/CH‑2 音频电平调整)旋钮

当"CH‑1/CH‑2 AUDIO SELECT"第一、第二声道音频选择开关打到
"MANUAL"手动时,用这两个旋钮可调整各自的音频电平大小。适应场合,参见
GY‑DV500摄像机的音频电平调整。

4. REC(记录开始/停止)按钮

该按钮与摄像机镜头上的记录开始/停止按钮等效。

5. ND FILTER(灰色滤光镜)开关

GY‑HD111 摄像机的该开关与索尼公司生产的 DSR‑PD150P 和 DSR‑PD190P 摄

像机的灰色滤光镜的工作原理一样。但其滤
光程度有所不同,索尼的 DSR - PD150P 和
PD190P 摄像机的"2"号位置的滤光特性是让
1/32 的光线进入摄像机,而该机的"2"号位置
的滤光特性是让 1/16 的光线进入摄像机,使用
"1"号位置时,其滤光特性是一致的,都是让1/4
的光线进入摄像机。

图 5-6　ND FILTER(灰色滤光镜)开关

6. SHUTTER(电子快门开关/菜单
拨轮)

该开关的工作方式与第四章讲的 GY - DV500 和 GY - DV5101 的"SHUTTER"
摄像机类似。所不同的是根据记录格式的不同,电子快门的变化范围也有所不同,见
表 5 - 1。

表 5-1　GY - HD111 的电子快门速度

REC 项目	STEP 的设置	VARIABLE 的设置
HDV - SD60P HDV - HD30P	1/7. 5, 1/15, 1/30, **1/60**, 1/100, 1/250, 1/500, 1/1 000, 1/2 000, 1/4 000, 1/10 000	1/60. 19～1/1998. 0
DV - 50I HDV - SD50P HDV - HD25P DV - 25P	1/6. 25, 1/12. 5, 1/25, **1/50**, 1/120, 1/250, 1/500, 1/1 000, 1/2 000, 1/4 000, 1/1 000 初始值: **1/25**	1/50. 17～1/1982. 8
HDV - HD24P	1/6, 1/12, 1/24, **1/48**, 1/60, 1/100, 1/250, 1/500, 1/1 000, 1/2 000, 1/4 000, 1/10 000	1/48. 11～1/1998. 0

注 1:表中黑体字部分为机器默认值。
注 2:HDV - SD60P、HDV - HD30P 为 NTSC 制模式;DV - 50I、HDV - SD50P、HDV - HD25P、DV - 25P 为
PAL 制模式;HDV - HD24P 为电影模式。
注 3:HDV 为高清模式,DV 为标清模式。

7. STATUS(状态/菜单)按钮

该按钮的工作方式与第四章讲的 GY - DV500 摄像机相同。在正常方式下
(菜单未打开),按一下该按钮,液晶屏和寻像器上显示摄像机的状态。显示次序
见图 5 - 7:

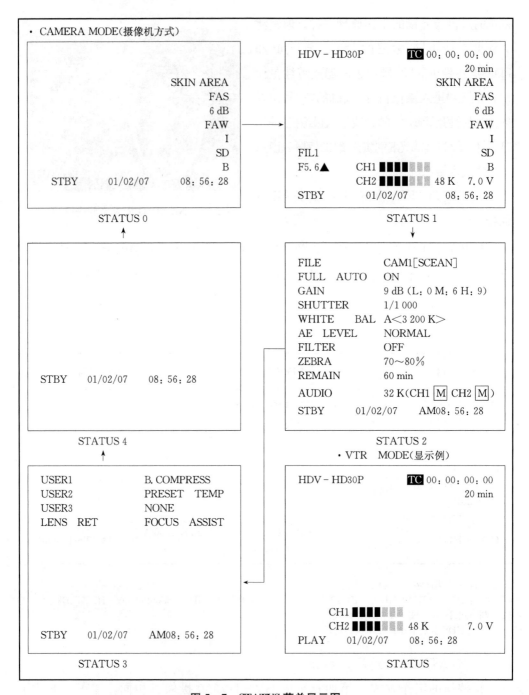

图 5－7　STATUS 菜单显示图

STATUS(状态)显示内容说明:

HDV - HD30P 为记录格式指示。

TC 00：00：00：00 为时间码指示。

20 min 为磁带剩余量指示。

SKIN AREA 为肤色区域指示。

FAS 为全自动状态指示。

6 dB 为增益设置指示。

FAW 为全自动白平衡跟踪指示。

I 为自动光圈参考电平开关设置指示。

SD 为记忆卡指示。

B 为黑色设置开关指示。

7.0 V 为电池电压指示。

CH1 ■■■■■■ 为第一声道音频电平指示。

CH2 ■■■■■■ 为第二声道音频电平指示。

48 K 为音频采样频率指示。

FIL1 为场景文件指示。

F5.6 为镜头光圈指示。

STBY 为录像机状态指示。

01/02/07 为日期指示。

08：56：28(时：分：秒)为时间指示。

FILE CAM1［SCEAN］为场景文件指示。

FULL AUTO ON 为全自动方式指示。

GAIN 9 dB（L：0 M：6 H：9)为增益开关设置状态指示(当设定为 L：0 dB；M：6 dB；H：9 dB 时）。

SHUTTER 1/1 000 为电子快门状态指示。

WHITE BAL A<3 200 K>为白平衡状态指示。

AE LEVEL NORMAL 为自动曝光参考电平调整指示。

FILTER OFF 为灰色滤光镜开关设置指示。

ZEBRA 70~80% 为斑马图样开关设置指示。

REMAIN 60 min 为磁带剩余量指示。

AUDIO 32 K(CH1 ☐M☐ CH2 ☐M☐)为音频采样频率和音频电平调整设置指示。

以上是该机的"STATUS"按钮在标准状态下的屏幕显示及说明。

在标准状态下,按此按钮超过 1 秒钟时,在寻像器或液晶屏上将显示菜单内容;在菜单显示状态按此按钮,则关闭菜单画面。关于该机的菜单内容说明,将在本章后面作专门介绍。

8. USER1/2/3(用户)按钮

使用这组按钮,使用者可以将摄像机功能指定到 USER1、USER2 和 USER3 中。在以后的使用中,可以根据使用环境很方便地调用所需设置。

图 5‐8 USER1/2/3(用户)按钮

图 5‐9 FOCUS ASSIST(辅助聚焦)按钮

9. FOCUS ASSIST(辅助聚焦)按钮

在拍摄时按下此按钮,聚焦区域将显示蓝色、红色或绿色,这样便于准确聚焦。设置此开关的原因是:使用标清摄像机拍摄时,通常是先固定镜头,校准后焦,再将镜头推到最远端调整聚焦环使图像清晰,然后拉回到所需要的景别,从而实现画面的聚焦。在使用标清摄像机时,这对许多摄像师来说都不是问题。但是,在使用高清摄像机进行拍摄时,如果还是使用这种传统方法,往往达不到最佳的效果,结果可能导致图像模糊。从景深角度进行分析,在拍摄图片时,对同一景别,在焦距相同、曝光组合相同时,在大幅底片上所产生的景深比小幅底片要小。为什么具有相同尺寸 CCD 的高清和标清摄像机,在同一景别中高清所产生的景深会小呢? 这是由高清图像的清晰度所引起的。由于高清图像清晰度高,水平视角比标清的要大,产生的景深自然要小。所以,如果我们按标清摄像机的常规操作进行高清拍摄,聚焦时一定要注意这个问题,否则就会出现对焦不准的现象。这就是许多高清摄像机都设有辅助聚焦按钮的原因。

该机此功能的使用方法是:在正常的拍摄模式下,按一下该按钮,寻像器或液晶屏上的图像就会变成黑白图像,当聚焦清晰时,图像轮廓出现蓝色(或红色、绿色)线条(出现什么颜色的线条取决于菜单设置)。

10. PEAKING(轮廓调整)旋钮、VF BRIGHT(寻像器亮度调整)旋钮

PEAKING(轮廓调整)旋钮用来调整液晶屏和寻像器的轮廓,使液晶屏和寻像器上的图像轮廓增大或减小。但该旋钮只改变寻像器和液晶屏的图像轮廓,并不影响输出图像的轮廓。当"FOCUS ASSIST"打开时,该旋钮不起作用。

VF BRIGHT(寻像器亮度调整)旋钮用来调整寻像器的亮度,但只能调整寻像器的亮度,不能调整液晶屏的亮度,也不会改变输出信号的亮度。

图 5 - 10　PEAKING(轮廓调整)旋钮、
VF BRIGHT(寻像器亮度调整)旋钮

图 5 - 11　MONITOR(监听
音量调整)旋钮

11. MONITOR(监听音量调整)旋钮

该旋钮用来调整位于手柄后部的监听扬声器和耳机插孔的输出音量。在摄像状态下,可监听麦克风拾取的声音;在 VTR 录像机方式下,可监听 VTR 录像机磁带重放的声音。该旋钮只调整监听声音,并不改变声音的输出电平。

12. 监听耳机

该耳机安装在摄像机手柄后面,是一种独特的设计。当肩扛摄像时,耳机正好扣在摄像师的耳朵上,可以有效地屏蔽外界干扰,使声音监听清晰可辨。

13. 液晶显示屏舱门

液晶显示屏位于此门内侧。打开此门,可以观看液晶显示屏。转动此门可以改变液晶

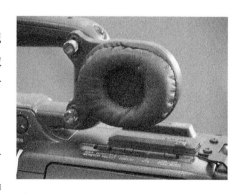

图 5 - 12　监听耳机

显示屏的方向。该机的液晶显示屏的调整方法与第三章讲解的索尼公司生产的 DSR-PD190P 摄像机相似,可以向上旋转 180°,供镜头前面的演员或主持人观看,也可以向下旋转 90°,供摄像机举过头顶拍摄时观看。

图 5-13　液晶显示屏舱门

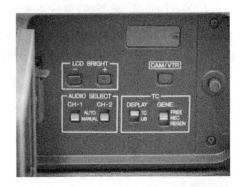

图 5-14　液晶屏舱门内的按钮及开关

14. LCD BRIGHT(液晶屏亮度调整)按钮

这组按钮位于液晶屏舱门内,由"＋"和"－"两个按钮组成。按"＋"号按钮,液晶屏变亮,按"－"号按钮,液晶屏变暗。如果将"＋"号和"－"号两个按钮同时按下,设置将返回标准状态。

15. CAM/VTR(摄像机/录像机方式切换)按钮

该按钮是该摄录一体机的状态切换开关。每按一次,摄录一体机的状态在摄像机方式和 VTR 录像机方式之间进行切换。当摄录一体机的状态切换到 VTR 录像机时,位于机器顶部的"VTR"指示灯将点亮。此时,可以对录像机中的磁带进行重放,或记录由 IEEE1394 插口输入的其他设备供给的数字信号。当重新接通电源时,摄录一体机的状态自动默认为摄像机方式。

16. AUDIO SELECT(音频电平控制方式选择)开关

这组开关的使用方法与第四章介绍的 GY-DV500 相同,这里不再重复。

17. TC(时间码操作)开关

这组开关由两个开关组成,左边"DISPLAY"(显示)开关,用来选择液晶屏和寻像器上 TC 计数器显示的内容。当 LCD/VF 菜单中 TC/UB(时间码/用户比特)条目设置为"ON"时,该开关的设置才有效。

TC:该开关打到此位置时,计数器显示时间码值。

UB:该开关打到此位置时,计数器显示用户比特值。

右边"GENE"(时间码发生器)开关,可以将时间码发生器设置为预置方式或再生方式。在选择预置方式时,也可选择时间码的运行方式。

FREE(自由运行):在设置为预置方式后,将该开关打到此位置,时间码以自由方式运行,即无论录像机记录与否,时间码都在走。一般不用此方式。

REC(记录运行):在设置为预置方式后,将该开关打到此位置,时间码运行方式变为记录运行,即当录像机记录时,时间码才走动,录像停止时,时间码也停止走动。一般都使用此模式。

REGEN(再生方式):在此方式下,本机读取录像带上的现有时间码并以此为起点连续记录时间码。这一功能适合大型电视连续剧的拍摄。当一盘新磁带装入机器后,先用 REC 记录运行方式记录自己设置好的时间码,然后将该开关打到此位置,这样,不论磁带倒带与否,记录的时间码总是连续不断的。

5.4.2.2　顶部各开关、按钮的功能

顶部的开关按钮主要是对机内录像带的操作按钮和一些不太常用的开关按钮。

1. MONITER SELECT(监听选择)开关

该开关是用来选择监听扬声器和监听耳机插口输出声音的具体内容的。有三个位置:

CH1(第一声道):当该开关打到此位置,监听扬声器和监听耳机插口输出的声音只有第一声道的声音。

BOTH(两个声道):当该开关打到此位置,监听扬声器和监听耳机插口输出两个声道的混合声。

图 5 - 15　**MONITER SELECT**
(监听选择)开关

CH2(第二声道):当该开关打到此位置,监听扬声器和监听耳机插口输出的声音只有第二声道的声音。

2. DISPLAY(显示)按钮

该按钮是用来控制液晶屏和寻像器显示内容的,其功能有三个:

当按住该按钮约两秒钟时,即切换液晶显示屏显示和寻像器显示。

当使用 Anton-Baur 电池或 IDX 电池时,每按该按钮一次,即切换液晶显示屏显示和寻像器显示。

图 5‐16 DISPLAY(显示)按钮、FULL AUTO(全自动拍摄)开关

当使用 Anton-Baur 电池或 IDX 电池时,状态画面上的字符放大显示。

3. FULL AUTO(全自动拍摄)开关

该开关与第四章介绍的 GY‐DV500 摄像机的 FULL AUTO 按钮功能相同,这里不再重复。

4. VTR(录像机指示灯)

当本机处于 VTR 录像机方式时,此指示灯点亮。控制此灯的按钮为液晶屏舱门内的 CAM/VTR 按钮。

5. 录像机内磁带控制按钮

这组按钮位于机器顶部 SLID OPEN 舱门内,可对摄录一体机中的磁带进行停止、倒带、播放/暂停、快进等操作。

图 5‐17 机内磁带操作按钮

图 5‐18 EJECT(开舱)开关

6. EJECT(开舱)开关

该开关位于机器顶部磁带操作控制舱门旁边,用来打开磁带舱门,以便安装或取出磁带。操作时,按照开关旁边的箭头方向向右拨动该开关即可打开磁带舱门。

5.4.2.3 右侧面板各开关、按钮、插孔的功能

右侧面板主要是一些输入、输出插孔和一些使用率较低的开关按钮,绝大多数插孔都被设计在橡皮舱门内,不注意观察,往往很难找到,使用时必须打开橡皮舱门。其结构布局如下图:

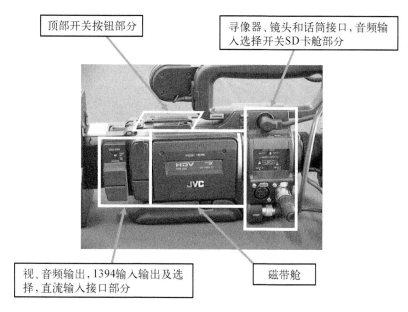

顶部开关按钮部分

寻像器、镜头和话筒接口,音频输入选择开关SD卡舱部分

视、音频输出,1394输入输出及选择,直流输入接口部分

磁带舱

图 5 - 19　右侧面板各开关、按钮、插孔的布局

1. IEEE1394 开关

该开关位于摄录一体机右侧面板的左上方。使用该开关只对 DV 接口的输入、输出信号进行设置,并不能改变摄像机的记录信号格式。因此,按照 IEEE1394 接口输入或输出的信号格式设置该开关。

HDV：用于 HDV 高清格式。

DV：用于 DV 标清格式。

2. 视频输出、输入插孔

图 5 - 20　IEEE1394 开关

这是摄像机与外部设备连接的所有端口,包括 VIDEO/Y、PB、PR 和 IEEE1394。从接口的标识可以看出,该摄录一体机既可以输出模拟的复合、分量信号,也可以输出数字的 DV 信号。其中,VIDEO/Y 为复合和亮度信号"Y"的输出口,PB 为蓝色差信号"B - Y"的输出口,PR 为红色差信号"R - Y"的输出口。在模拟输出端口上,到底输出复合信号还是输出分量信号,取决于摄像机的菜单设置。

可以使用 VIDEO FORMAT(视频格式)菜单中的 OUTPUT TERMINAL(输出端口)条目选择输出信号。有三种方式可选择：

图 5-21 视频输入、输出插孔

AUTO(自动)：在此方式下,机器根据视频信号输出插座所连接电缆的状态,自动切换至复合或分量信号,并将其输出(机器默认状态为 AUTO)。

COMPOSITE(复合)：无论视频信号输出插座所连接电缆的状态如何,机器均输出复合信号。

COMPONENT(分量)：无论视频信号输出插座所连接电缆的状态如何,机器均输出分量信号。

在设置为"AUTO"模式时,其输出状况如下表：

表 5-2 输出状态表

插座(○：未连接 ●：已连接)			输出信号
VIDEO/Y	PB	PR	
●	●	●	分量信号
●	○	●	复合信号
●	●	○	分量信号
●	○	○	复合信号
与上述不同			OFF

注：如果使用复合信号输出以 HDV 格式记录的视频,色彩可能会发生变化。因此,要输出 HDV 格式记录的视频,最好用分量信号输出。

当 OTHERS(其他)菜单上 OUTPUT CHAR(输出字符)条目设置为"ON"时,菜单信息同时在视频信号输出插座的视频中显示。此功能可用于在实验教学中讲解菜单内容。

IEEE1394(6 芯 DV 输入、输出接口)：用于数字信号的输入、输出。是一种双向接口。

3. 音频输出和直流电源输入插孔

这两个插孔位于 IEEE1394 开关下面的橡皮舱门内。

"LINE OUTPUT"为音频输出插孔,采用的是 3.5 mm 的针型耳机插孔。

"DC INPUT"为直流电源输入插孔,用于连接随机附带的交流电源适配器。

图 5 - 22　音频输出和直流电源输入插孔　　图 5 - 23　AUDIO INPUT(音频输入控制)开关

4. AUDIO INPUT(音频输入控制)开关

这组控制开关共有三个:

(1) CH2 INPUT(第二声道输入):用来选择将 INPUT1 第一声道输入的信号记录在哪个声道。

INPUT1(输入 1):将 INPUT1 插座输入的音频信号记录在 CH2(第二声道)。

INPUT2(输入 2):将 INPUT2 插座输入的音频信号记录在 CH2(第二声道)。

这个开关的工作原理,与第三章介绍的 DSR - PD190P 的 INPUT1 REC CH SELECT 开关设置相似,即可以将 INPUT1 输入的音频信号分配在两个声道。这样,只要在 INPUT1 音频输入端口上接一路信号,就能记录成立体声效果。那么,就必须将该开关打到"INPUT1"位置。同理,如果两个音频输入端口都有信号输入,必须将该开关打到"INPUT2"位置。否则,INPUT2 输入的音频信号不能进入摄录一体机。

(2) INPUT1(第一声道输入):该开关用来选择第一声道音频输入的信号类型。

LINE(线路输入):当与其他音频设备如调音台、CD 机等连接时,将该开关打到此位置。如果该端口连接的是麦克风,打到此位置时,会没有声音。

MIC(麦克风):当该端口连接的是普通麦克风时,将该开关打到此位置。如果该端口连接的是由调音台、CD 机等设备送来的信号,打到此位置时,会出现声音过大,甚至有失真的现象。

MIC+48 V(麦克风正 48 V 供电):当该端口连接的是需要 48V 供电的电容话筒

图 5-24 INPUT1 INPUT2
(音频输入插座)

(如随机话筒、C-74话筒)时,将该开关打到此位置。

(3) INPUT2(第二声道输入):使用方法和 INPUT1 一样。

5. INPUT1 INPUT2(音频输入插座)

这些是音频输入插座,用来连接麦克风或其他外部设备。如果两个插座全空着,所拍摄的内容肯定没有声音。数字化专业设备的麦克风都是外置的,必须将其连接在这两个端口的其中一个上。通常连接在第一声道上。

5.4.2.4 前面板各开关、按钮、插孔的功能

前面板的开关按钮位于镜头下面,开关相对较少,使用率较高。

1. ZEBRA/SKIN AREA(斑马条纹/肤色细部校正)开关

该开关的使用方法与第四章介绍的 GY-DV500 一样,关于斑马条纹的使用方法不再赘述。下面讲一下肤色细部校正。该功能是利用抑制视频信号肤色区域中的边缘增强效果,从而获得丝绒般光滑的肤色效果。其操作方法是:

(1) 按住"STATUS"按钮1秒以上,打开摄像机菜单。

(2) 向下拨动"SHUTTER"拨轮,使光标对准"CAMERA PROCESS"条目,向里推一下拨轮确认。

(3) 在"CAMERA PROCESS"中,向下拨动"SHUTTER"拨轮,使光标对准"SKIN COLOR ADJUST"条目,向里推一下拨轮确认。

● 屏幕中显示的方框为肤色细部功能的检测区域。

● 整个屏幕变为黑白,只有肤色细部功能识别的区域才以彩色显示。

(4) 向下拨动"SHUTTER"拨轮,使光标对准"SKIN COLOR DET."条目,向里推一下拨轮确认,并选择"EXECUTE"以切换到肤色检测方式。

图 5-25 斑马图样/肤色细部校正
开关、自动白平衡按钮

（5）如此进行拍摄，这时图像上出现检测区域。要确认检测区域，向里推一下拨轮，然后将"SKIN COLOR DET."设置为"STOP"。

● 画面上的方框即为肤色细部功能的检测区域。

● 检测区域内的颜色将被识别为细部功能将使用的颜色。

● 如果检测区域内的颜色未识别为肤色细部功能将使用的颜色，则画面上将显示"ERROR"。

（6）如果想要改变肤色细部检测功能所识别颜色的范围，则按下列步骤操作。

第一，旋转拨动"SHUTTER"拨轮，使光标对准"SKIN COLOR RANGE"，向里推一下拨轮确认，设置区域即闪烁并且可更改。

第二，上下旋转"SHUTTER"拨轮，加宽或缩小颜色范围，设置检测颜色显示的范围。

第三，要确认颜色范围，向里推一下拨轮，设置即返回其亮起状态。

（7）要停止"SKIN COLOR ADJUST"功能，旋转拨动"SHUTTER"拨轮，使光标对准"PAGE BACK"条目，向里推一下拨轮确认。

2. AWB（自动白平衡）按钮

该按钮为白平衡调整按钮，与普通白平衡调整开关不同的是，将开关形式变成了按钮形式，并只有白平衡调整一个功能。使用方法与普通开关相同。

3. FOCUS ASSIST（手柄辅助聚焦）按钮

该按钮位于摄像手柄上，在低角度拍摄时，可以用此按钮打开辅助聚焦功能。

4. REC（手柄录像开始/停止触发）按钮

该按钮位于摄像手柄上，在低角度拍摄或提着摄像机进行偷拍时，可以用此按钮控制录像的开始与停止。

图 5－26　手柄辅助聚焦和录像开始/停止按钮

实验十一　　小高清 GY－HD111 摄像机的使用

实验目的：1. 了解小高清 GY－HD111 摄像机各开关、按钮的功能和使用环境。

2. 熟悉小高清 GY－HD111 摄像机的性能及主要开关、按钮的功能。

3. 掌握小高清 GY－HD111 摄像机的基本操作方法。

实验内容：全面讲解小高清 GY-HD111 摄像机的性能；各个开关、按钮的功能、基本操作方法和使用环境。

让学生熟悉小高清 GY-HD111 摄像机的性能；了解摄像机各开关、按钮的功能和使用环境；练习小高清 GY-HD111 摄像机的基本操作方法。

主要仪器：GY-HD111 3CCD 全自动小型摄像机　　　　5 台

miniDV 录像带　　　　　　　　　　　　　　5 盘

AN-2000A 方向电池　　　　　　　　　　　5 块

教学方式：集中讲解和多媒体展示相结合；教师示范和学生实践相结合。

预习要求：课程讲授的第五章 5.5《GY-HD111 主要菜单介绍》相关内容。

实验类型：演示、验证实验。

实验学时：3 学时。

5.5　GY-HD111 主要菜单介绍

由于该机是高清和标清的兼容机，它不但能拍摄高清格式，也能拍摄标清格式。除板面开关按钮外，许多设置都需在菜单中进行。因此，它的菜单使用率是相当高的。该机在菜单操作上既有 JVC 传统的菜单操作模式，又有索尼 DSR-PD190P 的菜单操作模式。下面按照第三章讲解 DSR-190P 的方式，对该机的菜单逐一介绍。

该机菜单的基本操作方法是：

（1）按住"STATUS"状态按钮 1 秒以上，摄像机主菜单将出现在液晶屏或寻像器屏幕上。

（2）旋转"SHUTTER"拨轮，将光标对准要设置的条目，然后向里推一下拨轮进入下一级菜单。

（3）旋转"SHUTTER"拨轮，将光标对准要设置的条目，然后向里推一下拨轮，所选条目的区域即开始闪烁。

（4）旋转"SHUTTER"拨轮，所选条目的内容就会改变。待变为所需要的内容时,向里推一下拨轮,确认设置。

(5) 要更改多个条目,重复步骤(2)～(4)。

该机的摄像机菜单分为主菜单和子菜单。主菜单共有 9 条,包括 VIDEO FORMAT(视频格式菜单)、CAMERA OPERATION(摄像机工作菜单)、CAMERA PROCESS(摄像机加工菜单)、SWITCH MODE(开关方式菜单)、AUDIO/MIC(音频/麦克风菜单)、LCD/VF(液晶屏/寻像器菜单)、TC/UB/CLOCK(时间码/用户比特/时钟菜单)、OTHERS(其他菜单)、FILE MANAGE(文件管理菜单)。下面分别介绍。

图 5‑27 主菜单显示内容

图 5‑28 VIDEO FORMAT(视频格式)菜单

5.5.1 VIDEO FORMAT(视频格式)菜单

进入菜单设置的方法是:按住"STATUS"(状态)按钮 1 秒以上,打开摄像机主菜单,上下拨动"SHUTTER"(电子快门)拨轮,选择条目,向里推动进入下一级菜单或确定条目。

➢ FRAME RATE(帧率):用来设置拍摄的帧率。

☞ 60/30:按 480/60P、720/30P 拍摄。

☞ 50/25:按 576/50I、576/50P、576/25P、720/25P 拍摄。

☞ 24:按 720/24P 拍摄。

☞ EXECUTE(执行):执行设置。

➢ REC(记录格式):该菜单内共有 7 项可供选择。列表说明如下:

表 5 - 3　GY - HD111 记录格式表

设　　置	说　　　　　明	FRAME RATE(帧率)
HDV - SD60P	HDV 格式,使用 480/60P 信号进行拍摄	60/30(60 场/30 帧)为 NTSC 制式
HDV - HD30P	HDV 格式,使用 720/30P 信号进行拍摄	
HDV - SD50P	HDV 格式,使用 576/50P 信号进行拍摄	50/25(50 场/25 帧)为 PAL 制式
HDV - HD25P	HDV 格式,使用 720/25P 信号进行拍摄	
DV - 50I	DV 格式,使用 576/50I 信号进行拍摄	
DV - 25P	DV 格式,使用 576/25P 信号进行拍摄	
HDV - HD24P	HDV 格式,使用 720/24P 信号进行拍摄	24(24 帧)电影制式

注:P 为逐行扫描,I 为隔行扫描。720 为高清 16:9 画幅格式,576、480 为 4:3 画幅格式。黑体字为机器默认设置。

选择好记录格式后,"EXECUTE"(执行)自动闪烁,向里推一下"SHUTTER"拨轮确认选择的记录格式。

➢ ASPECT(画幅比例设置):设置记录视频信号的画幅大小(当记录格式设置为 HDV 时,机器自动将画幅比例设置为 16:9 格式,该条目不能设置)。

➢ HDV PB OUTPUT(高清重放输出设置):用来设置磁带重放时,要从视频插座输出的视频格式。该菜单共有 7 项选择,列表说明如下:

表 5 - 4　GY - HD111 重放格式表

设　　置	说　　　　　明	FRAME RATE(帧率)
NATIVE	输出正在磁带上记录的信号。	60/30(60 场/30 帧)
720P	将正在磁带上记录的信号变换为 720P,然后将其输出。	50/25
1080I	将正在磁带上记录的信号变换为 1080I,然后将其输出。	24
480P	将正在磁带上记录的信号变换为 480P,然后将其输出。	60/30(60 场/30 帧)
NTSC	将正在磁带上记录的信号变换为 1080I,然后将其输出。	24
576P	将正在磁带上记录的信号变换为 576P,然后将其输出。	50/25(50 场/25 帧)
PAL	将正在磁带上记录的信号变换为 576I,然后将其输出。	50/25(50 场/25 帧)

注:如果将 HDV 格式记录的视频变换为 DV 格式,然后输出,则色彩可能会变化,反之亦然。

➤ PB TAPE(磁带重放)：用来选择自动检测重放磁带的视频格式,还是只重放特定格式。

☞ AUTO：在磁带重放时,格式信号将自动切换并重放(机器默认为 AUTO)。

☞ DV：在磁带重放时,只能重放 DV 格式记录的磁带,或磁带上以 DV 格式记录的部分。

☞ HDV：在磁带重放时,只能重放 HDV 格式记录的磁带,或磁带上以 HDV 格式记录的部分。

☞ DVCAM：在磁带重放时,只能重放 DVCAM 格式记录的磁带,或磁带上以 DVCAM 格式记录的部分。

➤ OUTPUT TERMINAL(输出端口设置)：用来设置从视频信号输出插座(VIDEO、Pb、Pr)输出的信号格式。

☞ AUTO(自动)：根据视频信号输出插座所连接电缆的状态,自动切换至复合或分量,然后将其输出。

☞ COMPOSITE(复合)：无论视频信号输出所连接电缆的状态是什么,输出端口只输出复合信号。

☞ COMPONENT(分量)：无论视频信号输出所连接电缆的状态是什么,输出端口只输出分量信号。

➤ DOWN CONV.［HDV］(下变换。只对 HDV 格式而言)：用来设置以 4︰3 的宽高比来显示降频变换的图像。

☞ SQUEEZE(压缩)：显示经水平压缩的图像(机器默认为 SQUEEZE)。

☞ LETTER(字幕)：显示顶部和底部变黑的宽幅图像。

☞ SIDE CUT(切边)：显示切掉边缘的图像。

注：如果 REC 项目设置为非 HDV 格式,该设置只有 SQUEEZ 显示方式。

➤ SET UP(设置)：用来选择是否在视频信号输出插座的视频信号输出中增加设置信号。

☞ 0.0％：不增加设置信号。

☞ 7.5％：增加设置信号。

5.5.2　CAMERA OPERATION(摄像机工作)菜单

➤ AE LEVEL(曝光电平设置)：用来设置自动光圈的参考电平。共有 7 档：

—3、—2、—1、NORMAL、1、2、3。机器默认为 NORMAL。

图 5 - 29 CAMERA OPERATION
(摄像机工作)菜单

该菜单的功能相当于其他摄像机上的 SPOT LIHGT 和 BACK LIGHT,只不过比 SPOT LIHGT 和 BACK LIGHT 调整得更精细。由 NORMAL 向负值调整,实现 SPOT LIHGT 的功能;由 NORMAL 向正值调整,实现 BACK LIHGT 的功能。

➢ ALC MAX(自动亮度控制):设置最大"ALC"(自动亮度控制)值,根据亮度自动更改信号强度水平,有 6 dB、12 dB、18 dB。

➢ PRESET TEMP(色温预置):用来设置"WHT BAL"白平衡开关打到"PRST"位置时的基础色温。

☞ 3200 K:将基础色温设置 3200 K(用于卤钨灯等低色温光源)。

☞ 5600 K:将基础色温设置 5600 K(用于日光等高色温光源)。

➢ SMOOTH TRANS(平滑过渡):用来使"GAIN"增益开关和"WHT BAL"白平衡开关在切换状态时平滑过渡,而不是突然变化。

☞ OFF:不使用平滑过渡功能(机器默认为 OFF)。

☞ ON:启动平滑过渡功能。

➢ BARS(彩条):用来设置摄像机是否输出彩条信号(在摄像机处于 FULL AUTO 方式时,该开关固定在"OFF",不能输出彩条)。

☞ OFF:不输出彩条。

☞ ON:输出彩条。

➢ PAGE BACK(返回):返回上一级菜单。

5.5.3 CAMERA PROCESS(摄像机信号加工)菜单

➢ MASTER BLACK(主黑电平):用来调整作为黑色参照的基础电平(基准黑色)。设置范围为 MIN(—10)～NORMAL(0)～

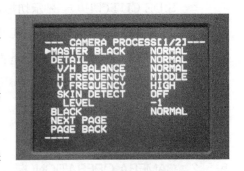

图 5 - 30 CAMERA PROCESS
(摄像机信号加工)菜单 1

MAX(10)。

较 NORMAL(正常)值大些时,基准电平提高,应变黑的地方没有变黑,图像对比度较正常状态时减小。

较 NORMAL(正常)值小些时,基准电平降低,不应变黑的地方变为黑色,图像对比度较正常状态时增大。

➤ DETAIL(轮廓):用来调整轮廓(细部)的锐度电平。设置范围为 OFF、MIN(-10)~NORMAL(0)~MAX(10)。

OFF:轮廓电路不工作。

较 NORMAL(正常)值增大,锐化图像轮廓。

较 NORMAL(正常)值减小,柔化图像轮廓。

当该菜单设置为"OFF"时,以下标有"★"的条目将显示为"----"。

★ V/H BALANCE(纵/横锐化设置):用来设置要锐化的横向(H)轮廓细部,或是纵向(V)轮廓细部。设置范围为 H-MIN(-5)~NORMAL(0)~H-MAX(5)。

较 NORMAL(正常)值增大,锐化 H 方向图像轮廓。

较 NORMAL(正常)值减小,锐化 V 方向图像轮廓。

★ H FREQUENCY(横向轮廓补偿频率):用来设置横向轮廓补偿频率的高低。

☞ LOW(低):增强低频带。在拍摄较大图形的对象时使用。

☞ HIGH(高):增强高频带。在拍摄较小图形的对象时使用。

★ V FREQUENCY(纵向轮廓补偿频率):用来设置纵向轮廓补偿频率的高低。在拍摄图形精细的对象时使用该设置。

☞ HIGH(高):增强高频带。

☞ LOW(低):增强低频带。

★SKIN DETECT(肤色检测):用来设置肤色细部功能的开与关。

☞ OFF(关):关闭肤色细部功能。

☞ ON(开):打开肤色细部功能。

LEVEL(电平):用来设置肤色细部功能的轮廓补偿水平(柔化量)。可在"SKIN DETECT"设置为"ON"时选择。

-1:低轮廓补偿水平(柔化量)。

-2:中等轮廓补偿水平(柔化量)(机器默认为-2)。

-3:高轮廓补偿水平(柔化量)。

➢ BLACK(黑色)：用来设置暗区的增益。根据所拍摄的视频信号进行设置。

☞ STRECH1(黑扩展 1)：通过增强暗区中的信号来增强视频的暗区，从而使图像亮暗之间的层次更加丰富。增强量按 STRECH1→STRECH2→STRECH3 的顺序递增。

☞ STRECH2(黑扩展 2)。

☞ STRECH3(黑扩展 3)。

☞ NORMAL(正常)：标准状态(机器默认为 NORMAL)。

☞ COMPRESS1(黑压缩 1)：如果拍摄的视频整体明亮，缺乏对比度，选择此状态，则暗区的增益将被压缩，图像对比度增强。压缩量按 COMPRESS1→COMPRESS2→COMPRESS3 的顺序递增。

☞ COMPRESS2(黑压缩 2)。

☞ COMPRESS3(黑压缩 3)。

➢ NEXT PAGE(下一页)：要显示 CAMERA PROCESS 的第二页菜单画面，请将光标移到此位置，然后向里推一下 SHUTTER 拨轮进入第二页菜单。

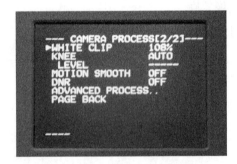

图 5－31　CAMERA PROCESS
(摄像机信号加工)菜单 2

➢ WHITE CLIP(白色切割设置)：用来设置输入视频信号白色切割点的高低。

☞ 108%：白色切割点设置为 108%亮度水平(机器默认为 108%)。

☞ 100%：白色切割点设置为 100%亮度水平。如果画面在 108%时太亮，则将其设置为 100%。

➢ KNEE(拐点)：用来设置拐点方式是自动还是手动。此功能可在一定的范围内压缩视频信号的电平，从而使图像中高亮度的地方亮度降低，使整个画面层次丰富。

☞ AUTO(自动)：机器自动按照画面的亮度水平调整拐点(机器默认为 AUTO)。

☞ MANUAL(手动)：操作者可更改"LEVEL"(电平)条目中的亮度水平。

LEVEL(电平)：在手动状态下设置自动拐点的开始位置。设置范围有 80%、85%、90%、95%、100%。百分比越大，拐点电平就越高，百分比越小，拐点电平就越低。

➤ MOTION SMOOTH(运动平滑设置)：用来设置使用增加帧的方法来重放逐行拍摄的信号，使视频信号播放流畅。

☞ OFF：不起作用(机器默认为 OFF)。

☞ ON：发挥作用。

注：这一功能只有在视频格式设置为"HDV - HD30P"、"HDV - HD25P"或"HDV - 24P"时才有效。

➤ ADVANCED PROCESS(进一步加工)菜单：这部分菜单是对摄像机的进一步调整。作为普通使用者无需进行这些调整，这里就不再作介绍。

➤ DNR(降噪功能)：用来选择是否使用降噪功能。

☞ OFF：不使用降噪功能(机器默认为 OFF)。

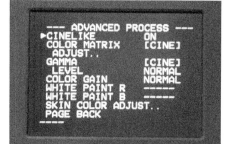

图 5 - 32　ADVANCED PROCESS
(进一步加工)菜单

☞ ON：使用降噪功能。要说明的是：当使用降噪功能时，本机的信噪比会好些，但画面中移动对象的模糊程度会加重。

➤ PAGE BACK(返回)：当光标处于此位置时，按"SHUTTER"拨轮返回"CAMERA PROCESS"上页菜单。

5.5.4　SWITCH MODE(开关方式)菜单

➤ SHUTTER(电子快门)：用来设置电子快门的工作方式。

☞ STEP(步进式)：在一般拍摄中使用固定值设置电子快门速度。

图 5 - 33　SWTICH MODE
(开关方式)菜单

☞ VARIABLE(可变式)：精细调整电子快门，有的摄像机将该功能称为"清晰扫描"，用于拍摄电脑显像管式显示屏。

该机的电子快门速度会因记录格式的不同而有所变化，具体变化见前表 5 - 1。

➤ FAW(全自动白平衡)：用来设置将FAW(全自动白平衡)功能指定给"WHT. BAL"白平衡选择开关的哪个位置上。

☞ NONE(无)：不指定 FAW 的功能。

☞ A：将 FAW 指定到"A"位置。

☞ B：将 FAW 指定到"B"位置。

☞ PRESET：将 FAW 指定到"PRESET"位置。

建议将该设置调整在"PRESET"位置,因为出厂预置值在实际使用中使用率很低。

➤ GAIN L、GAIN M、GAIN H(增益低、中、高设置)：用来设置"GAIN"增益选择开关各位置的增益值。设置范围为 0 dB、3 dB、6 dB、9 dB、12 dB、15 dB、18 dB、ALC。初始值为：L：0 dB,M：9 dB,H：18 dB。

➤ USER1、USER2、USER3(使用者 1、使用者 2、使用者 3)：可以使用该菜单设置将下面的菜单功能设置在机器左侧面板上的 USER1、USER2、USER3 按钮上,以方便操作。可指定的项目有：BARS(彩条)、PRESET TEMP(色温预置)、B. STRETCH1(黑扩展 1)、B. STRETCH2(黑扩展 2)、B. STRETCH3(黑扩展 3)、B. COMPRESS1(黑压缩 1)、B. COMPRESS2(黑压缩 2)、B. COMPRESS3(黑压缩 3)、AE LEVEL＋(自动曝光＋)、AE LEVEL－(自动曝光－)、RET(视频返回)。

笔者建议：彩条输出设置在"USER1"(使用者 1)上;将 3200 K 色温设置在"USER2"(使用者 2)上;将 5600 K 色温设置在"USER3"(使用者 3)上。因为这些功能很常用,但该机的板面上没有这些开关。

☞ NONE(无)：不起作用。

➤ LENS RET(镜头视频返回按钮设置)：用来设置镜头上 RET(视频返回)按钮的功能。

☞ RET(视频返回)：用作标准的视频返回。

☞ FOCUS ASSIST(辅助聚焦)：将辅助聚焦功能设置在 RET 按钮上。

➤ PAGE BACK(返回主菜单)：当光标处于该位置时,如果按一下 SHUTTER 拨轮,则返回主菜单。

5.5.5　AUDIO/MIC(音频/麦克风)菜单

➤ TEST TONE(测试音调)：用来设置在摄像机输出彩条信号时,是否同时输出音频测试信号(1 KHz、－20 dBFS 或－12 dBFS)。

☞ OFF：不输出音频测试信号(机器默认为 OFF)。

☞ ON：输出音频测试信号。

➢ MIC WIND OUT(麦克风过滤输出)：用来选择是否过滤音频输入信号的低频部分。当需要减小麦克风的啸叫声时采用该设置。

☞ OFF：不过滤低频部分(机器默认为 OFF)。

☞ INPUT1：只过滤 INPUT1 插座输入的麦克风低频部分。

☞ INPUT2：只过滤 INPUT2 插座输入的麦克风低频部分。

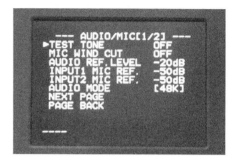

☞ BOTH：同时过滤 INPUT1 和 INPUT2 插座输入的麦克风低频部分。

➢ AUDIO REF. LEVEL(音频参考电平设置)：用来设置磁带上的音频参考电平。

图 5 - 34 AUDIO/MIC(音频/麦克风)菜单

☞ —20 dB：将—20 dB 作为音频参考电平进行记录(机器默认为—20 dB)。

☞ —12 dB：将—12 dB 作为音频参考电平进行记录。

➢ INPUT1 MIC REF(第一声道麦克风参考电平设置)：用来设置 INPUT1 音频输入参考电平。

☞ —50 dB：将音频参考电平设置为—50 dB(机器默认为—50 dB)。

☞ —60 dB：将音频参考电平设置为—60 dB。

➢ INPUT2 MIC REF(第二声道麦克风参考电平设置)：用来设置 INPUT2 音频输入参考电平。

☞ —50 dB：将音频参考电平设置为—50 dB(机器默认为—50 dB)。

☞ —60 dB：将音频参考电平设置为—60 dB。

➢ AUDIO MODE(音频方式)：用来选择所记录音频的采样频率。当视频记录格式设置为 HDV 格式时,该设置固定在 48 K。

☞ 32 K：用 12 位、32 KHz 采样频率进行数字记录。

☞ 48 K：用 16 位、48 KHz 采样频率进行数字记录(机器默认为 48 K)。

➢ NEXT PAGE(下一页)：要显示 AUDIO/MIC 下一页菜单,请将光标移到此位置,然后按一下 SHUTTER 拨轮。

➢ AUDIO MONITOR(音频监听设置)：当"MONITOR SELECT"(音频选择开

关)打到"BOTH"(两路都有)时,选择从"PHONES"(耳机)插口输出的是立体声还是混合音频。

☞ STEREO(立体声):立体声音频(CH-1音频输出至L左声道,CH-2音频输出至R右声道)。

☞ MIX(混合):混合音频(CH-1和CH-2混合音频输出至L左声道与R右声道)(机器默认为MIX)。

➢ FAS AUDIO(全自动音频):用来选择全自动拍摄时,音频记录电平的调整方式。

☞ AUTO(自动):设置为自动方式(机器默认为AUTO)。

☞ SW SET(开关设置):按照"AUDIO SELECT"(音频选择开关)设置的方式进行音频输入电平的调整。

➢ SEARCH AUDIO[DV](搜索音频,只对DV格式而言):用来选择在搜索以DV格式记录的磁带时,是否输出音频,也包括慢速重放。

☞ ON:输出音频(机器默认为ON)。

☞ OFF:不输出音频。

➢ PB AUDIO CH[DV](重放音频声道选择,只对DV格式而言):用来选择在用4个声道中记录的音频信号重放DV格式磁带时要输出的音频声道。

☞ CH1/CH2(声道1/声道2):输出CH-1和CH-2声道的音频。

☞ MIX(混合):同时输出所有4个声道的混合声。

☞ CH3/CH4(声道3/声道4):输出CH-3和CH-4声道的音频。

➢ PAGE BACK(返回):当光标处于此位置时,按SHUTTER拨轮返回AUDIO/MIC的上一页菜单。

5.5.6 LCD/VF(液晶屏/寻像器)菜单

➢ ZEBRA(斑马条纹):用来设置所拍摄的画面中显示斑马条纹部分的图像亮度电平。

☞ 60%～70%:斑马条纹在图像亮度电平为60%～70%之间显示。

☞ 70%～80%:斑马条纹在图像亮度电平为70%～80%之间显示(机器默认为

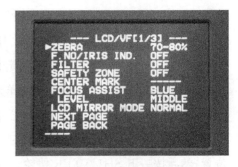

图5-35 LCD/VF(液晶屏/寻像器)菜单1

$70\%\sim80\%$)。

☞ $85\%\sim95\%$：斑马条纹在图像亮度电平为 $85\%\sim95\%$ 之间显示。

☞ OVER95%：斑马条纹在图像亮度电平为 95% 以上部分显示。

☞ OVER100%：斑马条纹在图像亮度电平为 100% 以上部分显示。

➢ F. NO/IRIS IND(F 值/光圈电平)：用来选择是否在液晶显示屏或寻像器的状态显示中显示镜头光圈的 F 值/光圈电平标记。

☞ OFF：不显示镜头光圈的 F 值/光圈电平标记(机器默认为 OFF)。

☞ F. NO：显示 F 值。

☞ F. NO+IND：显示镜头光圈的 F 值/光圈电平标记。

➢ FILTER(灰度滤色镜)：用来选择本机的 FILTER 位置是否在液晶屏或寻像器的状态显示中显示。

☞ OFF：不显示 FILTER 开关的设置位置(机器默认为 OFF)。

☞ ON：显示 FILTER 开关的设置位置。

➢ SAFETY ZONE(安全框)：用来选择是否在液晶屏或寻像器中显示安全框，以及安全框的指示形式。

☞ OFF：不显示(机器默认为 OFF)。

☞ 4∶3：显示 4∶3 画幅的安全框。

☞ 14∶9：显示 14∶9 画幅的安全框。

☞ 16∶9：显示 16∶9 画幅的安全框。

☞ 16∶9+4∶3：混合显示 16∶9 安全框和 4∶3 安全框(当设置为 DV 格式时，无法显示)。

➢ CENTER MARK(画面中心标记)：用来设置当安全框显示时是否显示中心标记。

☞ ON：显示中心标记(机器默认为 ON)。

☞ OFF：不显示中心标记。

➢ FOCUS ASSIST(辅助聚焦)：用来设置在运行 FOCUS ASSIST(辅助聚焦)功能时，聚焦良好线条的显示颜色。

☞ BLUE(蓝色)：以蓝色线条显示聚焦良好区域的画面轮廓(机器默认为 BLUE)。

☞ RED(红色)：以红色线条显示聚焦良好区域的画面轮廓。

☞ GREEN(绿色)：以绿色线条显示聚焦良好区域的画面轮廓。

☞ LEVEL(电平)：用来设置在运行 FOCUS ASSIST(辅助聚焦)功能时，聚焦良好区域的显示范围。

LOW(低)：显示窄于 MIDDLE 的聚焦良好区域的显示范围。

MIDDLE(标准)：以标准设置显示聚焦良好区域的显示范围。

HIGH(高)：显示宽于 MIDDLE 的聚焦良好区域的显示范围。

➤ LCD MIRROR MODE(液晶屏镜像方式)：用来设置当液晶屏处于反向视角位置时，图像的显示方式。

图 5 - 36　LCD/VF(液晶屏/
寻像器)菜单 2

☞ NORMAL(正常)：不显示颠倒的图像(机器默认为 NORMAL)。

☞ MIRROR(镜像)：显示颠倒的图像。

➤ NEXT PAGE(下一页)：进入 LCD/VF 的下一页菜单。

➤ PAGE BACK(返回)：返回主菜单。

➤ VIDEO FORMAT(视频格式)：用来设置是否在液晶显示屏或寻像器的状态显示中显示视频格式。

☞ ON：显示视频格式(机器默认为 ON)。

☞ OFF：不显示视频格式。

➤ TAPE REMAIN(磁带剩余量)：用来选择是否在液晶屏或寻像器的状态显示中显示磁带剩余的时间(分钟)。

☞ ON：显示。

☞ OFF：不显示。

➤ TC/UB(时间码/用户比特)：用来选择是否在液晶屏或寻像器的状态显示中显示时间码或用户比特数据。

☞ ON：显示。

☞ OFF：不显示。

➤ AUDIO(音频电平表)：用来选择是否在液晶屏或寻像器的状态显示中显示音频电平表。

☞ OFF：不显示(机器默认为 OFF)。

☞ ON：显示。

➤ BATTERY INFO(电池信息)：设置当装入 Anton Bauer 电池时的状态显示方式。该状态将在液晶屏画面或寻像器画面上显示。

☞ VOLTAGE（电压）：以 0.1 V 为单位指示电池电压（机器默认为 VOLTAGE)。

☞ CAPA%(容量%)：剩余电池电量以百分比显示。

☞ TIME(时间)：剩余电池电量以分钟显示。

➤ LCD＋VF(液晶屏＋寻像器)：用来选择液晶显示屏和寻像器显示的切换方式。

☞ OFF：当液晶显示屏打开时，关闭寻像器显示。

☞ ON：寻像器始终处于打开状态。

注：只有使用 Anton Bauer/IDX 电池时，该条目才有效。

➤ LCD CONTRAST(液晶屏对比度)：用来调整液晶显示屏的对比度。调整范围为：MIN(－5)、－4～NORMAL(0)～4、MAX(5)。

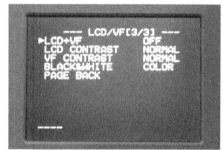

图 5 - 37　LCD/VF(液晶屏/
寻像器)菜单 3

➤ VF CONTRAST(寻像器对比度)：用来调整寻像器的对比度。调整范围为：MIN(－5)、－4～NORMAL(0)～4、MAX(5)。

➤ BLACK WHITE(黑和白)：用来选择液晶显示屏和寻像器的风格。

☞ COLOR(彩色)：显示彩色图像。

☞ B&W(黑白)：显示黑白图像。

5.5.7　TC/UB/CLOCK(时间码/用户比特/时钟)菜单

➤ TC PRESET(时间码预置)：要预置时间码，将光标对准此位置，然后按下"SHUTTER"拨轮。

☞ EXECUTE(执行)：确认设置的时间码(机器默认为 EXECUTE)。

☞ CANCEL(清除)：取消设置的时间码。

☞ ZERO PRESET(复0)：将所有时间码重置为"0"。

➤ UB PRESET(用户比特预置)：要预置用户比特，将光标对准此位置，然后按

图 5 - 38 TC/UB/CLOCK(时间码/
用户比特/时钟)菜单

下"SHUTTER"拨轮。

☞ EXECUTE(执行)：确认设置的用户比特数据(机器默认为 EXECUTE)。

☞ CANCEL(清除)：取消设置的用户比特数据。

☞ ZERO PRESET(复 0)：将所有用户比特数据重置为"0"。

➢ DROP/NON DROP(丢帧/非丢帧)：用来选择时间码发生器的分帧方式是否丢帧。

☞ DROP(丢帧)：内置时间码发生器在丢帧方式下工作。当记录的时间码很重要时选择此设置，例如拍摄的磁带要进行批采集(机器默认为 DROP)。

☞ NON DROP(非丢帧)：内置时间码发生器在非丢帧方式下工作。当帧数很重要时选择此设置。

➢ UB REC(记录用户比特数据)：用来选择是否记录用户比特数据。

☞ ON：在记录时记录用户比特(机器默认为 ON)。

☞ OFF：在记录时不记录用户比特。

➢ TC DUPLI(时间码复制)：用来设置在 DV 格式的 IEEE1394 输入时，如何记录时间码(TC)和用户比特(UB)。

☞ OFF：记录本机中设置的 TC/UB。

☞ ON：记录 IEEE1394 输入的 TC/UB。

注：在 HDV 格式中，不论如何设置，本机中设置的 TC/UB 都将记录。

➢ HEADER REC(带头记录)：要进行有关 HEADER REC(带头记录)功能的设置，请将光标对准此位置，然后按下 SHUTTER 拨轮。

注：如果在按 STOP 按钮的同时按 REC/VTR 触发按钮，则此功能先将内置信号发生器的彩条视频和测试音(1 KHz 正弦波)记录在磁带开头部分，然后它按事先指定的时间长度记录黑色视频信号和屏蔽音频信号。当记录完成时，本机将进入记录待机方式。在记录待机位置的时间码值将变为事先指定的时间码。

➢ TIME/DATE(时间/日期)：要进行有关日期和时间的设置，请将光标对准此位置，然后按一下"SHUTTER"拨轮。

➢ PAGE BACK(返回)：返回主菜单。

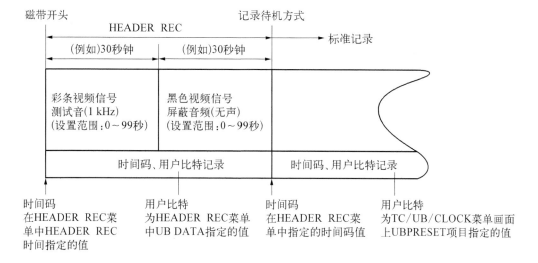

下面对 HEADER REC(带头记录)菜单作具体介绍。

➢ START KEY(开始键)：用来设置在按"STOP"按钮的同时如果按 REC/VTR 触发按钮是否执行 HEADER REC 操作。

☞ DISABLE(不执行)：不执行 HEADER REC 操作(机器默认为 DISABLE)。

☞ STOP＋REC(停止＋记录按钮)：执行 HEADER REC 操作。

➢ TC DATA(时间码数值)：用来设置完成 HEADER REC 后启动记录待机方式时的时间码值。

☞ EXECUTE(执行)：确认设置的时间码。

☞ ZERO PRESET(复 0)：将所有时间码重置为"0"。

☞ CANCEL(清除)：清除设置的时间码。

图 5-39 **HEADER REC**
(带头记录)菜单

➢ UB DATA(用户比特数值)：用来设置完成 HEADER REC 的用户比特。

☞ EXECUTE(执行)：确认设置的用户比特。

☞ ZERO PRESET(复 0)：将所有用户比特重置为"0"。

☞ CANCEL(清除)：清除设置的用户比特。

➢ BARS TIME(彩条时间)：用来设置在 HEADER REC 时,记录彩条信号和测试音(1 KHz)的时间长度(秒),以 1 秒为单位,设置范围为：0SEC～30SEC～99SEC。

➢ BLACK TIME(黑场时间)：用来设置在 HEADER REC 时,记录黑场信号的时间长度,以 1 秒为单位,设置范围为：0SEC～30SEC～99SEC。

图 5-40 TIME/DATE(时间/日期)

➢ PAGE BACK（返回）：在按下 SHUTTER 拨轮后,返回 TC/UB/CLOCK 菜单。

下面对 TIME/DATE(时间/日期)作详细介绍。

➢ DISPLAY(显示)：用来设置日期和时间是否在液晶显示屏或寻像器的状态显示中显示。

☞ OFF：不显示(机器默认为 OFF)。

☞ ON：显示。

➢ DISPLAY MODE(显示方式)：在摄像方式下,日期和时间将按下列设置显示：

☞ BARS+CAM(彩条＋摄像机)：始终显示日期和时间(机器默认为 BARS＋CAM)。

☞ BARS(彩条)：在摄像机输出彩条时显示时间和日期。

☞ CAM(摄像机)：在摄像机输出拍摄的图像时显示时间和日期。

注：当 DISPLAY 条目设置为 OFF 时,此设置无效。

➢ DISPLAY STYLE(显示风格)：用来设置日期和时间的显示风格。

☞ DATE＋TIME(日期＋时间)：显示日期和时间。

☞ DATE(日期)：只显示日期。

☞ TIME(时间)：只显示时间。

➢ DATE STYLE(日期风格)：用来选择日期显示的风格。

☞ YY/MM/DD：以年/月/日的格式显示。

☞ MM/DD/YY：以月/日/年的格式显示。

☞ DD/MM/YY：以日/月/年的格式显示(机器默认为 DD/MM/YY)。

➢ TIME STYLE(时间风格)：用来选择时间显示的风格。

☞ 24 HOUR：使用 24 小时制显示时间（机器默认为 24 HOUR）。

☞ 12 HOUR：使用 12 小时制显示时间。

➢ SEC DISPLAY（秒显示）：用来选择是否在时间显示中显示秒。

☞ ON：显示秒钟（机器默认为 ON）。

☞ OFF：不显示秒钟。

➢ TIME SHIFT（时间转换）：用来选择时钟的 OFF SET（设置或关闭）时间（以 1 小时为单位），为内置时钟增加时间（时间补偿）并相应显示。调整后的时间也记录在磁带上。设置范围为：－23 H～－1 H、OFF、＋1 H～＋23 H。

➢ CLOCK ADJUST（时钟调整）：要调整日期和时间，请将光标对准该条目，然后按一下 SHUTTER 拨轮，进入日期和时间设置菜单。

➢ PAGE BACK（返回）：返回到 TC/UB/CLOCK 菜单。

5.5.8　OTHERS（其他菜单）

➢ OUTPUT CHAR（输出特性）：用来选择连接至视频信号输出插座的监视器上显示菜单画面还是警告显示。

☞ ON：屏幕显示（机器默认为 ON）。

☞ OFF：无屏幕显示。

➢ LONG PAUSE TIME（长时间暂停时间）：用来选择当记录处于暂停时，启动磁带保护方式（磁鼓旋转停止）所需的时间（分钟）。

☞ 3 MIN：3 分钟（机器默认为 3 MIN）。

☞ 5 MIN：5 分钟。

➢ ALARM VR LEVEL（告警声及其音量）：用来选择是否发出告警声，以及告警声的音量。

☞ OFF：不输出声音。

☞ LOW（低）：发出柔和的告警声。

☞ MIDDLE（中）：发出中等音量的告警声。

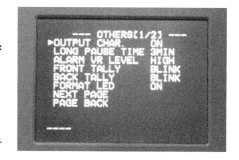

图 5-41　其他菜单 1

☞ HIGH（高）：发出响亮的告警声。

➢ FRONT TALLY（前演播指示灯）：用来选择在记录时 FRONT TALLY（前演播指示灯）的亮灯方式。

☞ BLINK(闪烁)：指示灯在按 REC/VTR 触发按钮时开始闪烁，直至记录开始。在记录时，指示灯将持续亮着(机器默认为 BLINK)。

☞ ON：指示灯仅在记录时亮着。

☞ OFF：指示灯始终关闭。

➢ BACK TALLY(后演播指示灯)：用来选择在记录时 BACK TALLY(后演播指示灯)的亮灯方式。

☞ BLINK(闪烁)：指示灯在按 REC/VTR 触发按钮时开始闪烁，直至记录开始。在记录时，指示灯将持续亮着(机器默认为 BLINK)。

☞ ON：指示灯仅在记录时亮着。

☞ OFF：指示灯始终关闭。

➢ FORMAT LED(格式指示灯)：用来设置机器左侧面板上"HDV/DV LED"指示灯是否在 HDV 格式或 DV 格式时亮着。

☞ ON：亮着(机器默认为 ON)。

☞ OFF：不亮。

➢ NEXT PAGE(下一页)：进入 OTHERS 的下一页菜单。

➢ PAGE BACK(返回)：返回主菜单。

➢ 1394 REC TRIGGER(1394 插座触发命令)：用来设置如何控制 IEEE1394 插座的 REC 触发命令。在从本机记录 DV 信号备份到其他设备时进行此设置。

☞ OFF：不控制备份设备(机器默认为 OFF)。

☞ SYNCRO：根据本机记录开始/停止方式的状态控制备份设备。而且，如果未装入录像带，或者如果无剩余磁带进行记录，则用本机上的 REC 触发按钮和镜头 VTR 按钮控制备份设备。

☞ SPLIT：本机左侧面板上的 REC 触发按钮控制备份设备记录的开始/停止。当要分开控制本机和备份设备上的记录定时时进行此设置。

☞ SERIES：当本机上的磁带在拍摄时剩余不足 3 分钟的长度时，自动开始在处于暂停状态的备份设备上记录。

➢ BACK SPACE[HDV]：当摄像机在 HDV 方式下通过 IEEE1394 连接至一个外接

图 5-42　其他菜单 2

硬盘或外接备份记录设备时,本功能可控制摄像走带、后退以及前进时间。

☞ P-1394：IEEE1394 记录（自动设置）优先（机器默认为 P-1394）。

☞ P-TAPE：摄像机 VCR 记录优先。

表 5-5　IEEE1394 插座触发命令表

BACK SPACE [HDV]	IEEE 1394 连接	1394 REC TRIGGER	内置 VCR 开始延迟	通过 IEEE1394 端子连接的外接记录设备或硬盘
P-1394	连接并且开启电源	OFF	约 3 秒钟	N/A
		SYNCRO		请参看说明 1
		SPLIT		请参看说明 2
		SERIES		N/A
	不连接或者关闭电源	OFF	约 1 秒钟	N/A
		SYNCRO		
		SPLIT		
		SERIES		
P-TAPE	连接并且开启电源	OFF	约 1 秒钟	请参看说明 3
		SYNCRO		
		SPLIT		
		SERIES		N/A
	不连接或者关闭电源	OFF	约 1 秒钟	N/A
		SYNCRO		
		SPLIT		
		SERIES		

　　说明 1：按下 REC 触发按钮 3 秒钟之后,REC 开始信号将被发送。实际记录开始时间根据设备的性能而异。

　　说明 2：按下 REC 触发按钮之后,REC 开始信号即被发送。实际记录开始时间根据设备的性能而异。

　　说明 3：在该方式下,IEEE1394 数据流在内置 VCR 后退编辑（当执行 REC 触发时）期间中断。这可能会导致外接记录设备上磁带的记录内容损坏。使用硬盘记录时,这可能会导致本机处于 REC PAUSE（记录暂停）状态或者导致文件分隔。

➤ DR‐HD100A. OFF(DR‐HD100A 硬盘关闭)：用来选择当本机关闭时是否关闭 DR‐HD100A 硬盘单元。

   ☞ OFF：不关闭电源(机器默认为 OFF)。

   ☞ ON：和本机一同关闭电源。

➤ MENU ALL RESET(菜单全部复位)：用来选择是否将菜单设置全部重置为初始设置(TC PRESET、UB PRESET 和 CLOCK ADJUST 设置不重置)。

   ☞ CANCEL(清除)：不重置设置(机器默认为 CANCEL)。

   ☞ EXECUTE(执行)：重置设置。

➤ PAGE BACK(返回)：返回 OTHERS1 菜单。

➤ DRUM HOUR(磁鼓时数)：显示磁鼓的使用时数。

➤ FAN HOUR(风扇时数)：显示风扇电机的使用时数。

 实验十二　　GY‐HD111 摄像机的菜单设置

实验目的：1. 了解 GY‐HD111 摄像机菜单的功能和使用环境。

        2. 熟悉 GY‐HD111 摄像机常用菜单的设置。

        3. 掌握 GY‐HD111 摄像机菜单的设置方法。

实验内容：全面讲解 GY‐HD111 摄像机菜单的功能、基本操作方法和使用环境。

        让学生熟悉 GY‐HD111 摄像机常用菜单的功能和使用环境；练习在 GY‐HD111 摄像机进行各种格式记录时的菜单设置。

主要仪器：GY‐HD111 3CCD 全自动小型摄像机　　　　　　5 台

        miniDV 录像带　　　　　　　　　　　　　　　5 盘

        DF‐248 方向电池　　　　　　　　　　　　　5 块

教学方式：集中讲解和多媒体展示相结合；教师示范和学生实践相结合。

预习要求：课程讲授的第五章 5.6《索尼 HVR‐V1C 高清摄录一体机的使用》相关内容。

实验类型：演示、验证实验。

实验学时：3 学时。

5.6 索尼 HVR－V1C 高清
摄录一体机的使用

HVR－V1C 是索尼公司继 HVR－Z1C 之后于 2006 年推出的一款高清摄录一体机,该机结构与 DSR－PD190 差不多,但它是高标清兼容的,接口、各开关按钮位置和功能差别很大。它的成像器件采用 1/3 英寸 3 CMOS 传感器,像素为 112 万。它的光学变焦可达到 20 倍（f＝3.9～78 mm）,数字变焦可达到 30 倍,可以拍摄高清 1080i 和标清 576i 两种格式。在标清模式下可拍摄4：3 和 16：9 两种画幅格式,记录格式可分为 DVCAM 和 DV 两种格式。HVR－V1C 的外形结构如图 5－43 所示。下面就该机的使用加以介绍。

图 5－43　索尼 HVR－V1C 高清摄录一体机

5.6.1　索尼 HVR－V1C 高清摄录一体机各开关、按钮的功能

5.6.1.1　左侧前面板各开关、按钮的功能

这部分开关按钮的位置与结构如图 5－44 所示,它和 DSR－PD150 及 190 有点类似,但左边部分不一样。

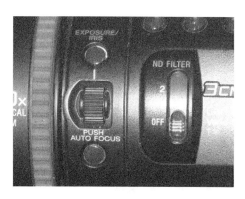

图 5－44　灰镜和曝光补偿

1. ND FILTER（灰色滤光镜开关）

该机右边的 ND FILTER（灰色滤光镜开关）和 DSR－PD150 及 190 的 ND FILTER（灰色滤光镜开关）是一样的,只是 2 号灰镜是 1/16,也就是只让 1/16 的光线进入摄像机,而 DSR－PD150 和 190 是 1/32。它们都适应于阳光灿烂的户外拍摄。灰镜的正确设置还是按照液晶屏和寻像器上的灰镜提示来进行。

2. EXPOSURE/IRIS(曝光补偿/光圈)按钮

此按钮是 HVR - V1C 新增的一个功能,它具体代表什么功能,可在菜单中的 EXPOSURE/IRIS 菜单项来设定,可设定的选项有【曝光 1】(机器默认设定)、【曝光 2】、【光圈】和【自动曝光补偿】共四项。

☞【曝光 1】:当机器菜单设定为【曝光 1】(机器默认设定),按此按钮打开【曝光 1】功能。适用于强光状态下拍摄,可用该按钮下面的拨轮来调整曝光。

☞【曝光 2】:当机器菜单设定为【曝光 2】,按此按钮打开【曝光 2】功能。适用于比较黑暗的状态下拍摄,可以减少高增益带来的画面噪波。

(注:以上两种模式只有当增益和电子快门处于手动时才有效。)

☞【光圈】:当机器菜单设定为【光圈】,按此按钮打开【手动光圈】功能。此时可用该按钮下面的拨轮来手动调整摄像机的光圈大小,从而控制所拍画面的景深或在白天拍出夜景的效果。此模式和 DSR - PD150 及 190 的 IRIS 按钮及拨轮的功能是一样的。

☞【自动曝光补偿】:当机器菜单设定为【自动曝光补偿】,按此按钮打开【自动曝光补偿】功能。可用来适当开大或关小自动曝光参考值,可用该按钮下面的拨轮来调整曝光参考值,它的调整范围是－7～＋7。此模式和 DSR - PD150 及 190 的 AE SHIFT 按钮的功能是一样的,只是调整范围有所不同,DSR - PD150 和 190 为－4～＋4。

3. PUSH AUTO FOCUS(压下自动聚焦)按钮

当用 FOCUS 按钮将摄像机的聚焦方式设为手动时,按下此按钮机器自动调整镜头的焦距,使图像变清晰,松开后又恢复到手动聚焦状态。该按钮和 DSR - PD150 及 190 手动聚焦下的 PUSH AUTO 功能一样。

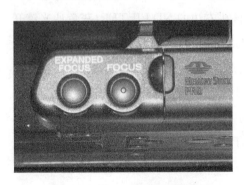

图 5 - 45　聚焦和聚焦扩展按钮

5.6.1.2　左侧下部面板各开关、按钮的功能

该机左侧下部按钮较少,只有两个按钮,其余为插槽,它的位置处在和 DSR - PD150 及 190 的 FADER、BACK LIHGT、SPOT LIGHT 同样的位置,如图 5 - 45 所示。

1. FOCUS(聚焦)按钮

该按钮用来调整摄像机镜头的聚焦方

式,按此按钮可打开自动聚焦方式,此时,按钮灯点亮。再按一下此按钮,打开手动聚焦方式,在手动聚焦模式下,液晶屏和寻像器上会出现" ",其功能和 DSR - PD150 及 190 一样,详细使用方法见第三章的相关内容。在进行手动聚焦时,无法再往远处聚焦时,手动聚焦标识 变为 ;无法再往近处聚焦时,手动聚焦标识 变为 。要恢复自动聚焦,再按一下此按钮,确认液晶屏和寻像器上的 标记消失。

2. EXPANDED FOCUS(扩展聚焦)

扩展聚焦功能是为了在手动聚焦时,使聚焦更准确。它的作用和第四章介绍的 JVC - DV500 的 ACCU FOCUS(精确聚焦)有点类似,但方法不一样。JVC - DV500 的 ACCU FOCUS(精确聚焦)执行时是开大一档光圈保持 10 秒钟,然后恢复正常状态,而此机是按一下该按钮,拍摄的画面放大 2 倍,且"EXPANDED FOCUS"字样出现在液晶屏和寻像器上,再按一下该按钮恢复正常。根据笔者使用经验,最好先将镜头推到底,再打开 EXPANDED FOCUS 按钮,然后旋转聚焦环进行聚焦。

5.6.1.3 液晶屏舱门内的开关、按钮的功能

该机和 DSR - PD150 及 190 一样,液晶屏舱门内有许多开关、按钮,但功能却大不相同,如图 5 - 46 所示。

1. VCR 录像机操作部分

上部是录像机操作按钮,和 DSR - PD150 及 190 手柄下面的触摸按钮一样,当电源开关打到 VCR 时,可对摄录一体机内的磁带进行操作,如倒带、快进、播放等,其用法和 DSR - PD150 及 190 完全一样,也可以录制其他信号源送来的节目,例如录制电视节目、复制磁带或复制 DVD 等,详情请参阅本书第三章的相关内容。

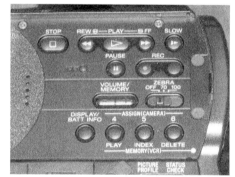

图 5 - 46 液晶屏舱门内的开关、按钮

2. VOLUME/MEMORY(音量/记忆棒)按钮

在摄录一体机处于 VCR 状态时,该按钮用来调整磁带回放时监听音量的大小;当处于 MEMORY 记忆棒照相状态时,该按钮用来观看记忆棒里已存储的照片。

3. ZEBRA(斑马条纹)开关

该开关和 DSR - PD150 及 190 的结构与功能一样,详情请参阅本书第三章的相关内容。

4. DISPLAY/BATT INFO(显示/电池信息)按钮

DISPLAY：当电源开关 POWER 打到 CAMERA 摄像机状态时，该按钮用来打开或关闭寻像器和液晶屏上的信息显示。按动该按钮显示方式按如下循环："详细显示→简单显示→无显示"。也可使信息显示叠加在视频输出信号上，详情见本机菜单设置一节。

BATT INFO：当电源开关 POWER 打到 OFF(CHG)摄像机关闭(充电)状态时，按此按钮则显示磁带剩余量和电池信息，显示时间为 7 秒。如果在显示过程中再按一下此按钮，最多可显示 20 秒。

5. ASSIGN(CAMERA)(分配)按钮

该机共有 6 个 ASSIGN 分配按钮，图 5－46 中是 4、5、6 号分配按钮，图 5－47 所示是 1、2、3 号分配按钮。分配按钮的功能就是，我们可以给这些按钮指定菜单中的一些常用功能，在使用时可以不用打开菜单，只要按这些按钮就可以直接调用这些功能。前提是必须在"其他设定"菜单中给其指定，否则这些按钮什么功能也没有。指定方法见本章下节的菜单设置。

图 5－47　ASSIGN 分配按钮 1、2、3

可以定义的功能有：最后场景查看、标记、超亮度增益、数字延伸、全扫描模式、FOCUS 无限(聚焦到无限远)、摄像预览、结束点搜索、索引标志、峰值、STEADYSHOT(平稳拍摄)、彩条、对焦特写、聚光灯、背光、淡变器、DISPLAY、图像文档、SHOT TRANS(镜头过渡)。

笔者建议：分配按钮 1 设置为彩条、按钮 2 设置为聚光灯、按钮 3 设置为背光、按钮 4 设置为结束点搜索、按钮 5 设置为摄像预览、按钮 6 设置为淡变器。RET 按钮设置为 SMTH SLW REC(平稳缓慢录制)。

5.6.1.4　左侧下部中间插口的功能

该机左侧下部中间有三个插槽，分别是记忆棒插槽、USB 接口和 MIDI 高清接口，如图 5－48 所示。

(1) 左边 Memory Stick Duo PRO 为记忆棒插槽。现如今记忆棒的形式很多，但不是所有的记忆棒都能使用在该机上，该机可使用的记忆棒如图 5－49 所示。这种记忆棒有两种形式,一种是整体式的,一种是带护套的,最好使用整体式的,护套式的护套容易夹在记忆棒插槽中无法取出,最好不要用。

图 5-48　左侧下部中间的插口

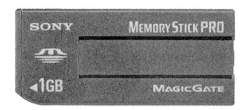

图 5-49　V1C 使用的记忆棒

(2) 中间插口为 USB 插孔,该插孔主要用来连接打印机,打印记忆棒中保存的图片,不能用作连接电脑进行视音频的上、下载。这一点一定要搞清楚。

(3) 右边 HDMI 为数字高清连接插孔,可以将摄像机和高清电视机连接起来,但不能连接电脑的高清视频采集卡。这个接口虽然是个高清数字接口,但只能用来连接高清电视机,不能连接其他数字设备,而且必须使用专用的 HDMI 高清数据传输电缆。要从该机输出 HDV 或 DV 数字信号到电脑或其他设备,只能从后面的 HDV/DV 接口输出。

5.6.1.5　左侧下部后面按钮的功能

左侧下部后面按钮的结构如图 5-50 所示。这部分由一个插孔和两个按钮组成。

1. 耳机插孔

左边插孔是耳机插孔。打开图左边的橡皮盖,可以接一个耳机,可用来监听现场录音和磁带回放的声音。

2. PICTURE PROFILE(图像文档)按钮

PICTURE PROFILE(图像文档)按钮,用来存储和打开图像文档。使用者可以将自己认为比较理想的摄像机调整模式存储下来,以供以后需要时直接调用。该机共有 6

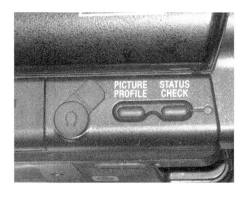

图 5-50　左侧下部后面按钮

个存储位置可供使用。

在没有进行自定义模式存储之前,该机的 6 个存储位置初始状态是:

PP1：PORTRAIT 录制人物的相应设定。

PP2：CINEMA 录制类似电影图像的相应设定。

PP3：SUNSET 录制日落的相应设定。

PP4：MONOTONE 录制单色调图像的相应设定。

PP5：……自定义设定。

PP6：……自定义设定。

具体操作方法为：在摄像机待机模式下,按 PICTURE PROFILE(图像文档)按钮,再转动拨轮选择文档编号,然后按一下拨轮确定。

要取消图像文档设置,在图像文档编号中选择【关】,然后按拨轮确定。

使用者可自行进行 PP1～PP6 中的设定,具体方法是:

① 按一下 PICTURE PROFILE 图像文档按钮进入图像文档状态。

② 转动拨轮选择 PICTURE PROFILE 图像文档编号,并按拨轮确定。

③ 再转动拨轮选择【设定】条目,并按拨轮确定。

④ 再转动拨轮选择要调整的项目,并按拨轮确定。

⑤ 再转动拨轮调整图像质量,并按拨轮确定。

可调整的项目有:

【色彩等级】调整范围－7(低)至＋7(高)；－8 为黑白。

【色彩相位】调整范围－7(略带绿色)至＋7(略带红色)。

【锐度】调整范围 0(更柔和)至 15(更清晰)。

【肤色细节】通过调整肤色部分的轮廓使面部的皱纹变得不明显,调整范围为:类型 1(识别肤色的颜色范围较窄)至类型 3(识别肤色的颜色范围较宽)。【关】为不进行调节。

【肤色等级】用来设定【肤色细节】中消除面部皱纹的等级。调整范围为:1(低消除)至 6(高消除)。

【WB 转换】调整范围－7(使图像略带蓝色)至＋7(使图像略带红色)。

3. STATUS CHECK(状态检查)按钮

STATUS CHECK(状态检查)按钮可用来检查摄录一体机的一些设定值,可检查的项目有：音频设定、输出信号设定、ASSIGN 按钮指定的功能、摄像机设定、图像文档设定。

在电源开关处于 CAMERA（摄像机）状态时，按下 STATUS CHECK 按钮并转动拨轮，状态显示顺序为：音频→输出→ASSIGN→摄像机→PICT. PROFILE（图像文档）。

在电源开关处于 VCR（录像机）状态时，按下 STATUS CHECK 按钮并转动拨轮，状态显示顺序为：音频→输出→ASSIGN。

5.6.1.6　后部左侧面板各开关、按钮的功能

该机的后部面板各开关、按钮的结构布局如图 5－51 所示。这部分的开关、按钮和 DSR－PD150 及 190 有点类似，但布局差别很大，这里少了 AUDIO LEVEL（音频电平调整）按钮、AE SHIFT（自动曝光）按钮，而将 MENU（菜单）按钮放在了这里。图中这些开关、按钮的功能和 DSR－PD150 及 190 完全一样，使用方法请参见本书第三章 DSR－PD150 及 190 的相关内容，这里不再重复。

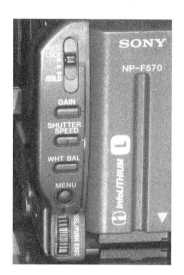

图 5－51　后部左侧面板

5.1.6.7　后部右侧面板各开关、插孔的功能

该机后部右侧面板为摄像机的输入、输出插孔，其结构布局如图 5－52 所示。

图 5－52　后部右侧面板各开关、插孔

这部分有 4 个插孔和一个开关。

（1）最上面的插孔为分量输出，用来连接一根专用电缆，一端是专用插头，分出三根电缆，电缆的另一端分别接有绿、红、蓝三种颜色的连环插头，代表 Y、R－Y 和 B－Y，可以接在电视机、录像机等设备的分量输入端，以进行分量传输。

（2）第二个插孔为视音频输出，也是用来连接一根专用电缆，一端是专用插头，分出三根电缆，电缆的另一端分别接有黄、红、白三种颜色的连环插头，黄的代表视频，红的和白的分别代表音频右声道和音频左声道，可以接在电视机、录像机等设备的 AV 输入端，以进行视、音频传输。

(3) 第三个插孔 ⬚ 为 i. LINK 数字高/标清视、音频输出,用来连接 1394 电缆进行数字信号的传输,这一端为 4 芯(小头),可连接 4 芯对 4 芯的 1394 电缆,也可连接 4 芯对 6 芯(大头)的 1394 电缆,不能连接 6 芯对 6 芯的 1394 电缆。这是本机的唯一一个数字接口。

(4) 最下面一个的 DC IN 为直流输入插座,用来连接交流适配器。当电源开关打到 OFF(CHG)位置时,接上交流适配器可给摄录一体机上安装的电池充电。和 DSR - PD150、190 一样,当直流输入插头插上时,电池供电就自动切断。如果交流供电未接好或有问题时,摄像机电源打不开。解决的办法有两种:① 检查电源插座是否有电。② 拔下 DC IN 插头,用电池供电检查摄像机是否良好。

5.6.1.8 电源开关和录像按钮

该机电源开关如图 5 - 53 所示。从结构上看,该机的电源开关与 DSR - PD150 和 190 有点类似,但仔细看还是有差别的。该机电源开关只有三个状态,没有 Memory(记忆棒)状态。

图 5 - 53　HVR - V1C 电源开关和录像按钮

摄录一体机都有摄像机状态和录像机状态的转换开关或按钮,该机转换开关就是这个电源开关。

1. CAMERA(摄像)状态

按住绿键将该开关向上拨,开关前面的白色标记就会指向 CAMERA(摄像)状态。在此状态下摄像机处于拍摄状态,录像机处于待机状态,只要按一下开关中间带有红点的圆按钮,机器就开始录像,再按一下此按钮,就可停止录像。

2. OFF(CHG)(关闭(充电))状态

在摄像状态下,将电源开关向下拨,开关就会返回到 OFF(CHG)(关闭(充电))状态。当电池安装在摄录一体机上时,将电源开关打在此位置,接上交流适配器,并接好电源,就可对摄录一体机上的电池充电。

3. VCR(录像机)状态

按住绿键将该开关向下拨,开关前面的白色标记就会指向 VCR(录像机)状态。在此状态可对摄录一体机中安装的磁带进行 ◀◀ REW(倒带)、▶ PLAY(播放)、▶▶ FF(快进)、Ⅱ PAUSE(暂停)和 ● REC(录像)等操作。详情请参见本书第三章的相关内容。

5.6.1.9 音频输入与调整控制部分

音频输入与调整控制部分各开关、旋钮的结构布局如图 5-54 所示。这部分开关旋钮和 DSR-PD150、190 有点类似，虽然都有 5 个开关，但有两个开关完全不一样，另外多了两个旋钮。

1. REC CH SELECT（记录声道选择）开关

左边第一个开关为 REC CH SELECT（记录声道选择）开关，和 DSR-PD150、190 一样，这个开关有两个位置。

➢ CH1·CH2：当只在 INPUT CH1 上接一个话筒时，为了记录成双声道，将该开关打到 CH1·CH2，但同时 CH2 就被断开。也就是说，此时，CH2 无法再接入音频信号。

➢ CH1：当要在 INPUT CH2 上再接一路音频时，必须将该开关打到 CH1 位置。

图 5-54　音频输入与调整控制

2. 音频选择开关

第二个和第四个开关为音频选择开关，用来选择音频电平的控制方式。DSR-PD150 和 190 没有这样的开关，它们的音频电平的控制方式在菜单里调整。这个开关和第四章介绍的 JVC GY-DV500 一样。

➢ AUTO 为自动方式，机器自动调整音频电平的大小。

➢ MAN 为手动方式，音频电平的大小通过下面的旋钮来进行调整。笔者建议用手动方式。

3. 音频电平调整旋钮

图中下面标有数字的两个旋钮为音频电平调整旋钮，用来调整记录音频电平的大小。DSR-PD150 和 190 没有这样的旋钮，它的音频电平调整是通过 AUDIO LEVEL 按钮和拨轮完成的，不如这样方便、直观。

 实验十三　HVR-V1C 高清摄录一体机的使用

实验目的：1. 了解 HVR-V1C 高清摄录一体机各开关、按钮的功能和使用环境。

2. 熟悉 HVR-V1C 高清摄录一体机的性能及主要开关、按钮的功能。

3. 掌握 HVR-V1C 高清摄录一体机的基本操作方法。

实验内容：全面讲解 HVR－V1C 高清摄录一体机的性能；各个开关、按钮的功能和基本操作方法和使用环境。

让学生熟悉 HVR－V1C 高清摄录一体机的性能；了解摄像机各开关、按钮的功能和使用环境；练习 HVR－V1C 高清摄录一体机的基本操作方法。

主要仪器：HVR－V1C 高清摄录一体机　　　　　　　　　5 台

miniDV 录像带　　　　　　　　　　　　　　　　　5 盘

DF－248 方向电池　　　　　　　　　　　　　　　5 块

教学方式：集中讲解和多媒体展示相结合；教师示范和学生实践相结合。

预习要求：课程讲授的第五章 5.7《索尼 HVR－V1C 高清摄录一体机的菜单调整》相关内容。

实验类型：演示、验证实验。

实验学时：3 学时。

5.7　索尼 HVR－V1C 高清摄录
一体机的菜单调整

索尼 HVR－V1C 高清摄录一体机的菜单形式与布局和 DSR－PD150、190 有所不同。当图 5－53 中的电源开关打到 CAMERA(摄像)状态时，按一下图 5－51 中的 MENU(菜单)按钮，即可打开摄像机菜单。

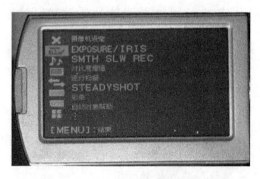

图 5－55　HVR－V1C 摄像机主菜单

摄像机主菜单如图 5－55 所示。

5.7.1　摄像机设置菜单

标识 为摄像机设置菜单，该菜单由三屏组成。第一屏如图 5－56 所示。

➢ EXPOSURE/IRIS(曝光/光圈)设置

该菜单内有三个选项：

☞拨盘功能指定。用来设置图 5－44 中 EXPOSURE/IRIS 按钮的功能。可以设置的状态为：【曝光 1】（默认）、【曝光 2】、【光圈】和【自动曝光转换】。

☞拨盘灵敏度设定。可以以【高】、【中】（默认）或【低】来设定图 5－44 中拨盘的灵敏度。

☞拨盘方向设定。有【正确方向】和【反向】两种状态（机器默认设置为【正确方向】）。

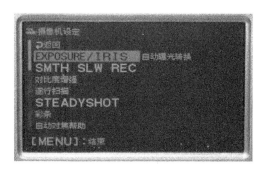

图 5－56 摄像机菜单设置 1

➢ SMTH SLW REC（平稳缓慢记录）

在正常记录模式下，拍摄快速移动的物体，物体会模糊，因此，摄像机上都有电子快门。但随着电子快门速度的提高，整个画面亮度会变暗。如果使用 SMTH SLW REC（平稳缓慢记录），可以将快速移动的物体记录得很清楚且画面亮度正常。这一模式特别适于拍摄高尔夫球和网球比赛的击球动作。例如，在 2011 年 6 月 4 日举行的法国网球公开赛冠军决赛中，我国运动员李娜和意大利运动员斯齐亚沃尼的比赛，直播节目中有几个镜头都是用这种平稳缓慢录制模式拍摄的。画面处理成很慢的慢动作，但画面很清晰、很漂亮，看起来很舒服、很美。

具体操作方法是：

① 设定【拍摄时间】：共有三个设置可供选择：【3 秒】（默认设置）、【6 秒】和【12 秒】。

② 设定【拍摄定时】：共有两个设置可供选择：【起始触发器】和【终点触发器】。

③ 开始录制：

选择【执行】，屏幕上会出现【SMTH SLW REC】字符，然后按 REC START/STOP 按钮，将录制比【拍摄时间】设定长 4 倍的慢动作画面。

要取消【SMTH SLW REC】，再按一下 MENU 按钮，将【SMTH SLW REC】设定为【关】。

📝注意：

◀在 SMTH SLW REC 状态下，无法记录声音。

◀如果摄像机电源关闭或重新打开，【SMTH SLW REC】设定将自动取消。

◀即便是摄像机的电子快门设置低于 1/215，快门速度也会自动设置为 1/215。

◀ 根据录制条件的不同,录制时间可能比设定时间短。

◀ 图像质量比正常录制要低。

➢ 对比度增强

当拍摄逆光画面时,打开【对比度增强】,自动减小图像阴影部分的曝光,适合拍摄剪影效果。

🖑 注意:如果【逆光】设置为【开】时,摄像机将暂时关闭【对比度增强】。

➢ 逐行扫描

可以拍摄垂直分辨率为 1 080 线的逐行扫描画面。

☞ 关。关闭逐行扫描。

☞ 25(25PSCRN)。选择此项可实现每秒 25 帧的录制,与录制电影相同。

🖑 注意:录制的画面将转换为 50i 格式并存储。

➢ STEADYSHOT(平稳拍摄)

☞ 开/关。可弥补摄像机的晃动(默认设置为【开】),当使用三角架时可将【开/关】设置为【关】,拍摄的画面将变得自然逼真。

☞ 类型。用来选择 STEADYSHOT(平稳拍摄)的校正强度。

🖎 强。选择此项以获得更强的防抖效果。当拍摄全景或倾斜拍摄时,建议不要使用此模式。

🖎 标准。选择此项可获得标准的 STEADYSHOT(平稳拍摄)。

🖎 弱。选择此项可获得较弱一点的 STEADYSHOT(平稳拍摄),以便在图像上留下略微不稳定感,使图像看起来自然逼真。

🖎 广角转换镜头。安装广角转换镜头时,选择此项。使用索尼 VCL - HG0862K 广角转换镜头时,这个模式更有效。

➢ 彩条

☞ 开/关。要让摄像机输出彩条,将此条目设置为【开】(默认设置为【关】)。彩条主要用来调整监视器和在磁带开头录制彩条信号以保护磁带。

☞ 类型。可用来选择彩条信号的类型。共有三个选项:【类型 1】、【类型 2】和【类型 3】。彩条类型的形式如图 5 - 57 所示。

☞ 色调。当彩条设置处于【开】的状态,并将【色调】设置为【开】时,摄像机除输出彩条外,还伴有 1 KHz 的测试音(机器的默认设置为【关】)。

➢ 自动对焦帮助

当【自动对焦帮助】设定为【开】时,可在自动聚焦过程中转动聚焦环进行手动聚焦(机器默认设置为【关】)。

> 对焦特写

摄像机菜单2如图5-58所示。对焦特写在该机上类似于其他机器的微距拍摄。当【对焦特写】设置为【开】时,可对距离摄像机80 cm范围以内的对象进行聚焦,当【对焦特写】设置为【关】(🌷OFF)时,不能对距离摄像机80 cm范围以内的对象进行聚焦(机器默认设置为【开】)。

> 自动曝光转换

该机的【自动曝光转换】菜单就是DSR-PD150和190的AE SHIFT按钮。所不同的是调整范围不一样,DSR-PD150和190的AE SHIFT按钮调整范围是-4~+4,而该菜单的调整范围是-7~+7。如果将【自动曝光转换】设置为非默认值,液晶屏和寻像器上就会显示AS和设定值。

🖐 注意:◀如果光圈、增益、电子快门速度均为手动调节时,则无法进行【自动曝光转换】设置。

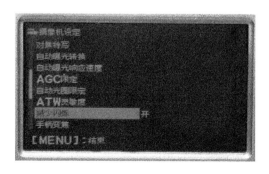

图5-58　摄像机菜单设置2

类型1

类型2

类型3

图5-57　彩条的三种类型

◀当【超亮度增益】打开时此功能无效。

> 自动曝光响应速度

用来选择摄像机光圈对光线变化的反应速度,有【快】、【中】和【慢】三个选择(摄像机默认设置为【快】)。

> AGC限定

可用来选择自动增益控制(AGC)的

上限,共有【关】、【18 dB】、【12 dB】、【6 dB】和【0 dB】五个选项可供选择(机器默认设定【18 dB】)。

笔者建议在夜晚拍摄时,为了降低画面噪波,可用该菜单选择【6 dB】将增益限制在 6 dB 以内。

⟡ 注意:如果手动调节增益,则无法获得【AGC 限定】效果。

➢ 自动光圈限定

可用来限制摄像机自动光圈的最小值,共有【F11】(机器默认设定)、【F5.6】和【F4】三个选项可供选择(机器默认设定【F11】)。在要得到小景深画面效果时,可用该功能。

⟡ 注意:当光圈方式为手动时,则无法获得【自动光圈限定】。

➢ ATW 灵敏度

为适应不同的拍摄环境而设,可在略带红色的光源(如白炽灯泡或蜡烛)或略带蓝色的光源(如室外阴影)下设定自动白平衡操作。

☞ 智能。根据场景亮度自动进行白平衡调节以获得自然逼真的画面效果(机器默认设置为【智能】)。

☞ 高。将减少红色或蓝色。

☞ 中。不进行校正。

☞ 低。将增加红色或蓝色。

⟡ 注意:◀ 只有摄像机处于自动白平衡状态下,此功能才有效。

　　　　◀【ATW 灵敏度】在晴朗的天空或太阳下无效。

➢ 减少闪烁

☞ 开。当该菜单设置为【开】时,可减少光源(如日光灯)的闪烁,保证画面录制正常(机器默认设置为【开】)。

☞ 关。不使用【减少闪烁】功能。

⟡ 注意:减少闪烁功能能否起作用与光源有关,对有些光源可能没有效果。

➢ 手柄变焦

该菜单可更改摄像机手柄上变焦开关的变焦速度。

☞ H。可为摄像机手柄变焦开关 H 位置选择 1(慢)~8(快)的变焦速度(机器默认设置为 6)。

☞ L。可为摄像机手柄变焦开关 L 位置选择 1(慢)~8(快)的变焦速度(机器默认设置为 3)。

➢ SHOT TRANS(镜头过渡)

摄像机菜单 3 如图 5-59 所示。

SHOT TRANS(镜头过渡)可以用来设置【转换时间】、【转换曲线】、【启动定时器】和【录制链接】。

使用镜头过渡可以记录对焦、变焦、光圈、增益、快门速度和白平衡设定,然后

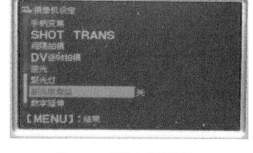

图 5-59　摄像机菜单设置 3

将当前录制设定更改为记录的设定,从而获得平滑的场景过渡(镜头过渡)。

例如,可以进行移焦点拍摄,将焦点从近处物体移到远处物体,或者通过调节光圈来改变景深。此外,还可以在不同录制条件下平滑地转换场景。如果记录了白平衡手动调节功能,将在室内对象和室外对象之间平滑地转换场景。

☞ 转换时间。可用来设定镜头过渡的时间,设定范围为【3.5 秒】~【15.0 秒】(机器默认为【4.0 秒】)。

☞ 转换曲线。可用来设定镜头过渡的曲线,镜头过渡曲线有三种:【线性】、【软停止】和【软转换】,其变化示意图如图 5-60 所示。

通过示意图可以看出,如果选择【线性】转换曲线,转换速度始终一致,呈线性状态;如果选择【软停止】,则转换速度开始正常,结束时变慢;如果选择【软转换】,则转换速度在开始和结束时变慢,中间正常。

☞ 注意:在存储、检查或执行【SHOT TRANS】过程中不能改变【转换时间】和【转

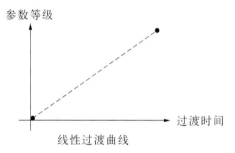

线性过渡曲线

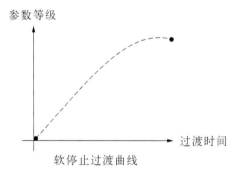

软停止过渡曲线

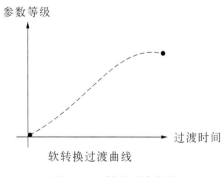

软转换过渡曲线

图 5-60　镜头过渡曲线

181

换曲线】设定。另外,如果之前执行过【SHOT TRANS】,可通过按几下 ASSIGN 1 按钮来取消【SHOT TRANS】设定。

☞ 启动定时器。可为开始镜头过渡设定定时器,有三个时间可供选择:【5 秒】、【10 秒】和【20 秒】(机器默认设置为【关】)。

☞ 录制链接。用来设定录制开始时是否链接到相关场景。

✍ 关。选择此项表明在开始录制时不启动过渡。

✍ SHOT - A。选择此项表明在开始录制时启动过渡并过渡至 SHOT - A。

✍ SHOT - B。选择此项表明在开始录制时启动过渡并过渡至 SHOT - B。

➢ 间隔拍摄

该机的间隔拍摄和 DSR - PD150、190 的 INT. REC(间歇记录)完全一样,详细操作请参阅本书第三章相关内容。

➢ DV 逐帧拍摄

该机的 DV 逐帧拍摄和 DSR - PD150、190 的 FRAME REC 完全一样,详细操作请参阅本书第三章相关内容。

➢ 逆光

该菜单和 DSR - PD150、190 的 BACK LIHGT 功能相同。

➢ 聚光灯

该菜单和 DSR - PD150、190 的 SPOT LIHGT 功能相同。

➢ 超亮度增益

将【超亮度增益】设置为【开】(HYPER)时,可以将增益加到大约 36 dB(机器默认设置为【关】)。

☟ 注意:◀ 在【超亮度增益】打开时,【逆光】和【聚光灯】不能使用。

◀【超亮度增益】打开时,图像质量会因噪波加大而降低。

◀ 关闭并重新打开电源时,则自动关闭【超亮度增益】。

➢ 数字延伸

将【数字延伸】设置为【开】时,将显示约 1.5 倍大小的图像。图像质量由于数字处理而下降。可以放大远处的景物(如野鸟、动物等)(机器默认设置为【关】)。

➢ 淡变器

该设置用于在录像开始或结束时添加淡入或淡出效果。在【待机】状态下打开淡变器为淡入;在【● 录像】状态下打开淡变器为淡出。又分为白色渐变和黑色渐变两种。

☞ 白色渐变。开始录像时先是纯白画面再慢慢变正常,或结束录像时由正常画面慢慢变成纯白。

☞ 黑色渐变。开始录像时先是纯黑画面再慢慢变正常,或结束录像时由正常画面慢慢变成纯黑。

5.7.2 音频设置菜单

标识 ♪ 为音频设置菜单,其结构如图 5-61 所示。音频菜单主要用于音频录制的设定。

图 5-61　音频设置菜单

➢ DV 声音模式

☞ FS32K(32 K)。以 12 比特模式记录音频(双重立体声)

☞ FS48K(48 K)。以 16 比特模式记录音频(高质量单立体声)。

🖰 注意:如果视频以 HDV 格式录制时,音频采样频率自动设置为【FS48K】模式。

➢ 减少麦克风噪音

可以减少通过麦克风收入的噪音(机器默认设置为【开】)。

➢ XLR 设定

☞ 声音手动增益。使用外接麦克风时,可用来选择声道 1 和声道 2 的音量是结合还是分离。

🖰 分离。选择此项将两个麦克风拾取的声音分别记录在各自的声道上(将声道 1 和声道 2 用作不同的声源,在后期编辑时可分别使用)。

🖰 结合。选择此项将声道 1 和声道 2 进行混合录制(作为一个整体,就像立体声),两路声音成分一样,不能独立使用。

🖰 注意:◀此功能只有当 CH1 和 CH2 的 AUTO/MAN 开关都设置为 MAN 时才有效。

◀当设置为【结合】时,可以使用 CH1 的 AUDIO LEVEL 旋钮来调节音量。

☞ INPUT1 等级。可用来设置 INPUT1 插口输入信号的阻抗高低(即输入信号的性质)。

    ✍ 麦克风。当在 INPUT1 插座接麦克风(低阻抗)时,选择此项,状态检查屏幕上会出现 MIC (机器默认设置为【麦克风】)。

    ✍ 线路。当在 INPUT1 插座连接其他设备(如 CD 机、调音台等)时,选择此项,状态检查屏幕上会出现 LINE。

    ☞ INPUT1 调整。当 INPUT1 连接麦克风时,可用此项调整麦克风输入电平的等级。有【0 dB】、【−8 dB】和【−16 dB】三个选项(机器默认设置为【0 dB】)。

    ☞ INPUT1 降低风声。该功能只有当 INPUT1 连接麦克风时才有效。有【开】和【关】两个状态。当风声太大时设置为【开】(机器默认设置为【关】)。

    ☞ INPUT2 等级。INPUT2 等级菜单和 INPUT1 等级菜单结构一样,请参见 INPUT1 等级菜单。

    ➢ 声音 CH(声道)选择

该菜单条目共有三个选项:【CH1,CH2】、【CH1】和【CH2】。

    ☞ CH1,CH2。选择该条目时,从相应的声道记录相应声音,即 CH1 声道记录 CH1 输入的声音信号,CH2 声道记录 CH2 输入的声音信号。

    ☞ CH1。选择该条目时,两个声道均记录 CH1 声道输入的声音信号。

    ☞ CH2。选择该条目时,两个声道均记录 CH2 声道输入的声音信号。

    ➢ DV 混音

该菜单用来选择录像回放时能够听到和输出的声音路数,有【CH1,CH2】、【混合】和【CH3,CH4】三个选项。

    ☞ CH1,CH2。选择该条目,回放时只能听到和输出原来录制在 CH1 和 CH2 声道的声音(现场同期声)(机器默认设置为【CH1,CH2】)。

    ☞ 混合。选择该条目,回放时可听到和输出原来录制在 CH1 和 CH2 声道的声音以及后期配音添加在 CH3 和 CH4 声道的声音。

    ☞ CH3,CH4。选择该条目,回放时只能听到和输出后期配音添加录制在 CH3 和 CH4 声道的声音,听不到现场同期声。

5.7.3 显示设定菜单

标识 ▢ 为显示设定菜单,其结构如图 5 - 62、64、65 所示。

    ➢ 峰值。

☞ 开/关。设定为【开】时，将增强液晶屏和寻像器上图像的轮廓，从而提高聚焦的锐度（机器默认设置为【关】）。

☞ 颜色。此项为轮廓的颜色设置，有【白色】、【红色】和【黄色】三个选项（机器默认设置为【白色】）。

☞ 等级。此项为轮廓的等级设置，有【高】、【中】和【低】三个选项（机器默认设置为【中】）。

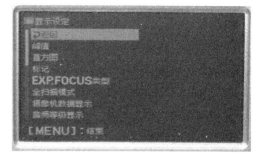

图 5 - 62　显示设定菜单 1

📎 注意：这些设置不会改变摄像机的输出和记录在录像带上的信号，只改变液晶屏和寻像器上的观看效果。

➢ 直方图

直方图可用来显示图像的色调分布情况，有两种状态【开】和【关】（机器默认设置为【关】）。

➢ 标记

将标记状态设置为【开】时，可显示【中央】、【式样】、【安全框】和【引导框】标记（标记不会被记录）。

☞ 开/关。用来设置标记的开与关（机器默认设置为【关】）。

☞ 中央。将【中央】设置为【开】时，液晶屏和寻像器中央出现"＋"字标记，如图 5 - 63 所示（机器默认设置为【开】）。

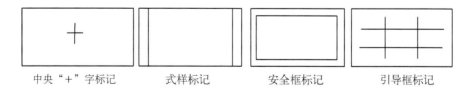

中央"＋"字标记　　　　式样标记　　　　安全框标记　　　　引导框标记

图 5 - 63　标记样式示意图

☞ 式样。可以选择拍摄的图像画幅格式，有【4∶3】、【13∶9】、【14∶9】和【16∶9】四种样式。拍摄标清选【4∶3】，拍摄高清自动设置【16∶9】，如图 5 - 63 所示（机器默认设置为【关】）。

☞ 安全框。寻像器和液晶屏观察的画面范围比监视器和电视机要大一些，为了确保监视器和电视机观察到完整的画面,可给摄像机的寻像器和液晶屏设置安全框。当选择【80%】或【90%】时,将给寻像器和液晶屏显示白框标记,指示可在普通电视机屏幕上显示的区域,如图 5-63 所示(机器默认设置为【关】)。

☞ 引导框。为黄金分割的"井"字线标志,当设置为开时,寻像器和液晶屏上会出现如图 5-63 中第四幅图所示的四条线。它有助于构图和判断画面的水平。

𝄞 注意:◀显示标记只在寻像器和液晶屏上出现,不会从模拟插孔中输出屏幕
指示。

◀当【全扫描模式】处于【开】的状态时,可以只显示【14:9】、【15:9】和
【90%】。

◀当【日期记录】处于【开】的状态时,不能显示标记。

➢ EXP. FOCUS 类型

可以设定扩展对焦显示的类型。

☞ 类型 1。只放大图像。

☞ 类型 2。以黑白色显示放大的图像。

➢ 全扫描模式

当【全扫描模式】设置为【开】时,可以检查图像周围的区域,而在电视屏幕上无法检查该区域(机器默认设置为【关】)。在简单的全扫描显示过程中,屏幕周围显示一个黑色框。

➢ 摄像机数据显示

当【摄像机数据显示】设置为【开】时,摄像机的光圈、电子快门和增益设定值会始终显示在寻像器和液晶屏上(机器默认设置为【关】)。

𝄞 注意:◀当摄像机设置为手动状态时,无论【摄像机数据显示】如何设定,这些数值都会显示。

➢ 音频等级显示(音频显示)

在寻像器和液晶屏的右下角会显示音频电平表(机器默认设置为【开】)。

图 5-64 所示为显示设定菜单 2。

➢ 变焦显示

变焦显示有两个选项:【条形图】和【数据】。

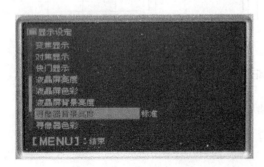

图 5-64   显示设定菜单 2

☞ 条形图。当选择【条形图】时,在屏幕的左上角,以条形图的方式显示摄像机变焦的位置(机器默认设置为【条形图】)。

☞ 数据。当选择【数据】时,在屏幕的左上角,以"Z0~Z99"的方式显示摄像机变焦的位置。

➢ 对焦显示

在手动聚焦模式下,在屏幕的左下角,可以显示对焦的距离,对焦显示共有两个选项:【米】和【英尺】。

☞ 米。以"米"为单位显示手动聚焦的距离(机器默认设置为【米】)。

☞ 英尺。以"英尺"为单位显示手动聚焦的距离。

➢ 快门显示

在摄像机处于手动模式时,在屏幕下方中间位置,可以显示电子快门速度,此选项可用来选择电子快门速度的显示方式。有【秒】和【度】两个选项。

☞ 秒。以"秒"为单位显示电子快门速度(机器默认设置为【秒】)。

☞ 度。以"度"为单位显示电子快门速度。这时与从图像传感器读取数据周期相等的速度显示为360°。

将【逐行扫描】设定为【关】时,1/50 与 360°相等。

将【逐行扫描】设定为【25】时,1/25 与 360°相等。

电子快门速度越快,度数越小。如:1/1 000 秒为 18°。

☺ 注意:如果将【数据代码】设定为【摄像机数据】时,快门速度始终以"秒"显示。

➢ 液晶屏亮度

可以转动 SEL/PUSH EXEC 拨轮来调整液晶屏的亮度,但不会改变录制图像的亮度。

➢ 液晶屏色彩

可以转动 SEL/PUSH EXEC 拨轮来调整液晶屏的色彩,但不会改变录制图像的色彩。

➢ 液晶屏背景亮度

可调节液晶屏背光的亮度,有两个选项:【正确方向】和【变亮】。

☞ 正确方向。标准亮度(机器默认设置为【正确方向】)。

☞ 变亮。液晶屏变亮。

☺ 注意:如果摄像机使用交流适配器供电,【液晶屏背景亮度】自动设置为【变亮】。选择【变亮】会稍费电一些。

➢ 寻像器背景亮度

可调节寻像器背光的亮度,有两个选项:【正确方向】和【变亮】。

☞ 正确方向。标准亮度(机器默认设置为【正确方向】)。

☞ 变亮。寻像器变亮。

✍ 注意:如果摄像机使用交流适配器供电,【寻像器背景亮度】自动设置为【变亮】。选择【变亮】会稍费电一些。

➢ 寻像器色彩

用来改变寻像器的显示方式,有两个选项:【开】和【关】。

☞ 开。寻像器以彩色方式显示取景器的图像(机器默认设置为【开】)。

☞ 关。寻像器以黑白方式显示取景器的图像。

图5-65所示为显示设定菜单3。

图5-65 显示设定菜单3

➢ 寻像器电源模式

该菜单和DSR-PD190一样,不再重复。

➢ 数据代码

在播放过程中,可以显示录制时自动记录的信息(数据代码)。

☞ 关。不显示数据代码(机器默认设置为【关】)。

☞ 日期。显示日期和时间。

图5-65中后面的几项菜单和DSR-PD190一样,不再重复。

5.7.4 输入/输出设置菜单

标识 ⇨ 为输入/输出录制菜单。

输入/输出录制菜单如图5-66所示。

➢ 拍摄格式

用来选择高清摄录一体机的录制格式,共有两个选项:【HDV1080i(HDV1080i)】和【DV(DVCAM DV SP)】。

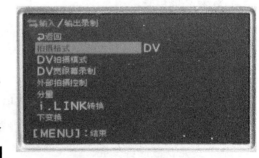

图5-66 输入/输出菜单

☞ HDV1080i(HDV1080i)。以 HDV1080i 格式录制(机器默认设置为【HDV1080i(HDV1080i)】)。

☞ DV(DVCAM DV SP)

以 DVCAM 格式录制。这是该机改变记录格式的地方,与其他小高清不同,其他小高清的格式设置在摄像机设置菜单中。

➢ VCR HDV/DV

可用来选择播放信号,共有三个选项:【自动设定】、【HDV(HDV1080i)】和【DV(DV)】,通常选择【自动设定】

☞ 自动设定。播放录像带时,机器自动在 HDV 和 DVCAM 格式之间切换信号(机器默认设置为【开】)。

☞ HDV(HDV1080i)。只播放以 HDV 格式录制的部分。

☞ DV(DV)。只播放以 DVCAM 格式录制的部分。

✌ 注意:以上设置对使用 i. LINK 端口输出也是如此。

➢ DV 拍摄模式(DV 录制模式)

此功能只有将【拍摄格式】设定为【DV】时才有效。

☞ DVCAM(DVCAM)。在录像带上以 DVCAM 格式录制(机器默认设置为【DVCAM】)。

☞ DV SP(DV SP)。在录像带上以 DV SP 格式录制。它比 DVCAM 格式质量要差一些,但一盘磁带的可记录时间要长一些。

➢ DV 宽银幕录制

可以根据电视机的类型来选择拍摄图像的宽高比。

☞ 开。按 16∶9(宽银幕)格式拍摄(机器默认设置为【开】)。

☞ 关。按 4∶3 格式拍摄。

➢ 外部拍摄控制

用来选择是否在 i. LINK 端口连接的设备(硬盘记录单元、硬盘摄像机和数字高清摄像机)同时进行记录操作,或者从摄像机转换到所连接的设备上继续录制。

☞ 外部拍摄控制。该条目共有三个选项:【关】、【同步】和【替换】。

✍ 关。选择此项表示不在所连接的设备上同时进行记录操作(机器默认设置为【关】)。

✍ 同步。选择此项表示在所连接的设备上同时进行画面、声音和时间码记录操作。

    ✍ 替换。选择此项表示在录制过程中当摄像机的录像带快用完时,自动转换到在所连接的设备上进行画面、声音和时间码记录操作。

    ☞ 待机命令。该条目有两个选项:【REC PAUSE】和【STOP】。

    ✍ REC PAUSE(录制暂停)。选择此条目表示可以用摄像机录像与停止按钮控制所连接的记录设备,并当摄像机停止录像时,所连接的记录设备变为 REC PAUSE(录像暂停)。

    ✍ STOP(停止)。选择此条目表示可以用摄像机录像与停止按钮控制所连接的记录设备,并当摄像机停止录像时,所连接的记录设备变为 STOP(录像停止)。

    ➢ 分量

如果使用分量输入插孔将摄像机与电视机相连时,在此选择连接类型。该条目共有两个选项:【576i】和【1080i/576i】。

    ☞ 576i。当与 4∶3 标清电视机连接时选择此项。

    ☞ 1080i/576i。当与 16∶9 高清电视机连接时选择此项(机器默认设置为【1080i/576i】)。

    ➢ i.LINK 转换

用来选择 HDV/DV 输出端口输出信号的性质,即:是输出高清信号,还是标清信号。

    ☞ 开/关。将【i.LINK 转换】设置为【开】时,HDV 格式的信号将转换为 DV 格式的信号并从 HDV/DV 接口输出;对于 DV 格式的信号不经任何转换直接输出。在设置为【关】时,HDV/DV 接口输出高清信号(机器默认设置为【关】)。

    ☞ 下变换。当【i.LINK 转换】设置为【开】时,用此菜单设置 HDV 格式变化为 DV 格式时输出信号画幅的变化形式。

    ✍ 挤压。选择此项,则在保持原画幅高度不变的前提下,输出 16∶9 画面被水平压缩的图像,使其变为 4∶3 画幅格式。此时画面内容会变窄,出现水平失真现象(机器默认设置为【挤压】)。

    ✍ 边缘裁剪。选择此项,则在保持原画幅高度不变的前提下,裁掉 16∶9 画面左右边缘部分,使其变为 4∶3 画幅格式。

    ➢ 下变换

此菜单可用来设置 HDV 格式的信号输出为模拟信号的类型。如

COMPONENT(576i)(分量)、S－VIDEO(亮/色分离)和 AUDIO/VIDEO(复合)。

☞ 挤压。选择此项,则在保持原画幅高度不变的前提下,输出 16：9 画面被水平压缩的图像,使其变为 4：3 画幅格式。此时画面内容会变窄,出现水平失真现象(机器默认设置为【挤压】)。

☞ 信箱形式。选择此项,则在保持原画幅宽度不变的前提下,输出原画幅顶部和底部带黑带的图像。

✎ 边缘裁剪。选择此项,则在保持原画幅高度不变的前提下,裁掉 16：9 画面左右边缘部分,使其变为 4：3 画幅格式。

5.7.5 时间码设置菜单

标识 `00：00` 为 TC/UB 设定菜单。

时间码设置菜单的结构如图 5－67 所示。

这部分菜单和 DSR－PD190 基本相同,这里不再重复。只是多了一个 TC LINK 菜单。

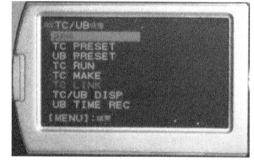

图 5－67 TC/UB 时间码设置菜单

➢ TC LINK(时间码同步)

该菜单是用来同步多个 HVR－V1C 摄像机的时间码的,对于编辑由多台摄像机录制的素材此功能很有用。其操作方法如下:

① 决定由哪台摄像机生成时间代码(这台摄像机为主摄像机),哪台摄像机将接受主摄像机的时间码(这台摄像机为副摄像机),并确保主摄像机中安装有磁带。

② 将主摄像机和副摄像机的电源开关 POWER 都打到 CAMERA 位置。

③ 使用 i. LINK 电缆将主摄像机和副摄像机连接起来。

④ 将主摄像机和副摄像机的菜单进行如下设置:

● 将【TC RUN】设定为【FREE RUN】。

● 将【TC MAKE】设定为【预置】。

将副摄像机进行如下设定:

⑤ 使用拨轮来选择【TC/UB】设定为【TC LINK】。

⑥ 屏幕上会显示信息"是否将 TC 与连接的设备同步?"。选择【是】,副摄像机的

时间码就与主摄像机时间码同步。同步完成后,拔下 i. LINK 电缆。这样就可录制同步的时间码素材。

➤ TC/UB DISP(时间码/用户比特显示)

此菜单用来选择在屏幕上显示时间码还是用户比特。

☞ TC。选择此项屏幕上显示时间码(00: 00: 00: 00)(机器默认设置为【TC】)。

☞ U - BIT。选择此项屏幕上显示用户比特(00 00 00 00)。

➤ UB TIME REC(用户比特时间记录)

☞ 关。不想将用户比特设定为实时时钟时,请选择此项(机器默认设置为【关】)。

☞ 开。选择此项将用户比特设定为实时时钟。

5.7.6 存储器设定菜单

标识  为存储器设定菜单,其菜单结构如图 5 - 68 所示。存储器又名记忆棒。

图 5 - 68 存储器设定菜单

➤ 图像质量

图像质量菜单用来决定记忆棒中存储每幅照片的大小,此菜单共有两个选项:【精细】和【标准】。

☞ 精细(FINE)。以精细图像质量等级存储照片(机器默认设置为【精细】)。

☞ 标准(STD)。以标准图像质量等级存储照片。

➤ 格式化

一般 Memory Stick Duo(记忆棒)不需要格式化,因为出厂时已经格式化过了。如果要格式化 Memory Stick Duo(记忆棒),请选择【是】→【是】。

➤ 文件编号

☞ 序列号。即使更换为另外的 Memory Stick Duo(记忆棒),机器也将按顺序指定文件编号。但当创建新文件夹或将录制文件夹更换为其他文件夹时,文件编号将复位(机器默认设置为【序列号】)。

☞ 复位。每次更换 Memory Stick Duo(记忆棒)时,文件编号将复位至 0001。

➢ 新文件夹

选择【是】时，可以在 Memory Stick Duo（记忆棒）上创建新的文件夹；当文件夹已满时（最多可存储 9 999 幅照片），将自动创建一个新文件夹。

🕭 注意：无法使用摄像机来删除创建的文件夹。必须格式化记忆棒或使用计算机来删除文件夹。

➢ 拍摄用文件夹

通过转动拨轮来选择用于存储的文件夹，然后按一下拨轮确认。

5.7.7 其他菜单

标识 ▦ 为其他菜单，它是主菜单的最后一项，其结构如图 5－69、5－70 所示。

➢ CAMERA PROF（摄像机文件）

可以在摄像机 Memory Stick Duo（记忆棒）中存储 20 份摄像机设置文档，在摄像机上可以保存两份文档。在以后摄像机的使用中，通过这些保存的文档，可以很快将摄像机调整到曾经使用过的状态。如果使用多台这一型号的摄像机，可以用 Memory Stick Duo（记忆棒）内保存的同一设定统调所有摄像机。

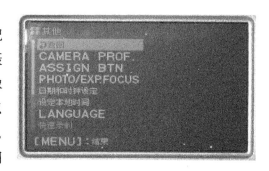

图 5－69　其他菜单 1

🕭 提示：可以在摄像机文档中保存的项目有菜单、图像文档和按钮的设定值。可以将这些设定值全部保存在摄像机文档中。

☞ 保存摄像机文档设定。

① 使用拨轮选择【保存】。

② 用拨轮选择【MEMORY STICK】或【摄像机】以便将设定保存在 Memory Stick Duo（记忆棒）或摄像机上。

③ 转动拨轮以选择【新的文件】或现有的文档名称。

④ 转动拨轮在检查屏幕中选择【是】，这样摄像机文档保存完成。

🕭 提示：◀ 如果选择【MEMORY STICK】中的【新的文件】，则文档名称为【MS01】（第一次保存摄像机文档时）。

▸ 如果选择【摄像机】中的【新的文件】，则文档名称为【CAM1】或【CAM2】。

◀ 如果选择现有摄像机文档作为新文档,则会覆盖该摄像机的原文档。

☞ 更改文档名称。

可以在此更改摄像机文档的名称。

① 使用拨轮选择【文档名称】。

② 使用拨轮选择要更改名称的摄像机文档,将显示【文档名称】屏幕。

③ 转动拨盘以更改文件名称。

④ 转动拨盘选择【确定】,文件名更改完成。

☞ 载入摄像机文档设定。

可以载入摄像机文档设定,并在摄像机中使用这些设定。

① 使用拨轮选择【载入】。

② 使用拨轮选择想从其中载入设定的摄像机文档。

③ 在检查屏幕中选择【是】,摄像机将重新启动,并且选定的摄像机文档生效。

☞ 删除摄像机文档设定。

① 使用拨轮选择【删除】。

② 使用拨轮选择要删除的摄像机文档。

③ 在检查屏幕中选择【是】。

➢ ASSIGN BTN(分配按钮指定)

此菜单为分配按钮 1、2、3、4、5、6 和 7 指定功能。详情请参阅前面 ASSIGN 按钮一节。

➢ PHOTO/EXP. FOCUS

此菜单用来为 PHOTO/EXPANDED FOCUS 按钮指定功能,用来决定当按下摄像机的 PHOTO/EXPANDED FOCUS 按钮时是【照片】还是【扩大对焦】。

☞ 照片。按下 PHOTO/EXPANDED FOCUS 按钮时,摄像机进行拍照(机器默认设置为【照片】)。

☞ 扩大对焦。按下 PHOTO/EXPANDED FOCUS 按钮时,摄像机实现扩大对焦功能。

🖑 注意:如果选定【扩大对焦】功能,则无法使用摄像机上的 PHOTO/EXPANDED FOCUS 按钮来进行拍照,但可使用遥控器上的 PHOTO 按钮进行拍照。

➢ 日期和时钟设定

➢ 设定本地时间

这两个菜单和作用与 DSR－PD190 一样，详情请参阅本书第三章的相关内容。

➤ LANGUAGE

可用来选择摄像机提示信息和菜单使用的语言。

➤ USB 选择

可以使用 USB 电缆将摄像机连接到电脑上，并在电脑上观看 Memory Stick Duo（记忆棒）的照片。也可以使用此功能将摄像机与 PictBridge 打印机连接。

☞ Memory Stick。选择此项可在电脑上观看 Memory Stick Duo（记忆棒）的照片（机器默认设置为【Memory Stick】）。

☞ PictBridge 打印。选择此项可将摄像机与 PictBridge 打印机连接，并直接打印照片等。

➤ 回放放大

将【回放放大】设置为【开】时，可以将摄像机播放的画面放大约 1.5 到 5 倍（将照片放大约 1.5 到 5 倍）（机器默认设置为【关】）。可以使用变焦开关来调节放大倍数。要结束放大，请压变焦开关的"W"一侧。

📢 提示：要将放大后的画面水平移动，请按一下拨轮，然后转动拨轮；要垂直移动再按一下拨轮，然后转动拨轮。

➤ 快速录制

当摄像机电源开关 POWER 从 OFF（CHG）转到 CAMERA 摄像机时，使用此菜单可以马上开始录像，以缩短开始录像的时间。

☞ 关。不启用【快速录制】功能，即从磁鼓停止转动的状态到重新开始录制需要一段时间，但场景之间的过渡则非常平滑（机器默认设置为【关】）。

☞ 开。启用【快速录制】功能，即从磁鼓停止转动的状态到重新开始录制需要的时间稍微缩短一些，但场景之间的过渡则并不平滑。

📢 提示：如果将【快速录制】设定为【开】，场景之间的间隔会出现短暂的停顿（建议在后期编辑时剪掉）。

其他菜单 2 的结构如图 5－70 所示。

➤ 日期记录

➤ 提示音

图 5－70　其他菜单 2

➤ 拍摄灯(录制指示灯)

➤ 遥控

➤ 运行计时表

这些菜单的功能和作用与 DSR－PD190 一样,只是在此机变成了汉语菜单,详情请参阅本书第三章的相关内容。

 实验十四　　HVR－V1C高清摄录一体机的菜单设置

实验目的:1. 了解 HVR－V1C 高清摄录一体机菜单的功能和使用环境。

　　　　　2. 熟悉 HVR－V1C 高清摄录一体机常用菜单的设置。

　　　　　3. 掌握 HVR－V1C 高清摄录一体机菜单的设置方法。

实验内容:全面讲解 HVR－V1C 高清摄录一体机菜单的功能、基本操作方法和使用环境。

　　　　　让学生熟悉 HVR－V1C 高清摄录一体机常用菜单的功能和使用环境,练习在 HVR－V1C 高清摄录一体机进行各种格式记录时的菜单设置。

主要仪器:HVR－V1C 高清摄录一体机　　　　　　　　　　　　　5 台

　　　　　miniDV 录像带　　　　　　　　　　　　　　　　　　　5 盘

　　　　　DF－248 方向电池　　　　　　　　　　　　　　　　　　5 块

教学方式:集中讲解和多媒体展示相结合;教师示范和学生实践相结合。

预习要求:课程讲授的本章 5.8《索尼 HVR－Z5C 高清数字摄录一体机的使用》相关内容。

实验类型:演示、验证实验。

实验学时:3 学时。

5.8　索尼 HVR－Z5C 高清
摄录一体机的使用

　　HVR－Z5C 是索尼公司继 HVR－Z7C 之后于 2009 年推出的一款高清摄录一体机,该机的功能与结构和 HVR－Z7C 差不多,也是高标清兼容、以磁带为记录媒介的摄录一体机。它的成像器件采用 1/3 英寸 3 CMOS 传感器,像素为 120 万(1 440×810)。它的光学变焦可达到 20 倍（f＝4.1～82 mm）,数字变焦可达到 30 倍。可以拍摄高清 1080i 和标清 576i 两种格式。在标清模式下可拍摄 4：3 和 16：9 两种画幅格式,记录格式可分为 DVCAM 和 DV 两种格式。HVR‑Z5C 的外形结构如图 5‑71 所示。下面就该机的使用加以介绍。

图 5‑71　索尼 HVR‑Z5C 高清摄录一体机

5.8.1　索尼 HVR‑Z5C 高清数字摄录一体机各开关、按钮的功能

5.8.1.1　左侧面板各开关、按钮的功能

摄像机左侧面板位于摄像师操作一侧,因此,开关、按钮很多,为了讲解方便,要对其进行一下细分。

图 5‑72　Z5C 左侧中前部面板

左侧中前部各开关、按钮的布局如图 5‑72 所示。

1. ND FILTER(灰镜滤光片)选择开关

该机的 ND FILTER(灰镜滤光片)和 DSR‑PD190P 有点相似,所不同的是,它有 4 个位置可供选择。它们分别是"OFF"为不加灰镜;"1"为加 1/4 灰镜;"2"为加 1/16 灰镜;"3"为加 1/64 灰镜。摄像时根据拍摄环境光线的不同以及摄像机液晶屏上灰镜的提示进行合理选择。

2. FOCUS(聚焦方式)选择开关

该机的 FOCUS(聚焦方式)选择开关和 DSR‑PD190P 完全一样,详情请参阅本书第三章的相关内容。

左侧中部各开关、按钮的布局如图 5‑73 所示。

这部分开关旋钮在摄像机左侧中部的一个透明盖板内,从上面打开盖板可对其进行操作。

图 5 - 73　Z5C 左侧中部面板

3. AUDIO LEVEL(音频电平)选择开关和旋钮

上半部分 CH1 为对第一声道的控制,下半部分 CH2 为对第二声道的控制。中间上部的开关为第一声道音频电平控制方式选择。AUTO 为自动控制,MAN 为手动控制,只有手动控制模式下,右边的旋钮才会起作用。中间下部的开关为第二声道音频电平控制方式选择,原理和第一声道一样。

4. 音频输入开关

该机音频输入开关有两部分,这部分主要用来选择使用内置麦克风还是用外置麦克风,以及两路声音从哪里来。

左上角的开关为第一声道声音的来源。开关打到上边 INT MIC,第一声道声音来自内置麦克风;开关打到下边 INPUT1,则第一声道声音来自 INPUT1 插座连接的外置麦克风或设备的声音信号。

左下角的开关为第二声道声音的来源。此开关有三个位置,开关打到上边 INT MIC,第二声道声音来自内置麦克风;开关打到中间 INPUT1,则第二声道声音来自 INPUT1 插座连接的外置麦克风或设备的声音信号;开关打到下边 INPUT2,则第二声道声音来自 INPUT2 插座连接的外置麦克风或设备的声音信号。

左侧底部前边各开关、按钮的结构如图 5 - 74 所示。

图 5 - 74　左侧底部前面面板

5. AUTO/MANUAL(摄像机的自动与手动调节)开关

图 5-74 右边图片中圈内的开关 AUTO/MANUAL 为该机自动与手动调节开关,相当于 DSR-PD190 的 AUTO LOCK 开关。

打到 AUTO,摄像机为自动调整状态,包括自动增益、自动光圈、自动电子快门和自动白平衡。

打到 MANUAL,摄像机为手动调整状态。但如果寻像器和液晶屏上没有相关的手动调整信息,机器仍然处于自动调整状态。要实现手动调整,必须通过图 5-74 左边图中的开关按钮来进行。

6. GAIN(手动增益调整)按钮

当 AUTO/MANUAL 打到 MANUAL 位置时,要实现增益的手动调整,按一下 GAIN 按钮。此时,显示屏上会出现 0 dB 字样,增益大小的调整通过与之相连的下面的开关来进行。L、M 和 H 代表低、中、高,具体数值由摄像机菜单中的亮度增益设置决定。这种调整方式和以往的小摄像机不同,具有专业、广播级摄像机的特点。

7. WHT BAL(白平衡调整)按钮

当 AUTO/MANUAL 打到 MANUAL 位置时,要实现白平衡的手动调整,按一下 WHT BAL 按钮。此时显示屏上会出现 ☀ 或 ◢◣ A 或 ◢◣ B,具体出现什么指示,取决于其下面 PRESET/A/B 开关的位置。该开关打到 PRESET 则出现 ☀;打到 A 则出现 ◢◣ A;打到 B 则出现 ◢◣ B。出现 ☀ 表明白平衡采用出场预置值,出现 ◢◣ A 或 ◢◣ B 则表示可以进行手动白平衡调整。该机的白平衡调整方法和本书第四章介绍的 JVC GY-DV500 相似。调整白平衡的方法是,当在 A 或者 B 状态,摄像机拍摄一个白色物体(例如白墙、白纸等),然后按一下图 5-75 中黄圈内 ◢◣ 标志下面的按钮,此时显示屏幕上的 ◢◣ A 或 ◢◣ B 就会闪烁几下,然后保持不动,表明白平衡已经调整完成。该机的白平衡调整方法和前面介绍的几种机型有所不同,它不再使用按下拨轮来执行白平衡调整,而是专门设置了一个 ◢◣ 白平衡调整按钮,这一点要特别注意。不按此按钮白平衡无法调整。

8. SHUTTER SPEED(电子快门速度)调整按钮

此按钮和 DSR-PD190P 完全一样,详

图 5-75　白平衡调整按钮

情请参阅本书第三章的相关内容。

9. IRIS/EXPOSURE(光圈/曝光)按钮

该按钮和本章前面介绍的 HVR－V1C 高清摄录一体机完全一样,详情请参阅本书前面的相关内容。所不同的是,调整光圈的大小不使用拨轮来执行而是用如图 5－76 所示的调节环来进行。此环位于镜头的最后面,也是镜头上最窄的一个调整环,其功能取决于摄像机菜单的【环指定】设定。

在摄像机的带舱下面也有一些按钮,其结构如图 5－77 所示。

 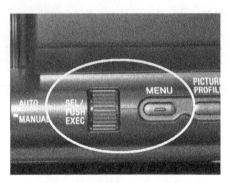

图 5－76　光圈/曝光调节环　　　　图 5－77　菜单及拨轮按钮

10. MENU(菜单)按钮

MENU(菜单)按钮位于带舱下面,用来打开和关闭摄像机菜单。

和 HVR－V1C 高清摄录一体机一样,这种小型摄像机的许多功能需要通过菜单来完成,因此,经常需要打开和关闭菜单,具体操作见本章后面本机的菜单介绍。

11. SEL/PUSH EXEC(选择/执行)拨轮

在菜单打开后,转动拨轮改变条目,按一下拨轮进入下一级菜单或确认条目。在摄像机处于手动状态时,拨轮用来调整电子快门速度等。

以上两个按钮在前面介绍过的机型中位于机器的后面板。

图 5－78 所示为自定义图像质量按钮和状态检查按钮。

12. PICTURE PROFILE(自定义图像质量)按钮

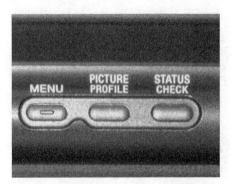

图 5－78　自定义图像质量和状态检查按钮

通过调节【GAMMA】和【详细信息】等图

像文档项目,可以自定义图像质量。

调节时,将摄像机连接到监视器或电视机上,然后在电视机或监视器中观察图像的同时调整图像质量。

不同录制条件下的图像质量设定作为默认设定存储在【PP1】到【PP6】中。机器的图像质量的初始状态如下表所示。

表 5-6　PICTURE PROFILE(自定义图像质量)按钮初始设定

图像文档编号(设定名称)	默认设定的录制条件
PP1：USER	与图像文档为【关】时相同的默认设定
PP2：USER	与图像文档为【关】时相同的默认设定
PP3：PRO COLOR	由专业肩扛式摄像机以 ITU709 伽马值录制的图像范围设定
PP4：PD COLOR	由专业肩扛式摄像机以 PD 伽马值录制的图像范围设定
PP5：FILM LOOK1	由录制于电影彩色负片上的图像范围设定
PP6：FILM LOOK2	由电影彩印片放映的图像范围设定

自定义图像质量的调整步骤:

① 在待机模式下,按一下 PICTURE PROFILE(自定义图像质量)按钮。

② 用拨轮选择图像文档编号。可以用所选图像文档的设定进行录制。

③ 用拨轮选择【确定】。

取消图像文档录制:

在上面的步骤②中用拨轮选择【关】。

更改图像文档的方法:

可以更改【PP1】至【PP6】中存储的设定。

① 按一下 PICTURE PROFILE(自定义图像质量)按钮。

② 用拨轮选择 PICTURE PROFILE(自定义图像质量)的编号。

③ 用拨轮选择【设定】。

④ 用拨轮选择要调整的项目。

⑤ 用拨轮选择要调整的质量。

⑥ 重复步骤④和⑤调节其他项目。

⑦ 用拨轮选择【↰ 返回】。

⑧ 用拨轮选择【确定】。

13. STATUS CHECK(状态检查)按钮

此按钮用来检查摄像机的一些设定,可检查的有:

● 音频设定。如麦克风音量电平。

● 输出信号设定,如 VCR HDV/DV 等。

● 为 ASSIGN 按钮指定的功能。

● 摄像机设定。

● 外接录像设备 HVR-MRC1 或 HVR-DR60。

操作步骤为:

① 按一下 STATUS CHECK(状态检查)按钮。

② 转动拨轮直到想要的显示在屏幕上出现。

当 POWER 电源开关设定为 CAMERA 时,显示按下列顺序改变:

音频→输出→ASSIGN→摄像机→外接设备(连接外部设备时)。

当 POWER 电源开关设定为 VCR 时,显示按下列顺序改变:

音频→输出→ASSIGN→外接设备(连接外部设备时)。

5.8.1.2 后部面板各开关、按钮的功能

该机后部面板比较简单,主要是一些插座、带舱开关和电池舱等。带舱开关的结构如图 5-79 所示。

图 5-79 带舱开关

1. OPEN/EJECT(开舱/起带)开关

此开关和前面介绍的几种机型有所不同,要打开磁带舱,只需将此按钮按箭头方向向下滑再向左掰,就可打开带舱盖,等一会带舱就会自动上升并打开,然后装入磁带或取出磁带。

♪ 注意:在磁带操作完成后,关闭舱门时,必须先关闭带舱,待带舱自动下移到位后,再关闭舱门,不能直接关闭舱门。

摄像机的输入输出接口的结构如图 5-80 所示。

2. HDV/DV 插座

最上面一个插座 □ 是 HDV/DV 插座,是该机唯一一个数字输入、输出接口。要

进行数字传输,请用一根 4 芯的 1394 电缆将摄像机和其他设备连接。具体是传输 HDV 信号还是 DV 信号,取决于摄像机菜单的输入输出设定。

3. 分量、A/V 插座

与 HVR－V1C 高清摄录一体机不同,该机的  插座为分量和 A/V 插座共用一个插座。当连接随机提供的分量电缆(5 根一体)时,输出分量信号和音频信号;当连接视音频电缆(3 根一体)时,输出 A/V 视、音频信号。

图 5－80　输入、输出插座

4. HDMI

HDMI 是高清晰度出现以后才出现的高清接口,详情请参阅本章前面的 HVR－V1C 摄像机的相关内容。

5. Ω (耳机)插孔

用来连接监听耳机。详见第三章的相关内容。

6. 电源开关

本机的电源开关如图 5-81 所示。其结构与 HVR－V1C 高清摄录一体机完全一样,这里不再重复。

7. 音频输入选择

本机的音频输入选择与以往的机型完全不同,它位于音频输入插座的左侧面板上,上有透明的塑料盖板,其结构如图 5-82 所示。

图 5－81　电源开关

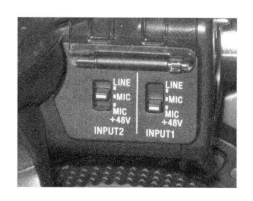

图 5－82　音频输入开关

和索尼的其他机器不同,该机有内置话筒、外接随机话筒和外接话筒三种拾音方法,这里讲的是关于外接随机话筒和外接话筒以及线路输入的设置方法。

(1) INPUT1(第一声道输入)开关。

此开关有三个位置: LINE、MIC 和 MIC+48 V。

➤ LINE 为线路输入,即高阻抗输入,一般是由其他设备传输过来的音频信号,如 CD 机、DVD 机和调音台、录音机等,用得较少。除非拍摄舞台演出,现场架有许多话筒和音频设备,要想获得很好的舞台声音效果,可以将现场调音台的输出接到这里。但从实践经验来看,不能直接将现场调音台的输出接到这里,必须先接入一个调音台,再将该调音台的输出接到这里,才能保证阻抗匹配,获得好的拾音效果。因此,如果计划单机拍摄一场舞台演出,要准备一个调音台。

➤ MIC 为麦克风输入,即接入一个麦克风。总体来说,麦克风分为两类:动圈式麦克风和电容式麦克风。动圈式麦克风不需电源供电,可直接接入;电容式麦克风需要电源供电,因此,此位置只适用动圈麦克风和有电池供电的电容麦克风。

➤ MIC+48 V 为麦克风加 48 V 供电,即适用无电池供电的电容麦克风,如本机的随机话筒。因此,该开关一般都需处于此位置,否则,可能会没有声音输入。

(2) INPUT2(第二声道输入)开关。

其用法和第一声道相同。

5.8.1.3 顶部面板各开关、按钮的功能

1. ASSIGN(分配)按钮

在新式的小型摄像机中,为节省空间,许多操作都设置在菜单中,但有些功能又经常会用到,而且,每个人使用习惯又有所不同,因此,摄像机就设置有 ASSIGN(分配)按钮,让使用者自己给其指定功能。该机共有 7 个分配按钮,其结构如图 5 - 83~85 所示。

该机可指定的功能有:扩展对焦、对焦特写、数字延伸、环转动、超亮度增益、自动曝光转换、键控自动光圈、索引标记、STEADY SHOT(超级平稳拍摄)、逆光、聚光灯、淡变器、SMTH SLW REC(平稳缓慢录制)、彩条、最后场景查看、摄像预览、终点搜索、斑马

图 5 - 83 ASSIGN(分配)按钮 1、2、3

线、标记、峰值、TC 复位、TC COUNTUP（时间码进位）、照片、PICTURE PROFILE
（图像质量文档）和 SHOT TRANSITION（镜头过渡）。

　　该机的 ASSIGN（分配）按钮 1、2、3 如图 5‑83 所示，它位于摄像机左侧面板的上
边的弧面上，这三个已经在出厂时指定好了，分别是：1 为 ZEBRA（斑马线），2 为 AE
SHIFT（自动曝光转换），3 为 REC REVIEW（最后场景查看）。如果觉得不合适也可
以自己改变。

　　ASSIGN（分配）按钮 4、5、6 如图 5‑84 所示，这三个按钮位于摄像机手柄正下
方。虽然可指定的功能很多，但常用的就那几个。笔者建议：4 设为"彩条"，5 设为
"终点搜索"，6 设为"逆光"。

　　ASSIGN（分配）按钮 7 如图 5‑85 所示。

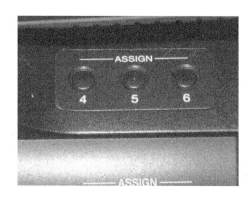

图 5‑84　ASSIGN（分配）按钮 4、5、6

图 5‑85　ASSIGN（分配）按钮 7

　　此按钮位于变焦开关的后面，它出厂时指定为 PHOTO（拍照）。但将摄像机当做
数码相机用的时候并不多，因此，它也可以被指定为其他功能。笔者建议：将该按钮
指定为 SMTH SLW REC（平稳缓慢录制），
这样要进入"平稳缓慢录制"状态，一键可得，
非常方便。

　　这些 ASSIGN（分配）按钮功能的指定需
要通过菜单设置来进行，详情参阅本章后面
的菜单设置介绍。

　　手柄上的开关和按钮如图 5‑86 所示。
这些开关、按钮位于手柄前部，其主要用途是
方便低角度拍摄和偷拍。

图 5‑86　手柄变焦和录像按钮

2.手柄变焦操纵开关

图5-86左边为手柄变焦操纵开关。它能否起作用以及怎样工作受控于手柄左侧面的手柄变焦开关控制。

3.手柄变焦开关

手柄变焦开关有三个位置：OFF、VAR和FIX。当开关打到"OFF"，则手柄变焦操纵开关不起作用。当开关打到"VAR"，则手柄变焦操纵开关与主变焦操纵开关等效，变焦速度取决于操纵开关的力量。当开关打到"FIX"，则手柄变焦操纵开关的变焦速度是固定不变的，其速度快慢取决于菜单【手柄变焦】中速度的设定，设定值由"1"到"8"，"1"最慢，"8"最快。笔者建议此开关选"VAR"。

4.REC START/STOP(录像触发)按钮和HOLD(保持)开关

这部分的结构有点像摄像机的电源开关，但它只是一个录像开始与停止的触发按钮，功能与电源开关上的红按钮是等效的，而且是兼容的，要想开始和停止录像，按哪个都行。

外圈的开关为保持开关，相当于一个锁子，开关拨到HOLD位置时，在停止状态下，REC START/STOP(录像触发)按钮按不下去，即无法开始录像；在REC录像状态下，REC START/STOP(录像触发)按钮按不下去，即录像不会被停止。因此，该开关主要作用也就在于此。当录像开始后，将此开关打到HOLD位置，录像一直进行，就是误碰、误压了REC START/STOP(录像触发)按钮也没关系。这对偷拍很有用。

5.8.1.4　液晶屏舱门各开关、按钮的功能

索尼的小高清摄像机有的采用液晶屏前置设计，即将液晶屏放在手柄前面音频输入部分的位置，原液晶屏位置改为磁带舱，这样有利于手持拍摄。

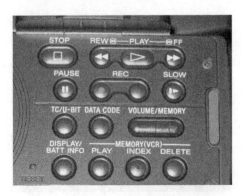

图5-87　液晶屏舱门内的开关、按钮

液晶屏舱门内也有许多开关，但内容也和以前有所不同，将VCR录像机的操作按钮移到了这里，原位置改为ASSIGN按钮，这些按钮的结构如图5-87所示。

1.VCR录像机操作按钮

图5-87上半部分为VCR录像机操作按钮，这些按钮的结构和功能与前面介绍的HVR-V1C高清数字摄录一体机完全一样，详情请参阅前面的相关内容。

2. TC/U‑BIT(时间码/用户比特)切换按钮

如图 5‑88 所示,TC/U‑BIT(时间码/用户比特)切换按钮用来切换液晶屏和显示器上的计数器的显示内容。显示时间码状态时为 00：00：00：00；显示用户比特状态时为 00 00 00 00。因此,如果不能正确显示时间码,请按一下此按钮。

3. DATA CODE(数据代码显示)按钮

数字代码显示按钮是用来选择一些信息是显示还是不显示。即在播放期间,屏幕上是否显示包括日期和摄像机数据在内的信息,这些信息是在录制时自动存储的。

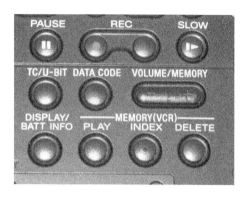

图 5‑88 液晶屏舱门内下部的开关、按钮

操作方法是:

① 将电源开关打到 VCR。

② 在播放磁带或暂停期间按 DATA CODE(数据代码显示)按钮。再按按钮时显示会改变,其顺序是:日期和时间显示→摄像机数据显示→无显示。显示内容是拍摄这些镜头时的时间、日期和摄像机的状态数据。

4. VOLUME/MEMORY(音量/记忆棒)按钮

在 VCR 播放状态下,此按钮为监听音量大小调节按钮;在记忆棒状态下为照片翻看按钮。

5. DISPLAY/BATT INFO(显示/电池电量检查)按钮

在摄像机开机的状态下,此按钮执行 DISPLAY(显示)功能,按一下显示摄像机的详细状态信息,再按一下显示摄像机的简单状态信息,再按一下摄像机的状态信息关闭。

在摄像机电源处于关闭时,此按钮执行 BATT INFO(电池电量检查)功能。按一下此按钮屏幕上出现电池电量指示,持续 20 秒自动关闭。

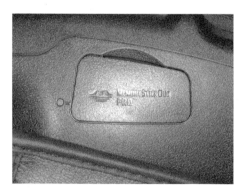

图 5‑89 记忆棒插槽

6. MEMORY(VCR)(记忆棒操作)按钮

该机这部分按钮和 HVR‑V1C 高清摄录一体机完全一样,不再重复。但该机的记

忆棒插槽设置在变焦手柄侧面,如图5-89所示。

从总体来看,小高清摄像机对记忆棒的操作和DSR-PD190有所不同,主要区别在电源开关上。DSR-PD190电源开关上有专门的MEMORY(记忆棒)位置,小高清上没有。因此,要进行拍照时,只需将记忆棒插入记忆棒插槽,将摄像机电源开关打到CAMERA,直接按下PHOTO拍照按钮即可。

图5-90　HVR-Z5C用记忆棒

该机所使用的记忆棒和以往有所不同,其结构如图5-90所示。这种记忆棒比以往的要短、要薄一点,但容量要大得多。

 实验十五　HVR-Z5C高清摄录一体机的使用

实验目的:1. 了解HVR-Z5C高清摄录一体机各开关、按钮的功能和使用环境。

　　　　　2. 熟悉HVR-Z5C高清摄录一体机的性能及主要开关、按钮的功能。

　　　　　3. 掌握HVR-Z5C高清摄录一体机的基本操作方法。

实验内容:全面讲解HVR-Z5C高清摄录一体机的性能;各个开关、按钮的功能和基本操作方法和使用环境。

　　　　　让学生熟悉HVR-Z5C高清摄录一体机的性能;了解摄像机各开关、按钮的功能和使用环境;练习HVR-Z5C高清摄录一体机的基本操作方法。

主要仪器:HVR-Z5C高清摄录一体机　　　　　　　　　　　5台

　　　　　miniDV录像带　　　　　　　　　　　　　　　　5盘

　　　　　DF-248方向电池　　　　　　　　　　　　　　5块

教学方式:集中讲解和多媒体展示相结合;教师示范和学生实践相结合。

预习要求:课程讲授的第五章5.9《HVR-Z5C高清摄录一体机的菜单调整》相关内容。

实验类型:演示、验证实验。

实验学时:3学时。

5.9 HVR-Z5C 高清摄录一体机的菜单调整

和 HVR-V1C 高清摄录一体机一样，HVR-Z5C 的主菜单如图 5-91 所示。主菜单也是 7 项，每一项的标识符也和 HVR-V1C 高清摄录一体机完全一样。因此，在本节中就 HVR-Z5C 菜单与 HVR-V1C 菜单的不同加以介绍。相同部分请参阅本章 HVR-V1C 高清摄录一体机的相关内容。

图 5-91 HVR-Z5C 主菜单

5.9.1 摄像机设置菜单

摄像机设置菜单的结构如图 5-92 所示。

➢ IRIS/EXPOSURE（光圈/曝光设定）菜单

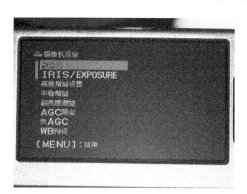

图 5-92 摄像机设置菜单 1

☞ 环指定。用来指定图 5-76 中的调节环转动时调整的参数，可选择【光圈】或【曝光】（机器默认设置为【光圈】）。

☞ 环转动。可选择图 5-76 中光圈环的转动方向。

✎ 正确方向。将光圈环顺时针方向转动时图像变暗。

✎ 反向。将光圈环逆时针方向转动时图像变暗。

📖 注意：◀无法将【环指定】指定到 ASSIGN 按钮上去。

　　　　◀当 AUTO/MANUAL 开关设置为 AUTO 时，IRIS/EXPOSURE 旋钮无效。

➢ 亮度增益设置

可以为图 5-75 中的 GAIN（增益）开关的 H、M 和 L 设置增益值。【H】、【M】、【L】的默认设定分别是：【18 dB】、【9 dB】和【0 dB】。

➢ 平稳增益

可以设定当增益开关从一个位置切换到另一位置时,增益设定从一个值过渡到另一个值的过渡速度,这些值是专门为增益开关设定的。可以选择【快】、【中】和【慢】的过渡速度,或者将过渡速度设定为【关】(机器默认设定为【关】)。

➢ 超亮度增益

当将此功能设定为【开】时,可将增益增加到上限(机器默认设定为【关】)。

⌥ 注意:在超亮度增益过程中,图像质量会由于噪波而降低。

➢ AGC 限定

可以从【关(21 dB)】、【18 dB】、【15 dB】、【12 dB】、【9 dB】、【6 dB】、【3 dB】和【0 dB】中选择自动增益控制(AGC)的上限(机器默认设定为【关(21 dB)】)。

➢ 负 AGC

将此功能设定为【开】时,自动增益控制的范围可以扩展到负值的范围。特别是在明亮的环境中,负增益控制使得增益设定更为合适,并可以实现低噪波录制。将【负AGC】设定为【开】时,摄像机的动态范围不会缩小。

➢ WB 预设

可以使用预设的白平衡。详见前面的白平衡调节一节。此菜单有三个状态:

☞ 室外。适用于室外拍摄(机器默认设定为【室外】)。

☞ 室内。适用于室内拍摄。

☞ 手动 WB 温度。要手动进行白平衡调整时,选择此位置。

摄像机设置菜单 2 如图 5 - 93 所示。

➢ WB 室外等级

图 5 - 93 摄像机设置菜单 2

当【WB 预设】设定为【室外】时,可以设定偏移值来调节室外的白平衡,可以从【-7】(偏蓝)~【0】(正常)~【+7】(偏红)中选择偏移值(机器默认设定为【0】)。

➢ WB 温度设定

当将【WB 预设】设定为【手动 WB 温度】时,可以以 100 K 为步进在 2 200 K 到 15 000 K 的范围设定色温。

➢ ATW 灵敏度

可以在略带红色的光源(如白炽灯或蜡烛)或略带蓝色的光源(如室外阴天)下设定自动白平衡操作。

☞ 智能。自动调节白平衡,使画面色彩还原自然逼真(机器默认设定为【智能】)。

☞ 高。增加红色或蓝色的同时,自动调节白平衡。

☞ 中。保持原样。

☞ 低。减少红色或蓝色的同时,自动调节白平衡。

🖋 注意:◀ 只有在自动调节白平衡时,ATW 灵敏度才有效。

◀ ATW 灵敏度在晴朗的天空或太阳下无效。

➤ 平衡 WB

可以设定当白平衡内存开关从一个位置切换到另一个位置时,色温值从一个值过渡到另一个值的过渡速度,这些值是为白平衡开关位置所设定的。可以从【快】、【中】和【慢】选择过渡速度,或者将过渡速度设定为【关】(机器默认设定为【关】)。

➤ 自动曝光转换 AS

可以用拨轮设定自动曝光参考电平,设置范围是【－7】(暗)～【＋7】(亮)(机器默认设定为【0】)。当从默认设定改变到其他值时, AS 和设定值出现在屏幕上。

🖋 注意:◀ 在机器处于手动调整光圈、电子快门和增益时,该功能无效。

◀ 当【曝光】为手动调节时,会取消【自动曝光转换】。

◀ 当【超亮度增益】设置为【开】时,该功能无效。

➤ 自动曝光响应速度

可以选择自动曝光调节功能跟随对象亮度变化的速度。可以从【快】、【中】和【慢】中选择速度(机器默认设定为【快】)。

➤ 自动光圈限定

可以从【F11】、【F9.6】、【F8】、【F6.8】、【F5.6】、【F4.8】和【F4】中为自动调节选择最高光圈值(机器默认设定为【F11】)。

🖋 注意:在手动调节光圈时,此功能无效。

➤ ECS 频率

此功能类似于其他摄像机的清晰扫描,即为了拍摄显像管式的电脑屏幕或电视机和监视器,消除闪烁现象。用拨轮改变设定,按一下拨轮确认(机器默认设定为【50.00 Hz】)。

设定此功能前,必须先将电子快门速度设定为 ECS。可以根据【扫描类型】的设定,在以下频率范围内设定快门速度。如何选择【扫描类型】取决于 ⇄ 输入/输出录制菜单中【拍摄格式】的设定。

【HDV1080i】:【HDV 逐行】→【录制类型】→【扫描类型】。

【DV】:【HDV 逐行】→【扫描类型】。

扫描类型为 50.00 Hz 时,频率调整范围是 50.00 Hz 至 200.00 Hz。

扫描类型为 25.00 Hz 时,频率调整范围是 25.00 Hz 至 200.00 Hz。

摄像机设置菜单 3 如图 5-94 所示。

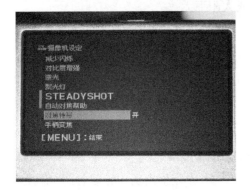

图 5-94　摄像机设置菜单 3

➤ 减少闪烁

➤ 对比度增强

➤ 逆光

➤ 聚光灯

➤ STEADYSHOT

➤ 自动对焦帮助

➤ 对焦特写

➤ 手柄变焦

➤ 数字延伸

➤ 淡变器

➤ SMTH SLW REC

➤ 间歇拍摄

➤ DV 逐帧拍摄

➤ SHOT TRANSITION

➤ 彩条

摄像机设置菜单 4 如图 5-95 所示。

以上这些菜单和 HVR-V1C 高清摄录一体机的摄像机菜单设置完全一样。详情请参阅 HVR-V1C 高清摄录一体机的相关内容。

➤ 快速变焦

当此功能设定为【开】时,可以提高变焦

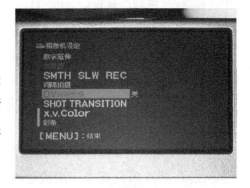

图 5-95　摄像机设置菜单 4

控制杆和手柄变焦的变焦速度(机器默认设定为【关】)。

➤ X. V. Color

当此功能设置为【开】时,可以采用更广的色彩范围进行录制。本摄像机可以再现花朵生动艳丽的色彩以及热带海洋美丽的蓝绿色,这是传统技术无法比拟的(机器默认设定为【关】)。

　　🖐 注意：◀当在不支持 X. V. Color 的电视机上播放以此功能设定为【开】录制的画面时,可能无法理想地再现色彩。

　　　　　　◀将【X. V. Color】设定为【开】时,图像文档将被禁用。

5.9.2　音频设置菜单

音频设置菜单的结构如图 5 - 96 所示。

该机的音频设置菜单和 HVR - V1C 高清摄录一体机基本一样,所不同的是增加以下几项:

➤ 声音限制

可以为 CH1/CH2 设定限幅噪音降低功能。

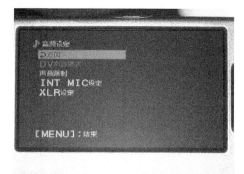

图 5 - 96　音频设置菜单

　　☞ 关。禁用该功能(机器默认设定为【关】)。

　　☞ 开。启动该功能。

　　🖐 注意：仅当 AUTO/MAN 开关设置为 MAN 时,该功能才有效。

➤ INT MIC 设定(内置麦克风设定)

☞ INT MIC NR。可以减少来自内置麦克风的噪音。

▱ 开。减少来自内置麦克风的噪音。状态检查屏幕上出现 NR (机器默认设定为【开】)。

▱ 关。不减少来自内置麦克风的噪音。

☞ 内置麦克风灵敏度。可以设定内置麦克风的录制灵敏度。

▱ 标准。在专业录制场合通常使用的灵敏度(机器默认设定为【标准】)。

▱ 高。在家用录制场合通常使用的灵敏度。

☞ 内置麦克风降低风声。

⇪ 关。禁用风声噪音降低功能(机器默认设定为【关】)。

⇪ 开。启用风声噪音降低功能。

5.9.3　显示设定菜单

显示设定菜单如图 5 - 97 所示。

图 5 - 97　显示设定菜单

该机的显示设定菜单和 HVR - V1C 高清摄录一体机基本一样,只增加了一个斑马线菜单条目。

➤ 斑马线

斑马线也就是我们常说的斑马纹,其主要作用是为手动光圈调整提供一个参考标准。

☞ 开/关。当选择【开】时,屏幕上拍摄画面的某些部分会出现斑马线,斑马线标志和等级同时也在屏幕上出现。但斑马线不会录制到磁带上(机器默认设定为【关】)。

☞ 等级。可以将出现斑马线的等级设置为 70% 或 100%(机器默认设定为【70%】)。

5.9.4　输入输出录制菜单

输入输出录制菜单如图 5 - 98 所示。

该机的输入输出录制菜单和 HVR - V1C 高清摄录一体机基本一样,只增加了下列菜单条目。

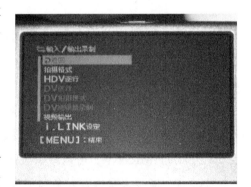

图 5 - 98　输入输出录制菜单 1

➤ HDV 逐行

☞ 录制类型。可以从【隔行】和【逐行】扫描中选择一种 HDV 录制格式(机器默认设定为【隔行】)。

☞ 扫描类型。可以选择一种扫描类型用于 HDV 格式的录制。

⇪ 50。以隔行扫描每秒捕捉 50 场(机器默认设定为【50】)。

☞ 25。捕捉 25 帧。

➢ DV 逐行

☞ 扫描类型。可以选择一种扫描类型用于 DVCAM/DV 格式的录制。

☞ 50。以隔行扫描每秒捕捉 50 场(机器默认设定为【50】)。

☞ 25。捕捉 25 帧。

输入输出录制菜单 2 如图 5－99 所示。

➢ 视频输出

☞ 分量。当通过图 5－80 分量电缆将摄像机连接到电视机时,可以根据电视机来选择【576i】或【1080i/576i】。

☞ 576i。支持使用 4:3 标清电视机的分量插孔将摄像机和电视机连接起来。

☞ 1080i/576i。支持使用 16:9 的高清电视机的分量插孔将摄像机和电视机连接起来(机器默认设定为【1080i/576i】)。

图 5－99　输入输出录制菜单 2

☞ 下变换。当将 HDV 信号下变换为 DV 信号时,可以选择下变换类型。

对于从以下输出插孔输出信号时,请使用此功能。

● 分量(576i)

● S 视频

● 音频/视频

☞ 挤压。选择此项,则在保持原画幅高度不变的前提下,输出 16:9 水平被压缩,使其变为 4:3 画幅格式的图像。此时画面内容会变窄,出现水平失真现象(机器默认设置为【挤压】)。

☞ 信箱形式。选择此项,则在保持原画幅宽度不变的前提下,输出原画幅顶部和底部带黑带的图像。

☞ 边缘裁剪。选择此项,则在保持原画幅高度不变的前提下,裁掉 16:9 画面左右边缘部分,使其变为 4:3 画幅格式。

☞ DV 宽画面转换。当将 DV 宽幅 16:9 信号下变换为 DV 窄幅 4:3 时,可以选择下变换类型。

☞ 挤压。选择此项,则在保持原画幅高度不变的前提下,输出 16:9 水平被压缩,使其变为4∶3画幅格式的图像。此时画面内容会变窄,出现水平失真现象(机器默认设置为【挤压】)。

  ☜ 信箱形式。选择此项,则在保持原画幅宽度不变的前提下,输出原画幅顶部和底部带黑带的图像。

  ☜ 边缘裁剪。选择此项,则在保持原画幅高度不变的前提下,裁掉16∶9画面左右边缘部分,使其变为4∶3画幅格式。

  ➢ i LINK 设定

  ☞ HDV→DV 转换。当将此功能设定为【开】时,可以将 HDV 格式的信号转换为 DV 格式的信号,并通过 HDV/DV(i LINK)插孔将 DV 格式的信号输出给其他设备。也可以不做任何格式的转换直接将 DV 格式的信号输出给其他设备(机器默认设定为【关】)。

  ☞ 下变换。当【HDV→DV 转换】设定为【开】时,可以设定一种变换类型,将 HDV 格式的信号转换为 DV 格式的信号。

  ☜ 挤压。选择此项,则在保持原画幅高度不变的前提下,输出16∶9水平别压缩,使其变为4∶3画幅格式的图像。此时画面内容会变窄,出现水平失真现象(机器默认设置为【挤压】)。

  ☜ 边缘裁剪。选择此项,则在保持原画幅高度不变的前提下,裁掉16∶9画面左右边缘部分,使其变为4∶3画幅格式。

5.9.5　TC∕UB 设定菜单

  TC/UB 设定菜单如图 5-100 所示。

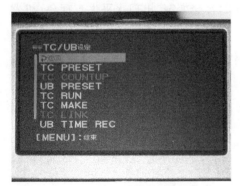

图 5-100　TC/UB 设定菜单

  该机的 TC/UB 设定菜单和 HVR-V1C 高清摄录一体机基本一样,只增加了下列菜单条目。

  ➢ TC COUNTUP

  执行此功能时,可以以 1 小时为单位递增时间码的小时数,并重新设定时间码的分、秒和帧。

  ☝ 注意:只有将【TC MAKE】设定为【PRESET】时,此功能才有效。

  ➢ UB-DATE/TC-TIME

使用此功能时,可以将摄像机中设定的日期和时间分别保存到用户比特和时间码中。

5.9.6 存储器设定菜单

存储器设定菜单如图5-101所示。

该机的存储器设定菜单和 HVR-V1C 高清摄录一体机完全一样,只是少了【图像质量】菜单。

图5-101 存储器设定菜单

5.9.7 其他菜单

其他菜单如图5-102所示。

图5-102 其他菜单

该机的其他设定菜单和 HVR-V1C 高清摄录一体机基本一样,只是去掉了【PHOT/EXP. FOCUS】和【UBS 选择】。另外,将拍摄灯分为两个,即【拍摄灯(前)】和【拍摄灯(后)】。

以上就是 HVR-Z5C 高清摄录一体机的详细使用方法介绍。通过与 HVR-V1C 高清摄录一体机比较学习,我们不难发现,只要认真系统地学习了一种机型,其他机型使用方法就迎刃而解了。就像我们学开汽车,你只要掌握了驾驶汽车的基本要领,任何同样的大小汽车就都会驾驶了。因此,磁带式高清摄录一体机还有很多型号,但它们的使用方法大同小异,只要将上面介绍的这些机型学懂、学精,对遇到的新机型只需认真观察,就能很快掌握其使用方法。这里就不用一一讲解了。

 实验十六 HVR-Z5C 高清摄录一体机的菜单设置

实验目的:1. 了解 HVR-Z5C 高清摄录一体机菜单的功能和使用环境。

2. 熟悉 HVR-Z5C 高清摄录一体机常用菜单的设置。

3. 掌握 HVR-Z5C 高清摄录一体机菜单的设置方法。

实验内容：全面讲解 HVR－Z5C 高清摄录一体机菜单的功能、基本操作方法和使用环境。

让学生熟悉 HVR－Z5C 高清摄录一体机常用菜单的功能和使用环境，练习在 HVR－Z5C 高清摄录一体机进行各种格式记录时的菜单设置。

主要仪器：HVR－Z5C 高清摄录一体机   5 台

miniDV 录像带   5 盘

DF－248 方向电池   5 块

教学方式：集中讲解和多媒体展示相结合；教师示范和学生实践相结合。

预习要求：课程讲授的本章 5.10《索尼 PMW－EX1 高清卡式摄录一体机的使用》相关内容。

实验类型：演示、验证实验。

实验学时：3 学时。

5.10　索尼 PMW－EX1 高清卡式摄录一体机的使用

前面介绍的这几种机型都是以录像带为记录媒介的，但现如今，索尼、松下、JVC 等公司还推出了一批以存储卡为记录媒介的小高清数字摄录一体机。由于记录媒介的改变，使得这类机型在操作上就有别于磁带记录式摄录一体机。

图 5－103　PMW－EX1 卡式高清摄录一体机

下面就以索尼公司生产的卡式小高清摄像机 PMW－EX1 为例，对卡式记录的小高清摄录一体机予以介绍，如图 5－103 所示。PMW－EX1 也是高标清兼容的，它的成像器件采用 1/2 英寸 3 CMOS 传感器，有效像素为 1 920×1 080，它的光学变焦可达到 14 倍（f＝5.8～81.2 mm），数字变焦可达到 30 倍。可以拍摄高清 1080i 和标清 576i 两种格式。在标清模式下可拍摄 4∶3 和 16∶9 两种画幅格式,记录格式可分为 DVCAM 和 DV <u>SP</u>。

5.10.1 索尼 PMW‐EX1 高清卡式摄录一体机各开关、按钮的功能

5.10.1.1 后部面板各开关、按钮的功能

后部面板各开关、按钮的结构如图 5‐104 所示。

该机的后部面板和前面介绍的其他机器完全不同,该机的电池舱在后部下半部分,而且是水平放置的。上半部分是电源开关、菜单按钮及拨轮、音频左右声道控制开关、图像文件按钮和直流电源输入插座。

1. 电源开关

该机的电源开关如图 5‐105 所示。

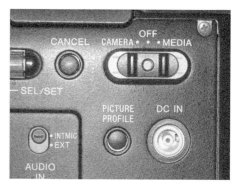

图 5‐104 PMW‐EX1 后部面板各开关、按钮 　　　图 5‐105 PMW‐EX1 电源开关

和前面介绍的摄像机不同,该机的电源开关只有一个功能就是设置摄录一体机的电源状态。

➢ CAMERA(摄像机)状态

该开关是水平拨到的,压住绿色锁定按钮的同时将电源开关向左拨动,即打开摄像机电源,然后就可进行画面拍摄了。

➢ OFF(关闭)状态

要关闭摄像机,不需压绿色锁定按钮,直接将电源开关向右拨即可。

⚆ 注意:

◀即使摄像机电源开关处于 OFF 位置,摄像机也会费一些电,因此,如果长时间不用摄像机,请取下摄像机电池。

◀在取出电池或断开 DC IN 电源之前,确保摄录一体机处于 OFF(关闭)状态,否

则,可能会损坏摄录一体机或存储卡。

➤ MEDIA(存储卡)状态

在 OFF 位置压住绿色锁定按钮的同时将电源开关向右拨动,即打开 MEDIA(存储卡)电源。此时相当于其他摄像机的 VCR 状态,在此状态可以回放所拍摄的素材,或将存储卡上记录的内容复制到电脑的非线性编辑系统中,以便对素材进行编辑、加工。

2. DC IN 直流输入插座

和其他摄像机一样,该机可以用电池供电,也可以用交流适配器供电。当长时间固定拍摄时,为了不断电,可以用交流适配器供电。该机可用的交流适配器或充电器型号有:BC - U1/U2。

3. PICTURE PROFILE(画质资料文档)按钮

可以根据条件或状况自定义图像质量,并以画面资料的方式存储它们,这样只需选择画质资料就能够恢复画面质量。这部分功能和 HVR - Z5C 高清磁带摄录一体机完全一样,请参阅本章前面的相关内容。

4. MENU(菜单)按钮

如图 5 - 106 所示为该机的菜单操作部分。这部分操作和其他机器一样,只是开关位置和样式有所不同。

另外,这里多了个 CANCEL(删除)按钮,这是其他机器没有的。

5. CANCEL(删除)按钮

CANCEL(删除)按钮通常用来返回到上一级菜单,或取消未完成的菜单操作。

6. 音频设置开关

该机的音频设置开关如图 5 - 107 所示。

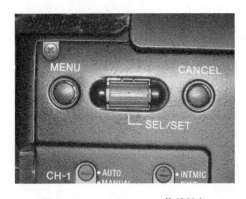

图 5 - 106 PMW - EX1 菜单按钮

图 5 - 107 PMW - EX1 音频设置开关

上半部分为 CH-1 第一声道音频设置开关,下半部分为 CH-2 第二声道音频设置开关。

左边为音频选择,即决定音频输入电平的控制方式。AUTO 为自动控制录音电平,MANUAL 为手动控制录音电平。

右边为音频输入选择,即决定使用内置麦克风还是使用外接麦克风。INT MIC 为使用内置麦克风。EXT 为使用外接麦克风。这部分的使用方法和 HVR-Z5C 高清磁带摄录一体机基本一样,请参阅前面的相关内容。

5.10.1.2 左侧面板各开关、按钮的功能

如图 5-108 为左侧前部面板各开关、按钮的结构布局。

1. IRIS(光圈)开关

该开关为光圈的自动/手动开关,打到左边 MANUAL 为手动,打到右边 AUTO 为自动。

图 5-108 左侧前部面板各开关、按钮

2. MACRO(微距)开关

该开关为微距开关,打到"OFF",关闭微距,摄像机处于正常拍摄状态;打到"ON",微距打开,摄像机处于微距拍摄状态。在此状态下摄像机只能用来拍摄近距离的物体,无法进行正常拍摄。

3. FOCUS(聚焦)开关

如图 5-109 所示为 FOCUS(聚焦)开关。此开关与 DSR-PD190 和 HVR-Z5C

图 5-109 FOCUS(聚焦)开关

摄像机一样,是聚焦的手动与自动调整开关,所不同的是此开关只有 MANUAL(手动)和 AUTO(自动)两个位置,去掉了 INFINITY(聚焦到无限远)位置。

下面的 PUSH AF(压下为自动聚焦)按钮和 DSR-PD190 的 PUSH AUTO 是一个意思,即在 FOCUS(聚焦)开关打到 MANUAL(手动)时,压下此按钮机器执行自动聚焦,松开后摄像机又回到手动聚焦状态,

也就是焦距锁定不动。

4. ND FILTER(灰镜滤光片)

图 5 - 110 为 ND FILTER(灰镜滤光片)。

该机的 ND FILTER(灰镜滤光片)看上去和 DSR - PD190 差不多,也有 OFF、1和 2 三个位置,但实际效果是不一样的。DSR - PD190 的"1"号灰镜为 1/4ND,即让 1/4 的光线进入摄像机。而该机"1"号灰镜为 1/8 ND,即让 1/8 的光线进入摄像机。DSR - PD190 的"2"号灰镜为 1/16 ND,即让 1/16 的光线进入摄像机。而该机"2"号灰镜为 1/64 ND,即让 1/64 的光线进入摄像机。

如图 5 - 111 为左侧中间面板各开关、按钮的布局。

图 5 - 110　ND FILTER 灰镜开关

图 5 - 111　左侧中间面板各开关、按钮

5. ZEBRA(斑马线)按钮

前面介绍过的 ZEBRA(斑马线)都是以开关的形式出现,而本机则采用按钮式。按一下 ZEBRA(斑马线)按钮,则打开斑马线效果,再按一下则关闭斑马线效果。斑马线的形状和等级可在 LCD/VF 菜单里进行设定。具体内容请参阅本章后面该机的菜单设置。

6. PEAKING(轮廓)按钮

当按下 PEAKING(轮廓)按钮时,将激活峰值功能。此功能在 LCD 液晶屏和 EVF 寻像器上突出显示图像的轮廓,使手动聚焦更容易观察。此功能不会影响记录信号。

在显示菜单中可以改变轮廓的等级和颜色。详见菜单一节。

7. FULL AUTO(全自动)按钮

和前面介绍的机器不同,该机 FULL AUTO(全自动)设定不再使用开关,而改为按钮式,改为按钮后就必须有状态指示,此机 FULL AUTO(全自动)状态指示就是这个按钮的按钮灯。当处于 FULL AUTO(全自动)模式时,按钮灯点亮。要关闭 FULL AUTO(全自动)模式,再按一下此按钮,让按钮灯熄灭。

摄像机处于 FULL AUTO(全自动)模式时,即打开自动光圈、自动增益、自动白平衡和自动电子快门速度功能。自动聚焦不在此列。

8. GAIN(增益)开关

当全自动处于关闭状态时,可以用此开关设置摄像机的增益大小。此开关的功能和 HVR - Z5C 摄像机完全一样。

9. WHITE BAL(白平衡)开关

此开关的结构和 HVR - Z5C 摄像机完全一样。但是,每个位置的功能有所不同,PRST 仍为出厂预设值 3200 K。A 存储器位置为自定义白平衡存放位置。B 存储器则在出厂时被定义为 AWT(自动白平衡跟踪)。如果想使 B 存储器也变成自定义白平衡存放位置,可以在摄像机设定菜单中予以修改。

10. 存储卡插槽

如图 5 - 112 所示是存储卡插槽。

存储器插槽位于 SxS 盖板内,盖板是推拉门式的,按箭头方向向左推动打开盖板。本机为双卡式,插槽外部上方是插槽编号,左边为 A 插槽,右边为 B 插槽,编号上面是工作指示灯,哪个卡在用,哪个指示灯就点亮。右边的 SLOT SELECT 存储卡选择按钮,用来选择插槽编号。当两个插槽都插上存储卡时,就需用此按钮进行插槽选择。插槽最下面

图 5 - 112　存储卡插槽

两个方形按钮为存储卡弹出开关。按一下,开关弹出,再将开关压进去,存储卡弹出。

该机所用的存储卡如图 5 - 113 所示。这种卡比一般的 SD 卡体积要大,容量一样,有 8 GB、16 GB 和 32 GB 之分。

左侧后部面板各开关、按钮的布局如图 5 - 114 所示。

11. 音频电平调整旋钮

该机的音频电平调整旋钮如图 5 - 114 中间的 AUDIO LEXEL 所示。它位于左侧面板和后部面板的拐角处。当音频电平控制方式设置为手动时,用此来调整音频电平的大小。

图 5 - 113　SxS 存储卡　　　　图 5 - 114　左侧后部面板各开关、按钮

12. S & Q(慢动作和快动作)按钮及指示灯

当摄像机处于高清模式,并且选择了以下视频格式之一时,可以将记录的帧率设置为与播放不同的帧率。以不同帧率进行记录可以获得更平滑的慢动作或快动作效果,就好比电影的高速摄影和降格拍摄。例如,如果视频格式为 HQ1280/24P,那么,以 1 到 23 fps 之间的帧率记录可以在播放时实现快动作,以 25 到 60 fps 之间的帧率记录可以在播放时实现慢动作。

可做快慢动作的视频格式有:

NTSC Area(使用 NTSC 制的国家和区域):HQ1920/30P、HQ1920/24P、HQ1280/60P、HQ1280/30P、HQ1280/24P。

PAL Area(使用 PAL 制的国家和区域):HQ1920/25P、HQ1280/50P、HQ1280/25P。

　注意:

◀在标清模式下无法激活快动作和慢动作。

◀不能同时将慢动作 & 快动作与帧记录、间歇记录或图像缓存记录设置为"ON"。将慢动作 & 快动作设置为"ON"时,帧记录、间歇记录或图像缓存记录会被强制设置为"OFF"。

◀如果记录帧速率设置为不同于播放的帧速率,则在记录时不记录音频。

要进行快慢动作录制时,先必须对摄像机进行预设置,即在 CAMERA SET(摄像机设置)菜单中进行必要的设置,其操作步骤是:

① 从 CAMERA SET(摄像机设置)菜单中选择【S & Q Motion】。

② 使用【On 时的格式】选择慢动作 & 快动作记录的视频格式。

③ 使用【Format Rate 帧率】选择用于记录的帧速率。设置范围根据当前视频格式而有所不同:采用 1920 水平分辨率格式的是 1 到 30 fps;采用 1280 水平分辨率格式的是 1 到 60 fps。

④ 退出菜单。

⑤ 按一下 S & Q 按钮。

摄像机进入慢动作 & 快动作模式,且按钮灯点亮。当屏幕上的特殊记录模式处于激活状态时,屏幕上会显示"S & Q Motion"。此时可以通过操作操作杆或慢速拨轮直接更改记录帧速率。

13. CACHE REC(缓存记录)灯

当图像缓存功能处于激活状态时,摄像机会将捕捉到的最后几秒钟的视频存储在内置的缓存器中,以便允许你在按下录像按钮之前的某一时刻在 SxS 存储卡上开始记录视频。

图像缓存时间最长为 15 秒钟。

☞ 注意:

◀ 不能同时将图像缓存记录与帧记录、间歇记录、慢动作 & 快动作记录设置为"ON"。将图像缓存设置为"ON"时,帧记录、间歇记录、慢动作 & 快动作记录会被强制设置为"OFF"。

◀ 如果图像缓存记录设置为"ON",则无论 TC/UB SET 菜单如何设置,时间码始终以 Free Run(自由)方式运行。

开始图像缓存记录之前,请将 CAMERA SET 菜单进行如下设置:

① 在 CAMERA SET(摄像机设定)菜单中选择【P. Cache Rec】。

② 将【设定】设置为【On】。

如果将图像缓存功能指定给某个可指定按钮,则可以使用该按钮交替进行 On/Off 设置操作。

③ 使用【拍摄时间】设置缓存视频的时间。可以从 0~2 秒、2~4 秒、4~6 秒、6~8 秒、8~10 秒和 13~15 秒中选择时间。

④ 退出菜单。

此时屏幕上的特殊记录/操作状态指示区将显示"●CACHE"(●绿色)。

5.10.1.3　上部面板各开关、按钮的功能

1. ASSIGN(分配)按钮1、2和3

ASSIGN(分配)按钮1、2和3如图5-115所示。

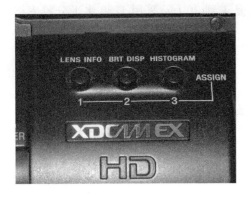

图 5-115　分配按钮 1、2 和 3

该机共有4个分配按钮。这3个按钮在出厂时指定了以下功能：

ASSIGN 1 按钮为 LENS INFO 打开/关闭景深指示。

ASSIGN 2 按钮为 BRT DISP 打开/关闭亮度级别指示。

ASSIGN 3 按钮为 HISTOGRAM 打开/关闭直方图指示。

ASSIGN 4 按钮位于摄像机镜头下面，未指定功能。

如图5-116为手柄下面的开关、按钮。

2. SHOT TRANSITION (转场过渡)按钮

可以将摄像机的设置或状态以"场"的形式进行记录，然后按记录顺序可以再次应用，转场过渡功能可以轻松地获取复杂的图像效果。

图 5-116　手柄下面各开关、按钮

可以将焦距、变焦、光圈、增益、电子快门、白平衡、彩色矩阵和细节级别设置记录为一个场，然后将当前摄像机的设置转变为场的设置。也可以从一个场的设置转变为另一个场的设置，从而实现平滑的场景过渡。例如，可以将焦距从一个较近的物体拉到一个较远的物体，或者通过调节光圈改变景深。

此外，该功能还可以平滑地拍摄出不同记录条件下的场景。如果记录了白平衡的手动调节功能，则由室内到室外物体间的场景过渡将非常平滑。

♫ 注意：

◀转场过渡不能与 EX 慢速快门、间歇记录、帧记录和慢动作 & 快动作中任何一个功能同时处于激活状态。

◀若要在转场过渡中改变焦距，必须将焦距调节模式设置为 MF 或 AF。

◀若要在转场过渡中改变变焦，必须将ZOOM(变焦)开关设置为 SERVO(伺服)，设置为 MANUAL 时无法改变变焦。

图 5 - 117　转场过渡按钮

如图 5 - 117 所示为转场过渡按钮。A和 B 按钮可用来记录不同场景。下面一个为MODE(模式)按钮，按一下此按钮，摄像机进入转场过渡操作模式，按钮的指示灯点亮。屏幕上显示转场过渡操作区域。每按下此按钮，转场过渡操作模式在 Store、Check、Execute 和 Off 之间循环一次。

♫ 注意：转场过渡操作模式为 Check 或 Execute 时，摄像机操作被禁用。需要进行调节时，请将模式设置为 Store。

在开始使用转场过渡功能记录之前，必须先在 CAMERA SET(摄像机设定)菜单中进行必要的设置。即将转场过渡操作模式设置为"EXECUTE"，此时屏幕上的转场过渡信息区域将指示设置的状态。

设置步骤为：

① 从 CAMERA SET(摄像机设定)菜单中选择【Shot Transition】。

② 指定转场过渡的状态。

【Trans Time】(转换时间)：将【Time/Speed】(时间/速度)设置为【Time】(时间)后，以 1 秒为步进在 2 到 15 秒的范围内设置过渡的时间长度。

【Trans Speed】(转换速度)：将【Time/Speed】(时间/速度)设置为【Speed】(速度)后，设置变焦过渡速度(指定变焦以特定速度从 T 端移动到 W 端所需的时间)。设置范围为 1 到 10。设定的数字越大速度越快。

【Time/Speed】(时间/速度)：指定是通过变焦过渡的时间还是速度来指定过渡的时间长度。

【Time】(时间)："Transition Time"(转换时间)设置有效。

【Speed】(速度)："Transition Speed"(转换速度)设置有效。

【Trans Curve】(转换曲线)：选择过渡样式。转场过渡信息区域显示对应的图标。设置和图标以及内容如图 5-118 所示。

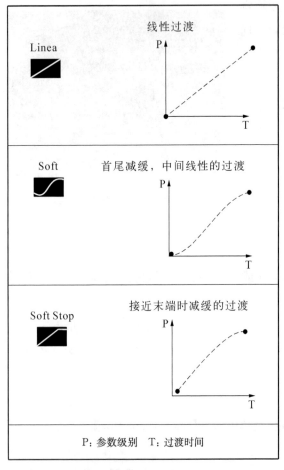

图 5-118 转场过渡示意图

【Start Time】(定时)：设置从开始记录到开始转场过渡的时间。转场过渡信息区域显示倒数指示,直到开始定时器启动转场过渡。

【Rec Link】(录制连动)：设置是否将转场过渡的开始和目标场的选择链接到记录的开始。转场过渡信息区域显示设置状态。

【Off】：不链接到记录的开始(使用 A 或 B 按钮开始过渡并指定目标场)。

Shot-A(拍摄-A)：开始记录时,同步启动到场 A 的过渡。

Shot-B(拍摄-B)：开始记录时,同步启动到场 B 的过渡。

③ 退出菜单以完成设置。

记录场:

可以记录两种场:A 和 B。其步骤是:

① 按 MODE 按钮使转场过渡操作区域显示"Store"。

② 调节摄像机设置以获得要记录的图像。

③ 完成调节后,按场 A 或场 B 按钮。此时摄像机设置被记录到按下的按钮。记录的摄像机设置将保持,直到下一次记录它们。

检查记录的设置(场):

① 按 MODE 按钮使转场过渡操作区域显示"Check"。

② 按一下指定了的(要检查的)场 A 或场 B 按钮。此时所选场(摄像机设置状态)作用于屏幕上的画面。但无法通过此操作检查过渡的状态。

使用转场过渡进行记录: 完成预备设置后,可以开始记录。

从当前图像过渡到记录的场:

① 调节摄像机设置以获取要开始记录的图像。

② 按 MODE 按钮使转场过渡操作区域显示"Execute"。

③ 按一下 REC START/STOP 按钮,记录开始。

④ 当【Rec Link】(录制连动)设置为【Off】时,若要开始转场过渡,请按目标场(A 或 B)按钮。当前摄像机设置将逐渐转变为记录指定场的设置。

当【Rec Link】(录制连动)设置为【Shot‐A】(拍摄‐A)或【Shot‐B】(拍摄‐B)时,摄像机分别自动过渡到场 A 或场 B 记录的摄像机设置。不需按按钮。

从场 A 过渡到场 B:

将【Rec Link】(录制连动)设置为【Off】或【Shot‐B】(拍摄‐B)时,可以执行从场 A 到场 B 的转场过渡。

① 按 MODE 按钮使转场过渡操作区域显示"Check"。

② 按一下 A 键。图像根据对场 A 记录的摄像机设置进行调节。

③ 按 MODE 按钮使转场过渡操作区域显示"Execute"。

④ 按一下 REC START/STOP 按钮。此时使用为场 A 记录的设置开始记录。

⑤ 当【Rec Link】(录制连动)设置为【Off】时,若要开始转场过渡,请按 B 按钮。

当【Rec Link】(录制连动)设置为【Shot‐B】(拍摄‐B)时,摄像机自动转换过渡到场 B 记录的摄像机设置。不需要按 B 按钮。

从场 B 过渡到场 A:

将【Rec Link】(录制连动)设置为【Off】或【Shot‐A】(拍摄‐A)时,可以执行从场 B 到场 A 的转场过渡。

① 按 MODE 按钮使转场过渡操作区域显示"Check"。

② 按一下 B 键。图像根据对场 B 记录的摄像机设置进行调节。

③ 按 MODE 按钮使转场过渡操作区域显示"Execute"。

④ 按一下 REC START/STOP 按钮。此时使用为场 B 记录的设置开始

记录。

⑤ 当【Rec Link】(录制连动)设置为【Off】时,若要开始转场过渡,请按 A 按钮。

当【Rec Link】(录制连动)设置为【Shot - A】(拍摄- A)时,摄像机自动转换过渡到场 A 记录的摄像机设置。不需要按 A 按钮。

结束记录:

完成记录时,按一下 REC START/STOP 按钮。

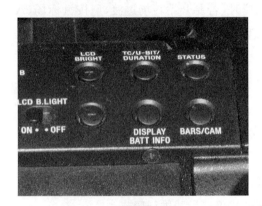

图 5 - 119　手柄下的其他按钮

手柄下的其他按钮如图 5 - 119 所示。

3. LCD B. LIGHT(液晶屏背光)开关

LCD B. LIGHT(液晶屏背光)开关用来打开和关闭液晶屏背光。当周围环境明亮时(例如在户外),要查看 LCD 液晶屏上的图像,没有必要打开背光。

当将 LCD B. LIGHT 开关设置为 ON 时,使用图 5 - 119 中 LCD BRIGHT 的"＋"和"－"按钮可以调节背光的亮度。

4. TC/U - BIT/DURATION(时间/用户比特/持续时间)

在摄像机模式下,按一下 DISPLAY/BATT INFO 按钮,可以在屏幕上显示时间数据,按 TC/U - BIT/DURATION 按钮时,指示在时间码、用户比特和记录持续时间之间切换。

5. DISPLAY/BATT INFO(显示/电池信息)按钮

在摄像模式下,按此按钮显示摄像机的状态和设置,再按一下此按钮会取消这些显示。在摄像机电源处于关闭状态时,按此按钮显示摄像机安装的电池的信息,电池信息持续 5 秒后消失。

6. STATUS(状态)按钮

切换摄像机屏幕上的状态显示。

7. BARS/CAM(彩条/摄像机)按钮

摄像机输出切换按钮,要输出彩条,按一下此按钮,要关闭彩条再按一下此按钮,此时,摄像机输出拍摄的画面。

5.10.1.4 手柄前面各开关、按钮的功能

手柄前面各开关、按钮如图 5－120 所示。

该机手柄前面液晶屏的结构和 HVR－Z5C 有所不同。该机的液晶屏隐藏在这些开关、按钮的下部，使这部分开关、按钮始终暴露在外面。

在这些按钮中，最下面的变焦开关和录像按钮及保持开关的功能和前面介绍的 HVR－Z5C 高清摄录一体机完全一样。

上半部分开关、按钮的结构如图 5－121 所示。

图 5－120　手柄前面各开关、按钮

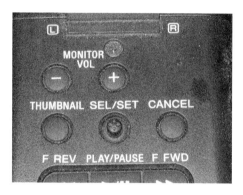

图 5－121　手柄前面上半部分各开关、按钮

1. MONITOR VOL（监听音量）调整按钮

在摄像模式下，可以通过连接到耳机接口（立体声微型插孔）的耳机监听正在记录的声音。

摄像模式下禁用内置扬声器。用此"＋"和"－"按钮可以调节监听声音的大小。调节音量时，屏幕上显示条状音量指示。

在正常播放模式下，可以通过内置扬声器或连接的耳机监听记录的声音信号。用此"＋"和"－"按钮可以调节监听声音的大小。

2. THUMBNAIL（缩略图屏幕类型更改）按钮

通过按下 THUMBNAIL 按钮，可以更改缩略图屏幕的类型。

在高清模式下，每按一次该按钮，便会循环显示普通缩略图屏幕、OK 素材缩略图屏幕和所有素材缩略图屏幕。

在标清模式下，每按一次该按钮，便会轮流显示普通缩略图屏幕和所有素材缩略图屏幕。

显示 OK 素材缩略图屏幕：OK 素材缩略图屏幕只显示当前 SxS 存储卡中标志

了 OK 的那些素材片段。如果在显示普通缩略图屏幕的情况下按 THUMBNAIL 按钮,则会显示 OK 素材缩略图屏幕。

添加 OK 标志:通过将 OK 标志添加到在高清模式下记录的素材,可以防止无意中删除或分割该素材。

🖑 注意: OK 标志无法添加到在标清模式下记录的素材。

若要在摄像模式下添加 OK 标志,请为可分配按钮指定 OK 标志功能。在摄像模式下,可以将 OK 标志添加到当前所选 SxS 存储卡上记录的最后一个素材中。其方法是:素材记录结束后,按一下已为其指定了 OK 标志功能的可分配按钮。屏幕上显示一条消息"OK Mark",时间为 3 秒。

显示所有素材缩略图屏幕:所有素材缩略图屏幕将显示当前 SxS 存储卡上记录的高清模式和标清模式的所有素材。在高清模式下,如果在显示 OK 素材缩略图屏幕的情况下按 THUMBNAIL 按钮,则会显示所有素材缩略图屏幕。在标清模式下,如果在显示普通缩略图屏幕的情况下按 THUMBNAIL 按钮,则会显示所有素材缩略图屏幕。

3. SEL/SET(选择/设置)按钮(操纵杆)

当将该按钮向前、向后、向左和向右移动或沿着轴向推动时,它会执行相应的功能。在进行菜单操作、条目设置时非常方便。它和拨轮功能是一致的,而且是兼容的,它比拨轮更便捷。

4. CANCEL(删除)按钮

它和后部面板的 CANCEL(删除)按钮功能完全一样。

手柄前面下半部分开关、按钮的结构如图 5 - 122 所示。

图 5 - 122　手柄前面下半部分各开关、按钮

这部分按钮的标识和以往对录像机的操作按钮基本相同,所不同的是有的按钮键名发生了变化。◄◄ REW(倒带)改为 F REV,►► FF(快进)改为 F FWD,增加了 I◄◄ PREV(向前)和 ►►I NEXT(下一个)两个按钮。

由于是卡式记录,因此,播放素材就和以往有所不同。

要按顺序播放所选素材和后续素材,必

须先用操纵杆或拨轮将光标移动到希望开始播放的素材的缩略图像上,然后按一下 ▶/Ⅱ PLAY/PAUSE 按钮即可。

另外,摄像机允许改变快进或快倒的速度,可以在 4 倍速、15 倍速和 24 倍速之间选择。具体做法是:每按一下 ▶▶ F FWD 或 ◀◀ F REV 按钮,快进或快倒的速度在 4 倍速、15 倍速和 24 倍速之间切换。要返回到正常速度,按一下 ▶/Ⅱ PLAY/PAUSE 按钮。

还有,搜索素材的方法也不相同。

要想返回到当前素材的开头,按一下 ◀◀ PREV(向前)按钮。

要想跳转到下一个素材的开头,按一下 ▶▶ NEXT(下一个)按钮。

要想从第一个素材的开头开始播放,则需同时按下 ◀◀ PREV(向前)和 ◀◀ F REV(倒带)按钮,搜索内存卡中第一个记录的素材的开头。

要想从最后一个素材的开头开始播放,则需同时按下 ▶▶ NEXT(下一个)和 ▶▶ F FWD(快进)按钮,搜索内存卡中最后记录的素材的开头。

5.10.1.5　前面镜头下各开关、按钮的功能

前面镜头下各开关、按钮的结构如图 5－123 所示。

1. WHT BAL(白平衡)按钮

当摄像机的 FULL AUTO(全自动)按钮灯熄灭,摄像机的工作模式处于手动调整,且 WHITE BAL 开关处于 A 或 B 时,按此按钮执行白平衡调整。此功能和 JVC 的 GY－HD111 相同。

2. SHUTTER(电子快门)开关

用来打开或关闭电子快门。当摄像机的 FULL AUTO(全自动)按钮灯熄灭,摄像机的工作模式处于手动调整时,可用此开关打

图 5－123　前面镜头下各开关、按钮

开或关闭电子快门。快门模式和快门速度由摄像机菜单设定来进行。

3. ASSIGN4(分配按钮 4)

分配按钮 4 在出厂时没有指定功能,使用者可根据使用习惯给其指定功能。可指定的功能见后面的"其他设定"菜单的"Assign Button"(分配按钮)一节。

5.10.1.6 PMW-EX1 摄像机的输入输出插孔

如图 5-124 所示为 PMW-EX1 摄像机输出插孔。

1. COMPENENT OUT(分量输出)接口

最上面的 ⬚ COMPENENT OUT 为分量输出接口。

在出厂时,该接口被设置为用于输出监视的 HD 模拟分量信号。如果将摄像机设置为标清模式,则接口输出标清模拟分量信号。

2. A/V OUT(视/音频输出)接口

第二个 ⬚ A/V OUT 为视/音频输出接口。当 VIDEO SET(视频设置)菜单的

图 5-124 PMW-EX1 摄像机的输出插孔

"Output Select"设置为"Composite"(复合)时,接口输出双声道音频信号和下变换的 SD 模拟复合信号,用于监视。

3. HDMI OUT(HDMI 输出)接口

最下面的 ⬚ HDMI OUT 为 HDMI 输出接口,通过设置 VIDEO SET(视频设置)菜单中的"Output Select",将会启用此接口中的信息输出。

在高清模式下,可以选择 HD HDMI、SD HDMI 隔行扫描或 SD HDMI 逐行扫描输出。

在标清模式下,输出只能是 SD HDMI 隔行扫描信号。

4. SDI OUT(数字 SDI 输出)接口

SDI OUT(数字 SDI 输出)接口如图 5-125 所示。

该接口在出厂时设置为输出 HD SDI 高清信号。如果将摄像机设置为标清模式,则接口输出 SD SDI 标清数字信号。

使用 VIDEO SET(视频设置)菜单的"Output Select",可以更改此设置,使其输出下变换的 SD SDI 标清数字信号,以便在标清监视器上观看画面效果。

图 5-125 PMW-EX1 SDI 数字输出接口

实验十七　　PMW－EX1高清卡式摄录一体机的使用

实验目的：1. 了解PMW－EX1高清卡式摄录一体机各开关、按钮的功能和使用环境。

2. 熟悉PMW－EX1高清卡式摄录一体机的性能及主要开关、按钮的功能。

3. 掌握PMW－EX1高清卡式摄录一体机的基本操作方法。

实验内容：全面讲解PMW－EX1高清卡式摄录一体机的性能；各个开关、按钮的功能和基本操作方法和使用环境。

让学生熟悉PMW－EX1高清卡式摄录一体机的性能；了解摄像机各开关、按钮的功能和使用环境；练习PMW－EX1高清卡式摄录一体机的基本操作方法。

主要仪器：PMW－EX1高清卡式摄录一体机　　　　　　　　5台

SxS存储卡　　　　　　　　　　　　　　　　　　5盘

BP－U30电池　　　　　　　　　　　　　　　　　5块

教学方式：集中讲解和多媒体展示相结合；教师示范和学生实践相结合。

预习要求：课程讲授的第五章5.11《索尼PMW－EX1高清卡式摄录一体机的菜单设置》相关内容。

实验类型：演示、验证实验。

实验学时：3学时。

5.11　索尼PMW－EX1高清卡式摄录一体机的菜单设置

　　关于摄像机菜单，我们在前面已经介绍了很多，因此，这里着重就此摄像机与其他摄像机菜单的区别加以介绍。

　　索尼PMW－EX1高清卡式摄录一体机的主菜单共6项，如图5－126所示。

　　最左边一列代表主菜单，分别是摄像机设定、音频设定、视频设定、屏幕设定、时间/用户比特设定和其他设定菜单。它少了存储器设定菜单，因为卡式一切设置都是

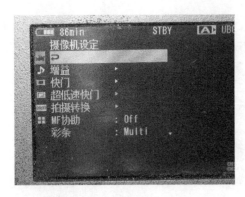

图 5-126　摄像机设定菜单 1

根据存储卡即存储器的。

图 5-126 右边部分是摄像机设定菜单的第一屏。

5.11.1　摄像机设定菜单

➢ 增益

此菜单为图 5-111 中 GAIN(增益)开关的 L、M 和 H 指定具体增益值。每一个位置都可以从 -3 dB 到 18 dB,以 3 dB 为步进进行增益的设置,机器默认值分别为 0 dB、9 dB 和 18 dB。

➢ 快门

☞ 模式。指定电子快门的工作方式,有【SPEED】(速度)模式、【Angle】(角度)模式、【ESC Frequency】(扩展的清晰扫描) 模式和【SLS Frames】(慢速快门)模式几个选项(机器默认设置为【SPEED】(速度))。

☞ 快门速度。当模式选择为【速度】时,在此设置电子快门的速度。快门速度根据记录格式的不同会有所不同。

☞ 快门角度。当模式选择为【角度】时,在此设置电子快门的角度。有【180°】、【90°】、【45°】、【22.5°】和【11.25°】几个选项(机器默认设置为【180°】)。

☞ ESC 频率。当模式选择为【ESC】时,在此设置 ESC 的频率。

☞ SLS 采集帧数。当模式选择为【SLS】时,在此设置要采集的帧数。设置范围为 2 到 8(机器默认设置为【2】)。

➢ 超低速快门

打开或关闭 EX 超低速快门模式。

➢ 拍摄转换

用来设置转场过渡的工作状态。详情请参阅前面的转场过渡部分。

➢ MF 协助

打开或关闭 MF 辅助聚焦功能。设置为"ON"时,将在手动粗调后对自动聚焦进行精确调整。

图 5-127 所示为摄像机设定菜单 2。

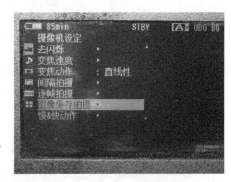

图 5-127　摄像机设定菜单 2

➤ 去闪烁

用来设置闪烁补偿。

☞ 模式。有【开】、【关】和【自动】三个选项。

☟ 开。始终激活闪烁补偿功能。

☟ 自动。检测到闪烁时自动激活闪烁补偿功能。

☟ 关。不激活闪烁补偿功能（机器默认设置为【关】）。

☞ 频率。设置激活抖动补偿功能的电源（荧光）频率。有【50 Hz】和【60 Hz】两个选项。

➤ 变焦速度

设置变焦速度的快慢。有【高】、【低】和【遥控】三个选项。

☞ 高。设置手柄变焦按钮的速度，可在 8 到 99 之间进行选择（机器默认设置为【70】）。

☞ 低。设置手柄变焦按钮的速度，可在 8 到 99 之间进行选择（机器默认设置为【30】）。

☞ 遥控。设置红外遥控器变焦按钮的速度，可在 8 到 99 之间进行选择（机器默认设置为【50】）。

➤ 变焦动作

设置变焦操作的模式。用来设置手柄变焦开始和结束的操作模式。有【直线性】和【平滑性】两个选项（机器默认设置为【直线性】）。

➤ 间隔拍摄

与以往的摄像机一样，所不同的是，录制时间和间隔时间更为精细。

☞ 间隔时间。设置间隔记录中间隔的时间长短，可以在 1 秒到 10 秒、15 秒、20 秒、30 秒、40 秒和 50 秒、1 分到 10 分、15 分、20 分、30 分、40 分、50 分、1 小时到 4 小时、6 小时、12 小时和 24 小时之间进行选择（机器默认设置为【1 秒】）。

☞ 记录帧数。设置间隔记录中每次记录的帧数，可以在 1 帧、3 帧、6 帧和 9 帧之间选择，或者在 HQ1280/60P、QH1280/50P 模式下，在 2 帧、6 帧和 12 帧之间进行选择（机器默认设置为【1 帧】）。

➤ 逐帧拍摄

和其他摄像机一样，逐帧拍摄用于拍摄动画效果。所不同的是该机可以设置每次记录的时间长短。

☞ 记录帧数。设置逐帧拍摄中每次记录的帧数,可以在 1 帧、3 帧、6 帧和 9 帧之间选择,或者在 HQ1280/60P、QH1280/50P 模式下,在 2 帧、6 帧和 12 帧之间进行选择(机器默认设置为【1 帧】)。

➢ 图像缓存拍摄

☞ 设定 ON/OFF。用来打开或关闭图像缓存拍摄(机器默认设置为【关】)。

☞ 缓存记录时间。用来设置在图像缓存中开始缓存视频的时间(距离图像缓存记录过程中按一下 REC START/STOP 按钮开始记录时的时间),有以下选项:0～2 秒、2～4 秒、4～6 秒、6～8 秒、8～10 秒和 13～15 秒(机器默认设置为【0～2 秒】)。

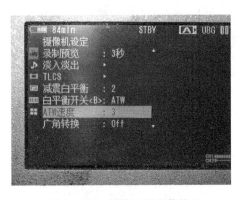

图 5-128　摄像机设定菜单 3

➢ 慢 & 快动作

用来设置慢 & 快动作功能。详见前面该摄像机操作部分。

摄像机设定菜单 3 如图 5-128 所示。

➢ 录制预览

用来设置使用记录回放功能时,播放最后记录的素材的时间。有【3 秒】、【10 秒】和【素材】三个选项。

☞ 3 秒。只回放最后 3 秒(机器默认设置为【3 秒】)。

☞ 10 秒。只回放最后 10 秒。

☞ 素材。播放最后拍摄的整个素材。

➢ 淡入淡出

该功能和 HVR-V1C 和 Z5C 的"淡变器"功能基本相同,请参阅本章前面相关章节。所不同的是该机可以设置淡入、淡出特效的时间长短。

☞ 淡入开关。打开或关闭淡入功能(机器默认设置为【关】)。

☞ 淡入类型。用来选择淡入类型。

➾ 白。由白色屏幕淡入。

➾ 黑。由黑色屏幕淡入(机器默认设置为【黑】)。

☞ 淡入时间。用来设置淡入特效的时间长短。可以在【1 秒】、【2 秒】、【3 秒】、【5 秒】和【10 秒】之间进行选择(机器默认设置为【2 秒】)。

☞ 淡出开关。打开或关闭淡出功能(机器默认设置为【关】)。

☞ 淡出类型。用来选择淡出类型。

    ✍ 白。淡出到白色屏幕。

    ✍ 黑。淡出到黑色屏幕(机器默认设置为【黑】)。

☞ 淡出时间。用来设置淡出特效的时间长短。可以在【1 秒】、【2 秒】、【3 秒】、【5 秒】和【10 秒】之间进行选择(机器默认设置为【2 秒】)。

    ➢ TLCS

用来设置控制系统的总电平,例如自动增益、自动光圈和自动电子快门控制系统等。

☞ Level(电平)。用来设置自动光圈控制的目标电平,使其更亮或者更暗。本设置同样影响 AGC 模式下的增益控制和自动快门模式下的快门速度控制。有【+1.0】、【+0.5】、【±0】、【−0.5】和【−1.0】几个选项(机器默认设置为【±0】)。

☞ Mode(方式)。在 TLCS 中设置自动光圈的控制模式。有【逆光】、【标准】和【聚光灯】三种模式可供选择(机器默认设置为【标准】)。

☞ Speed(速度)。在 TLCS 中设置自动控制的跟踪速度。设置范围为−99 到+99(机器默认设置为【+50】)。

☞ AGC。用来设置 AGC(自动增益控制)的开与关(机器默认设置为【关】)。

☞ AGC Limit(AGC 限制)。用来设置 AGC 的最大增益。有【3 dB】、【6 dB】、【9 dB】、【12 dB】和【18 dB】可供选择(机器默认设置为【12 dB】)。

☞ AGC Point(AGC 点)。用来设置在 AGC 开启时切换至自动光圈和自动快门控制的光圈点。有【F5.6】、【F4】和【F2.8】三个选项(机器默认设置为【F2.8】)。

☞ Auto Shutter(自动电子快门)。用来设置电子快门的开与关(机器默认设置为【关】)。

☞ A. SHT Limit(自动电子快门限制)。用来设置自动电子快门速度的最大值。有【1/100】、【1/150】、【1/200】和【1/250】四个选项(机器默认设置为【1/250】)。

☞ A. SHT Point(自动电子快门点)。用来设置在自动电子快门开启时,切换到自动光圈和自动电子快门控制的光圈点。有【F5.6】、【F8】、【F11】和【F16】四个选项(机器默认设置为【F16】)。

    ➢ Shockless White(减振白平衡)

用来选择在白平衡模式开启时白平衡的变化速度。有【Off】、【1】、【2】和【3】四个选项(机器默认设置为【2】)。当设置为【Off】则立即改变白平衡,选择越大的数字,则白平衡改变越慢。

➢ White Switch⟨B⟩(白平衡开关⟨B⟩)

用来选择白平衡开关在 B 位置所选的模式(ATW 或 Memory B)。有【ATW】和【MEM】两个选项(机器默认设置为【ATW】)。

➢ ATW Speed(ATW 速度)

用来设置 ATW 的跟踪速度。有【1】、【2】、【3】、【4】和【5】五个选项。所设数字越大,速度越快(机器默认设置为【3】)。

图 5-129　摄像机设定菜单 4

➢ 广角转换

当安装广角转换镜头时,设置为【ON】(机器默认设置为【关】)。

摄像机设定菜单 4 如图 5-129 所示。

➢ 手振补偿

用来打开或关闭手振补偿功能(机器默认设置为【开】)。

➢ 翻转模式

用来设置图像的翻转功能。有【正常】、【水平翻转】、【垂直翻转】和【水平＋垂直】四个选项。

☞ 正常。为正常图像方向(机器默认设置为【正常】)。

☞ 水平翻转。使图像进行水平翻转。

☞ 垂直翻转。使图像进行垂直翻转。

☞ 水平＋垂直。使图像水平和垂直均翻转。

选择“Execute”为执行翻转(翻转过程中屏幕为黑色)。

5.11.2　音频设定菜单

音频设定菜单如图 5-130 所示。

➢ 音频输入

☞ 微调 CH-1(第一声道微调)。在音

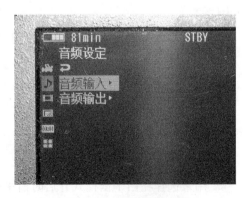

图 5-130　音频设定菜单

频手动调节模式下,以 3 dB 为步进微调外接麦克风输入声道 1 的灵敏度。调整范围为—20 dBu 到—65 dBu(机器默认设置为【—41 dBu】)。

☞ 微调 CH－2(第二声道微调)。在音频手动调节模式下,以 3 dB 为步进微调外接麦克风输入声道 2 的灵敏度。调整范围为—20 dBu 到—65 dBu(机器默认设置为【—41 dBu】)。

☞ INT MIC Level(内置麦克风电平)。在音频手动调节模式下,选择内置麦克风电平。共有【—12 dB】、【—6 dB】、【0 dB】、【＋6 dB】和【＋12 dB】几个选项(机器默认设置为【0 dB】)。

☞ Limiter(限幅)。用来打开或关闭音频限幅器(机器默认设置为【关】)。

☞ 麦克风 AGC(麦克风自动增益控制)。用来选择麦克风的输入灵敏度。有【高】和【低】两个选项(机器默认设置为【高】)。

☞ AGC Link(自动增益控制连动)。选择音频电平调整处于 AGC 模式时,增益的锁定条件。有【连动】和【独立】两个选项(机器默认设置为【连动】)。

☞ 1 KHz Tone(1 千赫兹音频)开关。用来打开或关闭 1 千赫兹的测试音(机器默认设置为【关】)。

☞ EXT CH Select(外接声道选择)。有【CH1】和【CH1/CH2】两个选项。

✍ CH1。将声道 1 的音频输入记录到声道 1 和声道 2 上。

✍ CH1/CH2。将声道 1 和声道 2 的输入记录到各自的声道上(机器默认设置为【CH1/CH2】)。

➤ 音频输出

☞ Monitor CH(监听声道)。用来选择输入耳机和内置扬声器的音频声道。有【CH－1/CH－2(CH－3/CH－4)】、【CH－1＋CH－2(CH－3＋CH－4)】、【CH－1(CH－3)】和【CH－2(CH－4)】几个选项。

✍ CH－1/CH－2(CH－3/CH－4)。为立体声(机器默认设置为【CH－1/CH－2】)。

✍ CH－1＋CH－2(CH－3＋CH－4)。为混音。

✍ CH－1(CH－3)。只监听第一声道或第三声道的声音。

✍ CH－2(CH－4)。只监听第二声道或第四声道的声音。

☞ Output CH(输出声道选择)。用来选择来自声道 1 和 2 或声道 3 和 4 进行音频输出。有【CH－1/CH－2】和【CH－3/CH－4】两个选项(机器默认设置为【CH－1/

CH-2】)。

　　☞ Alarm Level(警告音音量)。用来设置警告声的大小。调整范围是 0 到 7(机器默认设置为【4】)。

　　☞ Beep(操作音)。用来选择每次操作后是否发出一声嘟音(机器默认设置为【关】)。

5.11.3　视频设定菜单

　　视频设定菜单如图 5-131 所示。

图 5-131　视频设定菜单

　　➢ 输出信号选择

　　☞ HD SDI Component(高清 SDI 分量信号)。从 SDI OUT 接口输出高清 SDI 信号。

　　☞ SD SDI Component(标清 SDI 分量信号)。从接口输出标清 SDI 信号。

　　☞ HD HDMI。从 HDMI OUT 接口输出 HD HDMI 信号。

　　☞ SD HDMI Progressive(SD HDMI 逐行扫描)。从 HDMI OUT 接口输出 SD HDMI 逐行扫描信号。

　　☞ SD HDMI Interlace(SD HDMI 隔行扫描)。从 HDMI OUT 接口输出 SD HDMI 隔行扫描信号。

　　☞ Composite(复合)。从 A/V OUT 接口输出复合信号。

　　➢ YPbPr/数码输出显示

　　用来设置是否将与 LCD 液晶屏和 VF 屏幕上相同的菜单和状态指示添加到机器的 Component OUT、SDI OUT 和 HDMI OUT 输出端口上(机器默认设置为【关】)。

　　➢ 视频输出显示

　　用来设置是否将与 LCD 液晶屏和 VF 屏幕上相同的菜单和状态指示添加到机器的 A/V OUT 输出端口上(机器默认设置为【关】)。

　　➢ SETUP(设定)

　　用来设置选择 NTSC 格式时是否将 7.5％设置添加到来自 A/V OUT 输出端口

上(PAL 格式时无效)。

> 24P 系统

当视频格式设置为 HQ 1920/24P 或 HQ 1440/24P 时,请在摄像模式下选择视频输出格式(对其他格式无效)。有【60i】和【24PsF】两个选项(机器默认设置为【60i】)。

5.11.4 LCD /VF(液晶屏 /寻像器)设定菜单

LCD/VF(液晶屏/寻像器)设定菜单如图 5-132 所示。

> LCD(液晶屏)设定

用来调整 LCD(液晶屏)。

☞ Color(彩色)。用来调整液晶屏上画面的色彩。调整范围是－99 到＋99(机器默认设置为【±0】)。

☞ Contrast(对比度)。用来调整液晶屏上图像的对比度。调整范围是－99 到＋99(机器默认设置为【±0】)。

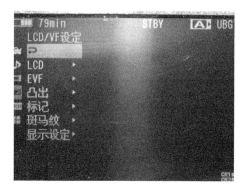

图 5-132 LCD/VF 设定菜单

☞ Brightness(亮度)。用来调整液晶屏上图像的亮度。调整范围是－99 到＋99(机器默认设置为【±0】)。

> EVF(通常所说的 VF 寻像器)设定

☞ Backlight(背光)。用来设置 EVF(寻像器)的背光亮度。有【高】和【低】两个选项(机器默认设置为【高】)。

☞ Modems(模式)。在摄像状态下设置 EVF 的显示模式。有【彩色】和【黑白】两个选项(机器默认设置为【彩色】)。

☞ Contrast(对比度)。用来调整寻像器上图像的对比度。调整范围是－99 到＋99(机器默认设置为【±0】)。

☞ Brightness(亮度)。用来调整寻像器上图像的亮度。调整范围是－99 到＋99(机器默认设置为【±0】)。

☞ Power(电源)。用来设置开启寻像器的条件。和 DSR-PD190 完全一致。有【AUTO】和【ON】两个选项(机器默认设置为【AUTO】)。

> Peaking(凸出)

用来设置监视屏幕上图像的轮廓。

☞ Color(彩色)。用来选择轮廓信号的颜色。有【白色】、【红色】、【黄色】和【蓝色】几个选项(机器默认设置为【白色】)。

☞ Level(等级)。用来选择轮廓信号的电平。有【高】、【中】和【低】三个选项(机器默认设置为【中】)。

➢ 标记

设定添加到 LCD/VF 屏幕图像上的标记。

☞ Setting(设定)。组合打开或关闭使用标记指示(机器默认设置为【开】)。

☞ Safety Zone(安全区标记)。用来设置打开或关闭安全框(机器默认设置为【开】)。

☞ Safety Area(安全区范围)。选择安全框的大小。有【80%】、【90%】、【92.5%】和【95%】几个选项(机器默认设置为【90%】)。

☞ Center Marker(中央标记)。用来设置打开或关闭中心标记(机器默认设置为【开】)。

☞ Aspect Marker(宽高标记)。用来选择纵横比标记的开与关(机器默认设置为【关】)。

☞ Aspect Select(宽高选择)。用来选择纵横比标记的比例。有【4∶3】、【13∶9】、【14∶9】、【15∶9】、【1.66∶1】、【1.85∶1】、【2.25∶1】和【2.4∶1】几个选项(机器默认设置为【4∶3】)。

☞ Aspect Mask(平面透视度)。用来选择纵横比标记以外的图像亮度。有【90%】、【80%】、【70%】、【60%】、【50%】、【40%】、【30%】、【20%】、【10%】和【0%】几个选项(机器默认设置为【0%】)。

☞ Guide Frame(指南框架)。用来打开或关闭导向框(机器默认设置为【关】)。

➢ Zebra(斑马纹)

☞ 斑马纹选择。选择要显示的斑马彩色图形。有【1】、【2】和【Both】三个选项。

✍ 1。仅显示斑马彩色图形 1。

✍ 2。仅显示斑马彩色图形 2。

✍ Both。同时显示斑马彩色图形 1 和斑马彩色图形 2。

☞ 斑马纹电平。选择斑马纹彩色图形 1 的显示等级。选择范围为 50 到 107(机器默认设置为【70】)。

➢ 显示设定

用来选择要在 LCD 和 EVF 屏幕上显示的项目。

☞ 视频电平警告。打开或关闭图像过亮或过暗时的警告提示（机器默认设置为【关】）。

☞ 亮度。打开或关闭图像亮度的数字指示（机器默认设置为【关】）。

☞ 直方图。打开或关闭图像电平分配的直方图指示（机器默认设置为【关】）。

☞ 景深。选择景深指示。有【米】、【英尺】和【关】三个选项（机器默认设置为【关】）。

☞ 变焦位置。选择变焦位置指示类型。有【数字】、【条形】和【关】三个选项（机器默认设置为【数字】）。

☞ 音频电平表。打开或关闭音频电平表指示（机器默认设置为【开】）。

☞ 时间码。打开或关闭时间数据指示（时间码、用户比特、时间长度）（机器默认设置为【开】）。

☞ 电池余量。打开或关闭电池剩余电量/DC 输入电平指示（机器默认设置为【开】）。

☞ 存储卡余量。打开或关闭存储卡剩余容量指示（机器默认设置为【开】）。

☞ TLCS。打开或关闭 TLCS 模式指示（机器默认设置为【开】）。

☞ 手振补偿。打开或关闭防抖指示（机器默认设置为【开】）。

☞ 对焦模式。打开或关闭聚焦方式指示（机器默认设置为【开】）。

☞ 白平衡模式。打开或关闭白平衡模式指示（机器默认设置为【开】）。

☞ 图像参数。打开或关闭画质资料指示（机器默认设置为【开】）。

☞ 灰镜位置。打开或关闭 ND 灰镜设置指示（机器默认设置为【开】）。

☞ 光圈位置。打开或关闭光圈设置指示（机器默认设置为【开】）。

☞ 增益设定。打开或关闭增益设置指示（机器默认设置为【开】）。

☞ 快门设定。打开或关闭电子快门速度设置指示（机器默认设置为【开】）。

☞ 淡入淡出状态。打开或关闭淡变器工作模式设置指示（机器默认设置为【开】）。

☞ 录制模式。打开或关闭特殊记录模式设置指示（机器默认设置为【开】）。

☞ 视频格式。打开或关闭视频格式设置指示（机器默认设置为【开】）。

5.11.5 TC/UB(时间码/用户比特)设定菜单

TC/UB(时间码/用户比特)设定菜单如图 5－133 所示。

图 5－133　TC/UB 设定菜单

➤ 时间码

☞ 模式。用来设置时间码的模式。有【预设】、【更新】和【时钟】三个选项。

✎ 预设。由指定值开始记录时间码(机器默认设置为【预设】)。

✎ 更新。使用素材当前位置的时间码作为时间码的开始。

✎ 时钟。将当前时钟用作时间码的开始。

☞ 运行。用来设置时间码的运行方式。有【录制时运行】和【自由运行】两个选项(机器默认设置为【录制时运行】)。

☞ 设定。和 DSR－PD190 一样。

☞ 复位。使计数器置 0。

➤ 用户比特

和 DSR－PD190 一样。

➤ 时间码格式

设置时间码格式。有【DF】和【NDF】两个选项。

☞ DF。失帧(机器默认设置为【DF】)。

☞ NDF。全帧。

5.11.6 其他设定菜单

其他设定菜单 1 如图 5－134 所示。

➤ 全复位

重设到出厂预设状态。

☞ 是和否。选【是】将摄像机重设到出厂预设状态。

➤ 摄像机数据

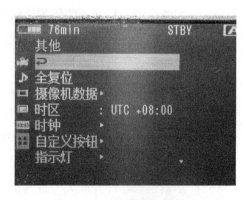

图 5－134　其他设定菜单 1

用来存储或调用菜单设置。

☞ Store(保存)。有【是】和【否】两个选项。选【是】将设置值存储在 SxS 存储卡中。

☞ Recall(调用)。有【是】和【否】两个选项。选【是】从 SxS 存储卡中恢复设置值。

➢ 时区

时差设置，以 30 分钟为步进根据 UTC 设置时差。

➢ 时钟。

和 DSR‐PD190 一样。

➢ Language(语言)

用来设置摄像机菜单和状态显示使用哪国语言。有【English】、【Chinese】和【Japanese】(机器默认设置为【English】)。

(注：本书使用的菜单和显示内容均在【Chinese】模式下。)

➢ 自定义按钮

为相应编号的分配按钮指定功能。有【〈1〉】、【〈2〉】、【〈3〉】、【〈4〉】四个选项分别代表四个可分配按钮。

每个按钮可指定的功能有：Off(关闭)、标记、Last Clip DEL(删除最后素材)、ATW、ATW 锁定、录制预览、录制、图像缓存、Freeze Mix(冻结混合)、Expanded Focus(扩展对焦)、Spot light(聚光灯)、Back light(逆光)、IR 遥控器、拍摄标记 1、拍摄标记 2、淡入淡出、EVF 模式、亮度、直方图、景深、OK 标记。在每个分配按钮编号被打开时，都可以在这些选项中进行选择。

➢ 指示灯

用来设置演播、记录指示灯的开与关。

☞ 前端指示灯。设置摄像机前面记录指示灯的亮度和开关。有【高】、【低】和【关闭】三个选项(机器默认设置为【高】)。

☞ 后端指示灯。设置摄像机后面记录指示灯的开与关(机器默认设置为【开】)。

其他设定菜单 2 如图 5‐135 所示。

➢ 使用时间

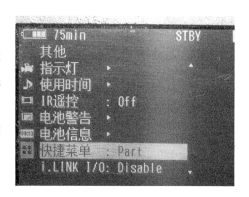

图 5‐135 其他设定菜单 2

用来显示累计使用时间。

☞ 系统使用时间。显示不可复位的累计使用时间。

☞ 复位后使用时间。显示可复位的累计使用时间。

☞ 复位。选择【是】将【复位后使用时间】值设置为"0"。

➢ IR 遥控

用来设置随机遥控器是否起作用。【ON】起作用。【OFF】不起作用(机器默认设置为【OFF】)。

➢ 电池警告

☞ 电量低。设置产生 Low BATT(电量低)警报的电池电量。设置范围为5％到50％(以5％为步进)(机器默认设置为【5％】)。

☞ 电量不足。设置产生 BATT Empty(电量不足)警报的电池电量。设置范围为3％到7％(机器默认设置为【3％】)。

☞ 直流电压低 1。设置产生 DC Low Volt1(直流电压低 1)警报的 DC IN 电压。设置范围为11.5 V 到 17.0 V(机器默认设置为【11.5 V】)。

☞ 直流电压低 2。设置产生 DC Low Volt2(直流电压低 2)警报的 DC IN 电压。设置范围为11.0 V 到 14.0 V(机器默认设置为【11.0 V】)。

➢ 电池信息

☞ 型号。显示类型(产品名称)。

☞ MFG Date。显示生产日期。

☞ 充电次数。显示累计充电次数。

☞ 容量。显示估算的充满时的总蓄电量。

☞ 电压。显示当前输出电压。

☞ 余量。显示当前剩余电量。

➢ 快捷菜单

设置直接菜单功能。

☞ All。允许所有直接菜单操作。

☞ Part。允许部分直接菜单操作。

☞ Off。不允许直接菜单操作。

➢ i. LINK I/O

设置 i. LINK 接口上的输入和输出。

☞ HDV。输入或输出 HDV 信息流（仅限于高清模式）。

☞ DVCAM。输入或输出 DVCAM 信息流。

☞ Disable。不使用 i. LINK 接口。

其他设定菜单 3 如图 5－136 所示。

➤ 触发模式。

☞ Internal（内置）。仅为内置槽中的 SxS 存储卡激活记录开始和停止操作。

☞ Both（两个）。同时为内置槽中的 SxS 存储卡和通过 i. LINK 接口连接的外部记录设备激活记录开始和停止操作（机器默认设置为【Both】）。

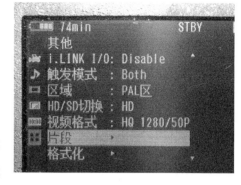

图 5－136　其他设定菜单 3

☞ External（外部）。仅为通过 i. LINK 接口连接的外部记录设备激活记录开始和停止操作。

➤ 区域

设置使用地区。选择使用地区的彩色电视系统。

☞ NTSC 区。适合使用 NTSC 制的国家和地区。例如美国、日本和我国的香港和台湾地区。

☞ PAL 区。适合使用 PAL 制的国家和地区，如西欧、澳大利亚和中国大陆。

➤ HD/SD 切换

为记录或播放在高清模式和标清模式之间切换。

➤ 视频格式

☞ PAL 区，高清模式。有【HQ 1920/50i】、【HQ 1440/50i】、【SP 1440/50i】、【HQ 1920/25P】、【HQ 1440/25P】、【HQ 1280/50P】、【HQ 1280/25P】（机器默认设置为【HQ 1920/50i】）。

☞ PAL 区，标清模式。有【DVCAM50i SQ】、【DVCAM50i EC】、【DVCAM25P SQ】、【DVCAM25P EC】（机器默认设置为【DVCAM50i SQ】）。

➤ 片段

用来设置素材名称或删除设置。

☞ 标题。设定素材名称的前 4 位字母数字段。可以使用大写字母和数字等。

☞ 编号设定。设定素材名称的第二个 4 位数字段。设置范围：0001 到 9999。

☞ 更新。选择【是】更新所选插槽中 SxS 存储卡上的管理文件。

☞ 删除最后片段。选择【是】删除最后记录的素材。

☞ 全删除。选择【是】删除当前 SxS 存储卡上的所有素材。

☞ 全复制。将一张 SxS 存储卡上的所有素材复制另一张 SxS 存储卡中。可选 【A⇨B】或【B⇨A】。

其他设定菜单 4 如图 5 - 137 所示。

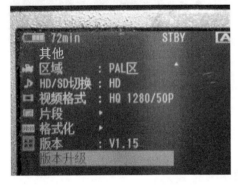

图 5 - 137　其他设定菜单 4

➢ 格式化

☞ 存储卡 A。选择【是】格式化插槽 A 中的 SxS 存储卡。

☞ 存储卡 B。选择【是】格式化插槽 B 中的 SxS 存储卡。

➢ 版本

☞ 版本升级。更新此设备。在需要更新摄像机时，选择【是】开始执行。显示摄像机的当前软件版本。

实验十八　PMW - EX1 高清卡式摄录一体机的菜单设置

实验目的：1. 了解 PMW - EX1 高清卡式摄录一体机菜单的功能和使用环境。

2. 熟悉 PMW - EX1 高清卡式摄录一体机常用菜单的设置。

3. 掌握 PMW - EX1 高清卡式摄录一体机菜单的设置方法。

实验内容：全面讲解 PMW - EX1 高清卡式摄录一体机菜单的功能、基本操作方法和使用环境。

让学生熟悉 PMW - EX1 高清卡式摄录一体机常用菜单的功能和使用环境；练习在 PMW - EX1 高清卡式摄录一体机进行各种格式记录时的菜单设置。

主要仪器：PMW - EX1 高清卡式摄录一体机　　　　　5 台

SxS 存储卡　　　　　5 盘

BP - U30 电池　　　　　5 块

教学方式：集中讲解和多媒体展示相结合；教师示范和学生实践相结合。

预习要求：课程讲授的第六章《演播室摄像机的使用》相关内容。

实验类型：演示、验证实验。

实验学时：3学时。

本章思考题

1. 高清晰度摄像机和标准清晰度摄像机的主要区别是什么？

2. 目前高清晰度摄像机有几种格式？

3. 高清晰度摄像机为什么要设计辅助聚焦功能？使用时怎样打开辅助聚焦功能？

4. 怎样改变 GY－HD111 的视频记录格式？

5. GY－HD111 高清摄像机的灰度滤光镜和 DSR－PD190P 有什么不同？

6. GY－HD111 高清摄像机的电子快门和普通摄像机有什么不同？

7. GY－HD111 高清摄像机视频输出、输入插孔有什么特点？

8. GY－HD111 高清摄像机的音频输入选择开关和 DSR－PD190P 有什么不同？

9. GY－HD111 高清摄像机能记录多少种视频格式？

10. GY－HD111 高清摄像机的带头记录表示什么？使用时怎样操作？

11. HVR－V1C 高清摄录一体机的曝光补偿和光圈按钮有何功能？

12. HVR－V1C 高清摄录一体机的聚焦方式和 DSR－PD190 有何区别？

13. HVR－V1C 高清摄录一体机怎样实现记忆棒拍照模式？

14. HVR－V1C 高清摄录一体机的电池资料信息怎样检查？

15. 在 HVR－V1C 高清摄录一体机上，分配按钮有几个？怎样给其指定功能？

16. 在 HVR－V1C 高清摄录一体机上，图像文档按钮有何功能？

17. 和 DSR－PD190P 相比，HVR－V1C 高清摄录一体机的音频调整有何不同？

18. HVR－V1C 高清摄录一体机的菜单结构和 DSR－PD190P 有何区别？

19. HVR－Z5C 高清摄录一体机的 ND 灰镜选择开关和 HVR－V1C 有何区别？

20. HVR－Z5C 高清摄录一体机的音频调整部分和 HVR－V1C 有何不同？

21. HVR－Z5C 高清摄录一体机的增益和白平衡调整方法与 HVR－V1C 有何

不同？哪个更方便？

22. HVR-Z5C 高清摄录一体机的光圈/曝光调节环位于何处？它和 HVR-V1C 有何不同？

23. HVR-Z5C 高清摄录一体机的分配按钮共有几个？分别位于何处？

24. HVR-Z5C 高清摄录一体机手柄上的记录按钮和 HOLD 开关有何特点？何时使用 HOLD 开关？

25. 缓慢平稳拍摄有何特点？在 HVR-Z5C 高清摄录一体机上怎样实现？

26. 下变换指什么？怎样设置才能保证图像不失真？

27. HVR-Z5C 高清摄录一体机的分量和复合输出与 HVR-V1C 有何不同？

28. PMW-EX1 高清卡式摄录一体机操作菜单和设置的工具有几个？分别位于何处？

29. PMW-EX1 高清卡式摄录一体机的全自动开关在何处？怎样判断机器处于全自动模式？

30. 何为慢动作 & 快动作功能？在 PMW-EX1 高清卡式摄录一体机上怎样实现？

31. 何为缓存记录功能？在 PMW-EX1 高清卡式摄录一体机上怎样实现？

32. 何为转场过渡功能？在 PMW-EX1 高清卡式摄录一体机上怎样实现？

33. PMW-EX1 高清卡式摄录一体机的素材播放和其他机器磁带播放有何不同？

34. PMW-EX1 高清卡式摄录一体机的间隔拍摄和 HVR-Z5C 有何不同？要进行间隔拍摄应怎样操作？

35. PMW-EX1 高清卡式摄录一体机的逐帧拍摄和 HVR-Z5C 有何不同？要进行逐帧拍摄应怎样操作？

第六章

演播室摄像机的使用

学习目标

1. 熟悉演播室摄像机的结构特点。

2. 熟悉演播室摄像机各开关、按钮的功能。

3. 掌握演播室摄像机的操作技巧。

4. 熟悉演播室摄像机适配器各开关、按钮的功能。

5. 熟悉摄像机控制单元各开关、按钮的功能。

6. 掌握摄像机控制单元的调整方法。

7. 熟悉特技切换台的结构和功能。

8. 掌握特技切换台的基本操作方法。

9. 掌握现场切换、即刻编辑制作系统的操作方法。

一提起演播室摄像机,熟悉电视节目制作的人就会想到那些非常笨重,没有三脚架或其他支撑设备就无法正常操作的高级摄像机。的确,从一开始,专门的演播室设备就非常笨重,只能供演播室使用。演播室摄像机主要用于拍摄演播室节目,如录制新闻口播、拍摄访谈节目、娱乐节目等。

由于演播室在设计和建造时,预先考虑到了节目录制、播出的要求:具有高保真的音响效果、完备的灯光照明系统和自动化的调光系统、布景中心、录制设备和控制设备,还有方便的交流电源、宽阔的场地等,因此,它使用的摄像机是同时期质量最好的固定式摄像系统,如高清晰度数字化的广播级摄像系统。这类摄像机的体积和重量不受某些条件的限制,并可架在有移动轮的液压支撑设备上,使摄像机的操作移动平稳可靠;它应用的特技机是高级多功能型的特技机。ESP演播室制作方式不仅技术质量高,特技手段丰富,而且艺术感染力强,是演播室节目创作的较为理想的制作方式。

6.1 演播室摄像机的发展历程

图 6-1 演播室摄像机

在我国,演播室摄像机的发展大致经过了这样几个阶段:

彩色电视摄像机的普及大约在 20 世纪 70 年代末 80 年代初。这一时期的彩色摄像机都是单管模拟式的。摄像机分为拍摄新闻素材用的便携式摄像机和室内演播室用的大型座机。这种大型座机不能用电池供电,只能用交流电源供电,没有可供肩扛的垫肩,只有一个大的黑白寻像器,而且和摄像机连为一个整体,不能拆卸。因此,只能在演播室和有交流电源的地方使用。在我国使用的代表机型是索尼公司生产的 DXC-1200P 彩色摄像机。

在 80 年代中期,出现了三管摄像机。这类机器除图像质量大大提高外,另一个显著的特点是,它集便携式摄像机和演播室摄像机于一身。一般情况下,它作为便携式摄像机用,加上适当的配件后,它就变成了演播室摄像机,这一设计大大节约了电视节目制作的设备投资。它的不足之处是:作为便携式摄像机使用时,摄像机和录像机仍然和单管机时代一样是分体式的。在我国使用的代表机型是索尼公司生产的 DXC-M3 彩色摄像机。

在 80 年代后期,便携式设备出现了摄录一体机。这一类设备的出现,使电视新闻的制作变得更为方便快捷。但由于受到体积和重量的限制,这类机器没有能与之驳接的作为演播室使用的接口,而且使用的磁带也向两极发展:1/2 格式和 Betacam 格式。演播室摄像机和便携式摄像机又分了家。在我国使用的 1/2 格式代表机型是松下公司生产的 KY-27 彩色摄录一体机。Betacam 格式的代表机型是索尼公司生产的 DXC-537 彩色摄录一体机。这时期的演播室摄像机大多沿用 DXC-M3 系列,实力雄厚一点的电视台和音像制作部门,购买了 BVP 系列摄像机。

20 世纪 90 年代中期,出现了数字摄像机。数字摄像机的出现,在摄像机结构上并没有太大的变化,只是使用的磁带格式比以前更多。个别摄像机从设计上兼容了演播室摄像机。例如索尼公司生产的 DSR - 570、DSR - 35、DSR - 50 摄录一体机,JVC公司生产的 GY - DV550 摄录一体机。

如今,随着国民经济的不断发展,综合国力的不断提高,演播室专用摄像机在我国的电视台、电视节目制作单位越来越普及。本章就以汤姆逊公司生产的 LDK 300 演播室摄像机为例介绍演播室摄像机的功能和使用。

6.2　演播室摄像机的特点

总的来说,演播室摄像机有如下几个特点:

1. 体积大、重量重、质量高

无论什么时候,专供演播室使用的摄像机都是摄像机中的极品。摄像机图像质量的好坏,在很大程度上取决于光电转换器件的尺寸,演播室摄像机的光电转换器件尺寸比普通摄像机要大。为了提高图像质量,演播室摄像机的电路也比普通摄像机复杂。这就使得演播室摄像机具有体积大、重量重、质量高的特点。

2. 演播室摄像机都带有一个大寻像器

由于演播室摄像机一般都是架在三脚架上拍摄的,对于摄像机的操作都用遥控软线来进行,观看小寻像器很不方便。因此,不论哪种类型的演播室摄像机,都配有一个4 英寸寻像器。寻像器架在摄像机上面,摄像师拍摄时,通过观察寻像器进行取景、构图并调整焦距。

3. 演播室摄像机一般都不能用直流供电

由于演播室在建造时都有很充足的电源设施,因此,演播室摄像机都用交流供电,没有直流供电装置。供电方式都由摄像机控制单元(CCU)通过多芯电缆或三同轴电缆供电。多芯电缆为模拟方式,三同轴电缆为数字方式。

4. 演播室摄像机都带有摄像机控制单元(CCU)

由于演播室摄像机的使用方式为多机拍摄、现场切换的 ESP 方式,系统中的所有摄像机都必须连接在切换控制台上,系统中摄像机的同步锁相必不可少。因此,只有通过摄像机控制单元(CCU)才能实现系统的连接与同步。另外,通过 CCU 控制台可直接对系统中的每台摄像机进行调整。

5. 演播室摄像机都有内部对话系统

演播室节目制作是多工种密切配合的大型制作,系统中的多点通话必不可少,包括导播对每位摄像师、对主持人等的通话,每位摄像师对导播的通话。导播可以通过内部通话系统对每位摄像师提出具体的拍摄要求,对主持人提出谈论话题的要求。摄像师也可以通过内部通话系统反馈演播现场的特殊情况或意外事件。

内部通话系统的信号都是由多芯电缆或三同轴电缆,通过 CCU 连接到切换控制台上。导播和摄像师通过专用的内部通话耳机进行通话。

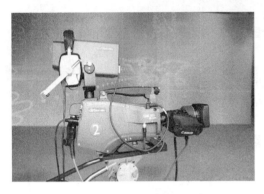

图 6-2　LDK 300 演播室摄像机

6.3　演播室摄像机 LDK 300 功能介绍

LDK 300 演播室摄像机是英国汤姆逊公司生产的演播室专用摄像机。该摄像机具有广播级演播室摄像机的质量,是近年来演播室摄像机中较为流行的机型。比其质量好一些的是 LDK 500,从使用方法上看,它们大同小异。因此,本书就以 LDK 300 为例介绍一下演播室摄像机的使用方法。

6.3.1　LDK 300 演播室摄像机的技术指标

电源需要:由附加器供电。

功率消耗:35W(机头和寻像器)。

工作温度:$-20\sim+45$℃($-4\sim+113$ ℉)。

存放温度:$-20\sim+60$℃($-4\sim+140$ ℉)。

重量(大约):4.8 kg 包括 1.5 英寸寻像器和附加器。

成像器件:$3\times2/3$ 英寸 DPM 帧间转移 CCD。纵横比 4：3 和 16：9 可切换。

数字量化：12 比特模拟到数字。

数字信号处理：18 MHz 和 36 MHz,24 比特精度。

灵敏度：2 000 lux,在光圈 F9.0,反射系数 90％的情况下。

最低照度：大约 2 lux 在光圈为 F1.4,增益为＋30 的情况下。

曝光控制：低到 1/1 000。

清晰扫描：NTSC 制式：61.1～151.0 Hz。PAL 制式：51.0～103.0 Hz。

光学系统：F1.4 带石英灰色滤光片。

光学滤光片：空、1/4ND、1/16ND、1/64ND。

空、4 点星、6 点星、柔焦。

调制深度：在 5 MHz 为 70％;在 5 MHz 当带噪波抑制时为 65％。

信噪比：标准：NTSC 制式为 63 dB;PAL 制式为 61 dB。

失真度：不带镜头,在所有区域＜25 微秒(0.05％)。

动态范围：＞600％。

增益：－6 dB 到＋30 dB 以 3 dB 步进。

寻像器类型：1.5 英寸黑白寻像器。

寻像器分辨率：＞600 电视线。

6.3.2 LDK 300 演播室摄像机各开关、按钮的功能

6.3.2.1 左侧面板各开关、按钮的功能

1. GAIN(增益)开关

该开关位于摄像机左侧面板的左下方,用来调整摄像机的增益。当照度不足时,如果没有办法增加照明,可用此按钮提高或降低图像画面的亮度。但要提醒注意的是,随着增益的提高,画面噪波也随之增加。因此,能不使用,尽量不要使用。调整时向"＋"号方向拨动,增益以 3 dB 步进式增加。向"－"号方向拨动,增益以 3 dB 步进式降低。当该开关开始被压下时,当前的增益值以＊dB 的形式显示在寻像器上。

该开关给了五个增益设置范围：－、0、＋、＋＋和＋＋＋。这些符号的实际增益

图 6-3 左侧面板上的开关

dB 值分配由"INSTALL"菜单决定。增益分配如下表:

表 6 - 1 增益分配表

符　号	功　能	增　益
−	能设置的增益	−6 dB 或 −3 dB
0	总是	0 dB
+	能设置的增益	6、9、12 或 18 dB
++	能设置的增益	9、12、18 或 24 dB
+++	能设置的增益	30 或 36 dB(或 42 dB IT、ITW)

2. BARS(彩条)

该开关与"GAIN"增益开关并排。当该开关向上拨动时,摄像机输出彩条信号。有关彩条信号的作用前面已经讲过,这里不再重复。

当摄像机输出彩条信号时,下列功能暂时处于关闭状态:

◇ BLACK STRETCH(黑扩展)。

◇ WHITE LIMITER(白色限制)。

◇ ZEBRA(斑马条纹)。

◇ SAFE AREA(VF)(寻像器中安全框)。

◇ CADRE(VF)(寻像器中的架子标记)。

3. WHITE BAL(白平衡)开关

该开关与"GAIN"增益开关并排。有"+"和"−"两个位置。标准状态被设置为 3200 K 色温。另有两个参考状态可以被使用,分别为 5600 K(用于室外多云天气)和 7500 K(用于室外晴天)。

另有三个存储白平衡调整结果的按钮,它们分别为 FL、AW1 和 AW2。记忆位置一般都是被机器前面的自动白平衡开关调整的白平衡值占满。当在荧光灯下拍摄时,建议使用 FL 位置。

该机还可使用全自动白平衡(AWC)功能来进行白平衡的调整。这一功能适应于色温变化的场合,例如变化的日光、室内室外交替拍摄等。

在自动白平衡位置,可以通过"VIDEO"菜单设置一个电子滤色片,从而达到拍摄暖色调或冷色调的画面效果。当执行一个自动白平衡设置时,电子滤色镜不工作。

当拨动"WHITE BAL"开关时,可以调用预置的色温。向"＋"号方向拨动,其变化顺序是 3200 K、5600 K、7500 K、AWFL3200 K、AW1 3400 K、AW2 3200 K、AWC 21000 K、AW2 3200 K、AWC 2200 K。

图 6-4　WHITE BAL(白平衡)开关

3200 K:用于演播室灯光照明。

5600 K:用于室外多云天气。

7500 K:用于室外晴朗的天气。

三个记忆位置分别为:

FL:荧光灯记忆位置。

AW1:记忆位置 1。

AW2:记忆位置 2。

AWC:全自动位置,连续检测色温,检测范围为 2500 K～20000 K。

当初次拨动该开关时,寻像器会显示当前设置值。要改变数值,上下拨动该开关。选择的数值显示在寻像器的"COLOUR TEMPERATURE INDICATORS"(色温显示)位置。在摄像机处于 AWC(全自动白平衡)时,该指示灯不显示。而 NON-STANDARD INDICATOR 会点亮。

如果参考色温不符合拍摄环境,可执行手动白平衡调整。步骤如下:

(1) 使用该开关选择一个记忆位置:FL、AW1 或 AW2,以便存储色温检测值。

(2) 要进行白平衡调,先按一下摄像机前面板上的"WHITE BALANCE SWITCH"(白平衡开关)。此时,寻像器上出现"AWHITE:WINDOW"字样。

(3) 用摄像机拍摄一个白色物体,并使其白色表面处在寻像器屏幕上两个方块之间。

(4) 再压一下"WHITE BALANCE SWITCH"白平衡开关,开始白平衡调整。此时寻像器上出现"AWHITE:RUNNING"字样。

(5) 几秒钟后,白平衡调整完成。此时寻像器上出现"AWHITE:OK 3200 K"字样。

新调整的白平衡值被存储在当前选择的记忆位置,并能在需要时调用。

4. BLACK STR.(黑扩展)开关

该开关与"GAIN"增益开关并排,用来调整图像中黑色部分的层次。向上拨一下,打开黑扩展方式,此时,图像中黑色部分层次增多,图像对比度变小。

图 6-5　BLACK STR.(黑扩展)开关

图 6-6　灰色滤光镜拨轮

5. 灰色滤光镜拨轮

该拨轮位于机器前面板的右上方,即普通摄像机的色温变换滤色镜的位置。在普通摄像机中,大多数机器的色温变换滤色镜和灰色滤光镜是在同一个拨轮上的。但这个摄像机比较特别,只有一个灰色滤光镜拨轮,而没有色温变换滤色镜。

该滤光镜拨轮共有四个位置可供选择。每个镜片的特性标注在左侧面板的左上方。

1 号 CLEAR(清晰):不加滤光片,让进入镜头的所有光线都进入摄像机。

2 号 ND1/4:采用 1/4 的灰镜。即只让进入镜头的光线的 1/4 进入摄像机。

3 号 ND1/16:采用 1/16 的灰镜。即只让进入镜头的光线的 1/16 进入摄像机。

4 号 ND1/64:采用 1/64 的灰镜。即只让进入镜头的光线的 1/64 进入摄像机。

6.3.2.2　前面板各开关、按钮的功能

1. VTR START(录像机记录触发)按钮

该按钮位于前面板的左上角。与镜头上的 VTR 开关等效。

2.V SHIFT(场变换)开关　　3. EXP.TIME(曝光时间)开关

1. VTR START(录像机记录触发)按钮

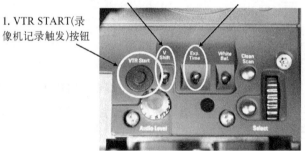

图 6-7　前面板各开关、按钮的功能

2. V SHIFT（场变换）开关

有时在拍摄电视屏幕或电脑显示器时，由于其显示频率与摄像机相同，而摄像机的刷新频率与之不同，在寻像器上就会出现一个水平黑条。用该开关可变换摄像机的刷新频率。

该开关位于摄像机前面板镜头的下方。上下拨动该开关，可降低或提高寻像器上这个黑条的位置，使其在寻像器上消失。

3. EXP. TIME（曝光时间）开关

该开关位于前面板的中间部位。其功能和普通摄像机的电子快门开关类似。但该机的这个开关的功能更强大，它除了电子快门之外，又设置了一些特殊情况下的曝光时间控制。

曝光时间的设置范围为 1/200、1/500、1/1000 和 1/2000。使用曝光时间，主要是为了捕捉快速运动的物体，以便这些镜头在回放进行慢动作处理时，图像更清晰。具体曝光时间数值的设置，取决于物体运动的速度快慢。

4. CLEAN SCAN（清晰扫描）按钮

当摄像机拍摄帧频比摄像机高的电脑屏幕时，使用 CLEAN SCAN（清晰扫描）功能可以避免图像上的水平条。

CLEAN SCAN（清晰扫描）的使用方法如下：

首先，按下摄像机前面镜头下方的该按钮大约两秒钟，直接越过可变的曝光功能，此时 CLEAN SCAN（清晰扫描）子菜单显示在寻像器上。

然后，使用 ROTARY CONTROL旋转控制来改变数值，从而移动噪波带。

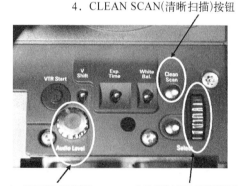

4. CLEAN SCAN（清晰扫描）按钮

6. AUDIO LEVEL
（音频电平控制）旋钮

5. ROTARY CONTROL
（旋转控制）

图 6-8　前面板各开关、按钮布局

当完成电脑屏幕的拍摄后，压住CLEAN SCAN（清晰扫描）按钮两秒钟，则关闭 CLEAN SCAN（清晰扫描）功能。

5. ROTARY CONTROL（旋转控制）拨轮

该旋钮用来调整菜单条目和改变相关设置条目，与旁边的按钮配合使用。

6. AUDIO LEVEL(音频电平控制)旋钮

该旋钮用来调整音频电平的大小。

6.3.3　三同轴适配器各开关、按钮的功能

三同轴适配器是演播室摄像机和基站进行连接的必备设备,它除了传输各种信号外,也是摄像机的电源供给装置,它把基站通过三同轴电缆供给的电源除自身工作需求之外,还提供给摄像机工作。

图 6 - 9　三同轴适配器 LDK 3417 的后面板结构

该机可使用的三同轴适配器有 LDK 5430 和 LDK 3417,两个稍有差别。下面分别作以介绍。

该机的三同轴适配器与摄像机机头是拼装在一起的,其开关、按钮主要集中在适配器的后面板上,其功能如下:

1. PROD(PRODUCTION)(内部通话路径开关)

PROD(产品)内部通话通道将基站送来的通话信号送给摄像机者的耳机,并将摄像机操作者的麦克风信号送给基站。

内部通话系统的安装菜单包含这些通道的变化设置,包括左右耳机信号的强弱和偏调电平的选择,通话麦克风放大电平,镜像电源供给和麦克风的开与关等都能在该菜单中进行调整。其余控制设置在附加器的后面板上。

➤ INTERCOM MICROPHONE ROUTING SWITCH(内部通话麦克风路径开关)

该开关有三个位置,用来选择摄像机操作者的内部通话麦克风信号的路径是 PRODUCTION(PROD)或者关闭内部通话。第三个(瞬间)位置也是通话信号到达产品的路径,但只有长时间按着它才能工作。使用摄像机前面板的 VTR 触发按钮或镜头上的 VTR 触发按钮,无论该开关的位置如何,都可将摄像机操作者内部通话麦克风的信号送到 PRODUCTION 产品。

➤ PRODUCTION VOLUME CONTROL SELECTION(产品音量控制选择)

可控制前面摄像机或后面附加器的内部通话信号的音量。

➤ INTERCOM HEADSET VOLUME CONTROL(内部通话耳机音量控制)

当选择开关 2 到 REAR(后面)位置时,这个控制调节产品信号到达摄像机操作者

耳机的音量。

该开关 LDK 3417 的标识为 PROD,而 LDK 5430 为 ENG、OFF 和 PROG。

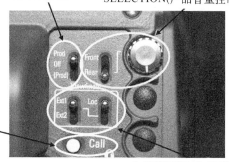

图 6-10　三同轴适配器后部面板

2. PRODUCTION VOLUME CONTROL SELECTION(产品音量控制选择)开关

该开关有两个位置,用来选择内部通话产品音量的控制,是控制前面摄像机的输出音量,还是控制后面适配器的输出音量。因此,该开关的标识为 Front(前面)和 Rear(后面)。

● PROD:当产品音量选择开关打到 Rear(后面)时,用该按钮调整送给摄像机操作者耳机的产品信号的音量。

● PROG:用来调整送给摄像机操作者耳机的节目信号的音量。

● ENG:用来调整送给摄像机操作者耳机的工程信号的音量。

此三种为 LDK 5430 的调整旋钮,而 LDK 3417 只有 PROD 一种。

3. EXTERNAL SIGNAL SELECTION(外部信号选择)开关

该开关用来选择从基站来的信号是使用 EXT1 还是使用 EXT2。

除该开关外,摄像机上其他开关如 VTR 触发开关,也能通过安装菜单将其设置为此功能。

4. CALL BUTTON(呼叫按钮)

瞬间压一下该按钮,将发出一个呼叫信号给控制面板,从而引起控制面板操作人员的注意。当发出或接收呼叫信号时,1.5 英寸寻像器上会显示“ND”或“RE”字样。

6. 外部视频和寻像器插孔   5. 内部通话耳机插孔

8. Front Rear 48 V(前后/48 V)开关   7. 麦克风插孔

图 6-11   三同轴适配器

5. 内部通话耳机插孔

用来连接摄像机操作者使用的内部通话耳机,以便摄像机操作人员接听控制台导播的指令并使用耳机上的麦克风和导播通话。

6. EXT&VF(外部视频和寻像器)插孔

用来输出由基站通过三同轴电缆送来的外部信号和摄像机的寻像器信号。

7. MIC(麦克风)插孔

用来连接外接麦克风,以便摄像机在拍摄画面的同时拾取现场声音。

在三同轴方式下,该适配器提供两个高质量的音频通道。在安装菜单的音频部分,将这些通道的增益电平设置为$-64\sim-22$ dB,通过这个菜单可为每个通道提供高质量的滤波。

8. FRONT REAR 48 V(前后/48 V)开关

这两个开关上面一个是用来选择使用哪个麦克风插孔来拾取现场声。"FRONT"是表示用摄像机右侧面板上的麦克风插座来拾取现场声。"REAR"是表示用三同轴适配器上的麦克风插座来拾取现场声。下面一个开关是用来设置对三同轴适配器上的麦克风插座是否进行镜像电源+48 V供电。

9. SCRIPT LIHGT(手写照明灯)插座

用来连接手写照明灯,以便摄像机操作者作必要的记录。

10. PROMPTER POWER(题词器电源)插座

图 6-12   SCRIPT LIHGT(手写照明灯)和
PROMPTER POWER(题词器电源)插座

用来连接题词器。当镜头前安装有供播音员播报用的专用题词器时,可用该插座给题词器供电。

11. 三同轴电缆插座

三同轴电缆插座是专门用来连接三同轴电缆的。它是摄像机基站和三同轴适配器的桥梁,采用最先进的三同轴技术替代了模拟时代的多芯电缆。它将摄像机的视频信号、音频信号送给基站,同时将基站提供的直流电源供给摄像机,并完成摄像机与控制台之间的通话。

图 6‐13 三同轴电缆插座

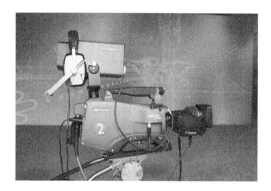

图 6‐14 演播室摄像机基本装置

三同轴电缆的外形如同普通的视频电缆,但其内部结构与视频电缆不同。线质比视频电缆硬,使用时不能强行打折。电缆两端的接头有公母之分,也是出厂时就制作好的,使用者自己无法制作。

6.4 摄像机控制单元

摄像机控制单元简称 CCU,是演播室摄像机的必备设备。CCU 的作用除了使摄像机能和特技切换台连接外,还能使摄像机的许多调整无需在摄像机上进行,通过 CCU 可以遥控操作摄像机。下面以 LDK 300 演播室摄像机使用的 CCU 为例,介绍一下 CCU 的基本操作。

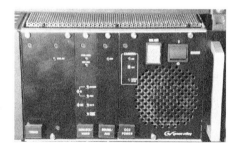

图 6‐15 LDK 5417 基站前面板

LDK 300 演播室摄像机使用的 CCU 为 LDK 5417 和 LDK 4417,说明书上称其为基站。它由两部分,即基站 LDK 5417 和 LDK 4417 本身以及控制面板 OCP 400 组成。

系统连接好后,在 LDK 5417 前面板上的操作,一般只需打开电源开关,这时摄像机和控制面板都由基站提供了所需的电源。摄像机只要打开机头上的电源开关就能工作。控制面板无需进行任何操作,电源自动打开。对于摄像机的遥控操作都在基站控制面板上进行。下面详细介绍 OCP 400 摄像机控制面板各个开关、按钮、旋钮的功能。

6.4.1 OCP 400 摄像机控制面板的使用

1. BUTTON LIGHTS(按钮灯)

当基站的电源开关打开后,OCP 400 自动被供电,它的按钮灯就点亮。灯正常色彩为暗绿色,当点亮的按钮被选择后,这个灯就变得很亮。在 OCP 400 的 SET-UP(设置)菜单中设置按钮灯的亮度。

图 6-16 三个 OCP 400 放置在
一起的图像

图 6-17 OCP 400 上部面板

2. NON-STANDARD INDICATION(非标准指示)

当视频参数的某一项数值被使用者改变后,它的状态就变成了"非标准",表示其功能的按钮被选择后,指示灯将以明亮的黄色点亮。当不被选用时,以暗橘红色点亮。改变的数值以 a*-象征符在文本中显示。

3. MOMENTARY BUTTONS(瞬间按钮)

在 OCP 400 摄像机控制面板上,有两个按钮是瞬间按钮,即 FREE(自由)和 PREVIEW(预演)。这些按钮只有长时间按下后才能工作。FILES(文件)按钮是介于选择按钮和瞬间按钮之间的按钮。

4. ASSIGNABLE ROTARY CONTROLS(可分配旋转控制器)

这个单独的可分配旋转控制器为已选择的功能改变的数值显示在显示屏中,没有功能被选择时,该旋钮改变细节。

图 6 - 18 ASSIGNABLE ROTARY
CONTROLS(可分配旋转控制器)

图 6 - 19 可分配旋转控制器

在图 6 - 19 中,上面一组 RED(红)、GREEN(绿)和 BLUE(蓝)可分配旋转控制器可分别调整红、绿和蓝色信号的增益电平,或者分别调整红、绿和蓝色信号的伽玛电平或者皮肤轮廓的色彩。

下面一组 RED(红)、GREEN(绿)和 BLUE(蓝)可分配旋转控制器可分别调整红、绿和蓝色信号的黑色电平,或者分别调整红、绿和蓝色信号的发光电平或者皮肤轮廓的色彩边宽。

已经选择功能的调整数值显示在菜单显示器中,与之相关的指示灯也会点亮。黑电平和发光电平可以被设置,但不能被显示。

5. JOYSTICK(操纵杆)

这个操纵杆集三个功能于一身,即调整主黑电平、控制光圈和预演所连接摄像机的信号到预演监视器上。

☞ 压这个球形按钮的顶部用来在预监屏幕上显示所连接的摄像机信号。

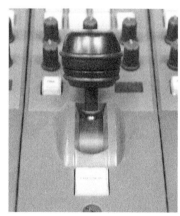

图 6 - 20 JOYSTICK(操纵杆)

☞ 旋转球形按钮的底部用来改变图像的主黑电平。

☞ 上下移动操纵杆用来开大和关小摄像机的光圈。

操纵杆的方向、范围和灵敏度可在 OCP(控制面板)设置菜单中进行设置。

6. TENSION ADJUSTMENT(松紧调整)

当操纵杆的移动变得太松或太紧时,可调整它的松紧弹簧。用一把长 Torx - 10

型的螺丝刀调整操纵杆的松紧螺丝。该螺丝被设置在OCP(控制面板)盒侧面的一个小孔中。调整时,一边移动操纵杆,一边转动该螺丝,直到找到最佳位置为止。

7. LENS INDICATORS(镜头指示灯)

该指示表示当前的F值,即光圈数。当主黑电平被改变或FREE按钮被压下时,主黑电平的数值将显示5秒钟。当选择镜头的延伸功能时,EXTENDER(延伸)指示灯点亮。

图6-21 OCP(控制面板)上部按钮

8. PANEL LOCK BUTTON(面板锁定按钮)

要锁定OCP(控制面板),压该按钮。当面板被锁定时,PANEL LOCK按钮灯点亮。

当设置为OFF时,OCP(控制面板)的所有功能都可以使用。当设置为ON时,通过FREE按钮可限制某些功能。

9. BARS BUTTON(彩条按钮)

按BARS(彩条)按钮从所连接的摄像机上打开彩条测试信号。再按一下该按钮,选择一个锯齿测试信号。当打开彩条时,该按钮点亮(绿色)。当打开锯齿测试信号时该钮点亮(黄色)。

10. CALL BUTTON(呼叫按钮)

压CALL(呼叫)按钮发出一个呼叫信号给所连接的摄像机以引起注意。当进行这个操作或从系统的其他部分接受一个呼叫信号时,该按钮点亮。此操作执行过程中,再按一下该按钮则关闭呼叫。

11. USING THE MENU PANEL(菜单面板的使用)

菜单面板包括1个显示器和8个在菜单系统中供选择的按钮。

菜单面板的主要操作任务是:

➢ 提供进入控制面板、基站和摄像机的参数。

➢ 为显示功能菜单和显示选择的视频按

图6-22 菜单面板

钮参数。

➤ 显示一个设置功能的状态。

12．MENU ARROW BUTTONS（箭行菜单按钮）

菜单面板的中心的四个箭形按钮的功能是由显示中出现在它们旁边的 NEXT 按钮的条目决定的,压这个按钮与已经显示的条目结合使用来选择这个条目。

13．TOGGLE BUTTON

这个按钮是备用按钮。

14．PREVIOUS/NEXT BUTTON（后退/前进按钮）

点击这些按钮可以向上/向下变换菜单页面。

15．EXIT BUTTON（退出按钮）

按该按钮退出当前菜单并返回到状态页。

16．ILLUMINATION（照明）

菜单面板按钮被照亮可显示它们的状态:

➤ 不点亮:那个按钮没有功能被选择。

➤ 暗点亮:功能可使用;要改变,压一下此按钮或指定给旋转控制器。

➤ 亮点亮:功能被指定到旋转控制器。

17．OPENING MENU PAGE（打开菜单页）

有几种方法可以打开一个菜单页,可使用:SETUP（设置）按钮、FILES（文件）按钮、RECALL STD（召回标准）按钮、视频参数按钮。压一个已激活的按钮退出单独的菜单功能。

18．FREE BUTTON（自由按钮）

压下 FREE 按钮,对没有效果数值的所有旋转控制器指定功能。使用该按钮定位没有光圈或主黑电平数值效果的操纵杆。

FREE 按钮也可以和 PANEL LOCK 按钮一起使用,用来控制进入面板功能。当面板锁定功能被使用时,FREE 按钮也点亮。PANEL LOCK 面板锁定按钮在使用时,压FREE 按钮允许通道做如下操作:操纵杆操作,分配旋转控制操作,预演按钮操作。

6.4.2　摄像机控制

1．白平衡的调整

压 WHITE BALANCE（白平衡）按钮开始自动白平衡调整。摄像机在图像的中间区域拍摄一个白色物体,并存储一个色温到 AW1 或 AW2 记忆位置。

只有当色温功能处于预置位置(AW1 或 AW2)和彩条开关打到 OFF 时,白平衡按钮才能工作。

**图 6-23 WHITE BALANCE 和
AUTO IRIS(白平衡和自动光圈)按钮**

压一下 WHITE BALANCE(白平衡)按钮,在摄像机寻像器上出现检测窗口,该按钮灯点亮。

压 WHITE BALANCE(白平衡)按钮 1 秒以上,白平衡检测开始进行。此时,该按钮灯闪烁。

假如白平衡检测成功,按钮灯保持点亮,摄像机上的检测窗口关闭。如果检测不成功,白平衡按钮灯将以橘红色点亮。

如果在检测进行期间或在一次不成功的检测结束后,压了一下该按钮,存储在 AW1 或 AW2 的数值将被重置。

2. AUTO IRIS(自动光圈)按钮

压 AUTO IRIS(自动光圈)按钮打开自动光圈控制系统。此时,AUTO IRIS(自动光圈)按钮灯点亮,表明自动光圈控制系统处于工作状态。

即使自动光圈处于执行状态,手动光圈控制仍然能够继续使用,此时,可用手动打开一档或关闭一档光圈。

3. 改变摄像机的视频参数

有几种方法可以改变摄像机的视频参数:

☞ 场景文件:可以直接存储和调用场景文件来改变一个完全的参数设置。

☞ 标准值:可以直接调用各种标准值来重置视频参数。

☞ 直接使用视频参数按钮。

当直接选择一个视频参数按钮时,在显示窗中会弹出一个相应的菜单,你能够操作、选择和改变适当的数值。

6.4.3 摄像机状态页

有三个不同的页面可用来检查摄像机功能变化的状态。

状态页 1 显示的是当使用 EXIT 按钮退出系统菜单时摄像机的状态。其余两个状态页可使用 NEXT 按钮来进行观看。

状态页 1

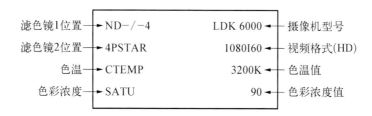

滤色镜1位置→	ND-/-4	LDK 6000	←摄像机型号
滤色镜2位置→	4PSTAR	1080I60	←视频格式(HD)
色温→	CTEMP	3200K	←色温值
色彩浓度→	SATU	90	←色彩浓度值

状态页 2

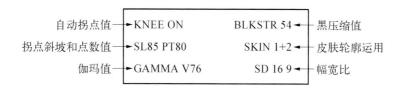

自动拐点值→	KNEE ON	BLKSTR 54	←黑压缩值
拐点斜坡和点数值→	SL85 PT80	SKIN 1+2	←皮肤轮廓运用
伽玛值→	GAMMA V76	SD 16 9	←幅宽比

状态页 3

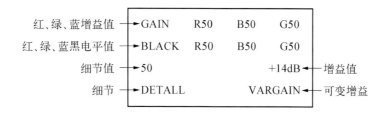

红、绿、蓝增益值→	GAIN	R50	B50	G50
红、绿、蓝黑电平值→	BLACK	R50	B50	G50
细节值→	50		+14dB	←增益值
细节→	DETALL		VARGAIN	←可变增益

 实验十九   演播室摄像机的基市操作

实验目的：1. 了解演播室摄像机的性能、结构和特点。

2. 熟悉演播室摄像机的基本使用方法。

3. 掌握演播室摄像机的操作要领。

实验内容：全面讲解演播室摄像机及其基本操作方法。

让学生熟悉演播室摄像机的性能、结构和特点；练习演播室摄像机的操作要领。

主要仪器：LDK 300 3CCD 演播室摄像机	3 台
LDK 5310 演播室摄像机专用寻像器	3 台
力派 H60 演播室摄像机用三脚架	3 台
镜头遥控软线	3 副

教学方式：集中讲解和多媒体展示相结合；教师示范和学生实践相结合。

预习要求：课程讲授的第六章 6.5《数字特技切换台》相关内容。

实验类型：演示、验证实验。

实验学时：3 学时。

6.5　数字特技切换台

随着非线性编辑技术的不断完善，特技切换台在线性编辑系统中的使用越来越少。但对于现场制作和演播室系统来说，特技切换台是必不可少的。在现场制作和演播室系统中，离了特技切换台，多机拍摄就失去了存在的必要。因此，作为现场制作和演播室制作的一个重要组成部分，本节详细介绍一下数字特技切换的使用方法。

特技切换台的作用无外乎三点：（1）从几个视频中选择一个合适的视频素材；（2）在两个视频素材之间执行基本转换；（3）创造或接入特技。

特技切换台是现场制作和演播室系统视频处理、合成的中心，所有视频通道，都经过特技切换台处理、合成后，变成一路连续不断的节目进行录制和播出。

下面以加拿大 ROSS 公司生产的 SYNERGY 100SD 为例，介绍一下数字特技切换台的使用方法。该机由主机和操作面板两部分组成。两部分之间用一根专用电缆连接，正常操作时，只需打开主机的电源开关，操作面板就已接通电源。所有操作都在操作面板上进行。

6.5.1　操作控制面板介绍

1. PROGRAM/PRESET BUSES(节目/预演通道)

PROGRAM/PRESET BUSES(节目/预演通道)是两行并列的按钮（其中一个是输入源的预演按钮），这是主输出的最初选择区域。

➢ PROGRAM（节目）通道是当前正在播出的视频源，这是一个切换器，用来切换视频通道以及背景图像。

➢ PRESET（预演）通道是用来在多个平面上选择正在传输的预备播出方式的视频源，如切换、叠化、划像或数字视频特技等。

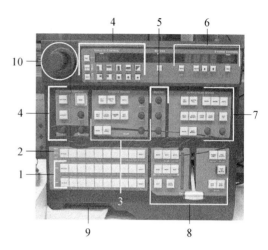

图 6－25　控制面板布局

2. KEY BUS（键通道）

KEY BUS（键通道）一行是用来选择键源的，也就是被键（电子切换）扣掉某种成分后而进入背景的画面。键通道共享三个键发生器（两个效果键和一个下游键）。

3. EFFECTS KEYERS GROUP（效果键组）

EFFECTS KEYERS GROUP（效果键组）允许选择键的类型和效果键的组合参数。选择范围在 SELF KEY（柔键）、AUTO SELECT KEY（自动选择键）、CHROMA KEY（色键）和 PST PATT KEY（预演图形键）。在组内，也可以选择一个变化的键修饰和参数。在组内当任何一个按钮被选择，效果键就被指定到 KEY（键）通道上。

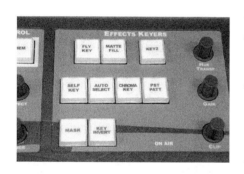

图 6－26　EFFECTS KEYERS GROUP
　　　　（效果键组）

从电学原理上讲，EFFECTS KEYERS（效果键）是下游键，视觉在前景通道的前面，但上游键视觉在下游键的后面。

注：EFFECTS KEYERS（效果键）组通常可以同时设置 KEY1 和 KEY2 两个键，每个键也可以单独设置一个不同的键类型，如果需要，也可以有它自动独立的修饰和参数设置。

4. MEMORY AND EFFECTS CONTROL GROUPS（记忆和效果控制组）

MEMORY AND EFFECTS CONTROL GROUPS（记忆和效果控制组）是可分配控制组，它允许选择划像图案和调整已选择图案的参数。另外，图案按钮是用来存储和调用切换台参数的，而要观察它的具体意义，请参见切换台的系统菜单。

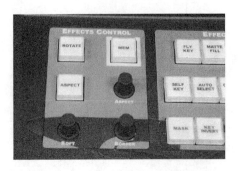

图 6-27　MEMORY AND EFFECTS
CONTROL GROUPS(记忆和效果控制组)

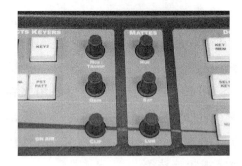

图 6-28　MATTES GROUPS(不光滑组)

5. MATTES GROUPS(不光滑组)

　　MATTES GROUPS 不光滑组是可指定组件,它允许你调整不光滑和边缘发生器的色彩。压切换台上任何与不光滑组关联的按钮,或 MATTES 显示器下面的 SEL(选择)按钮,MATTES 组都被指定。

6. SYSTEM CONTROL GROUP(系统控制组)

　　SYSTEM CONTROL GROUP(系统控制组)包括 SEL 按钮、100、10、1 按钮和 MENU 按钮。SEL 按钮要和 100、10、1 按钮配合使用,允许使用者进入系统菜单导航,并指定转换的速度包括自动转换、下游键叠印和淡变到黑场等。MENU 按钮是为了打开切换台的系统菜单。

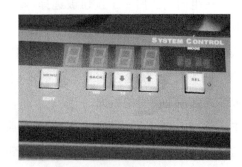

图 6-29　SYSTEM CONTROL GROUP
(系统控制组)

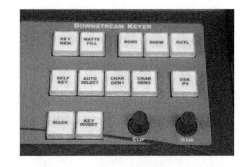

图 6-30　DOWNSTREAM KEYER
GROUP(下游键组)

7. DOWNSTREAM KEYER GROUP(下游键组)

　　允许使用者选择键类型和与下游键的组合参数。选择在 SELF KEY(自身键)或 AUTO SELECT KEY(自动选择键)。

　　CLIP 旋钮用来调整键的亮度或门槛电平。GAIN 旋钮用来调整边缘的尖锐度与柔软度。

通过安装 FLOADTING BORDER GENERATOR(流动边缘发生器),BORD(边缘)、SHDW(阴影)和 OUTL(轮廓)按钮可以放置一个边缘、阴影或周围轮廓到这些键。另外,有 CHAR GEN1(色键发生器 1)和 CHAR GEN2(色键发生器 2)按钮允许使用者拾取自己喜欢的字符发生器立即键入。

在此组中当任何一个按钮被选择时,KEY BUS 就被指定到下游键,一个 ON AIR 指示灯点亮在 TRANSITION CONTROL(转换控制)组中的下游键切换和下游键叠化按钮模式下,告诫使用者目前下游键正在提供节目输出。

从电子学上讲,下游键是在背景通道和效果键两者的下游(视觉在前面)。

8. TRANSITION CONTROL GROUP(转换控制组)

TRANSITION CONTROL GROUP(转换控制组)允许使用者选择当前场景和下一个场景两者之间所需执行的转换类型。使用者能够使用硬切、划像或叠化对 PROGRAM/PRESET(节目/预演)和 KEY(键)通道的任意组合进行转换。

DVE(数字视频效果)按钮允许使用者从选购的内置 2D(二维)或 3D(三维)女儿板中执行效果转换。当使用 FADER(淡变到黑场)或使用自动的 AUTO TRANS(自动转换)按钮时,转换可以手动执行。FADE TO BLACK 按钮允许使用者将切换台变到黑场。

9. FLOPPY DISK DRIVE or USB PORT(软盘驱动或 USB 端口)

FLOPPY DISK DRIVE or USB PORT(软盘驱动或 USB 端口)允许使用者从软盘中存储和调用自己对切换器的全部设置。

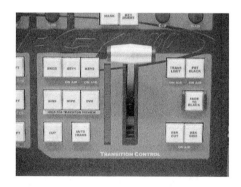

图 6－31　TRANSITION CONTROL
GROUP(转换控制组)

图 6－32　POSITIONER(定位器)

10. POSITIONER(定位器)

POSITIONER(定位器)允许使用者设置划像图形在屏幕上。通过压

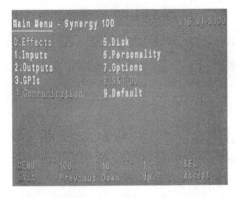

图 6 - 33　菜单画面显示

TRANSITION CONTROL 组 的 WIPE（划像）按钮或 EFFECTS KEYERS 组的 PST PATT（预演图形）按钮，POSITIONER（定位器）就被指派。请注意，如果安装了 SQUEEZE TEASE 2D（二维强制挤压）或 SQUEEZE ＆ TEASE WARP（强制挤压弯曲）选购板，POSITIONER（定位器）可用于 X、Y 和 SQUEEZE ＆ TEASE WARP（强制挤压弯曲）选购板中 Z 位置的操作。

6.5.2　菜单系统的使用

6.5.2.1　基本菜单系统

压 SYSTEM CONTROL GROUP（系统控制组）的 MENU 按钮可进入系统菜单，并以覆盖的形式显示在预演监视器上。

使用者手动操纵或直接使用 100、10 和 1 的任意一个按钮，EFFECTS CONTROL 按钮或 ASPECT 旋钮翻滚菜单，以获得所需菜单或功能。

1. ASPECT（外观）按钮

ASPECT 按钮点亮表示与其相关的旋钮在起作用，并可使用滚筒旋钮在菜单中变更其数值。

2. SCROLL KNOB（ASPECT）（卷轴旋钮（外观））

当 ASPECT 按钮点亮时，可以使用卷轴旋钮来翻滚菜单数值。

**图 6 - 34　ASPECT（外观）、SCROLL
KNOB（卷轴旋钮）**

**图 6 - 35　EFFECTS CONTROL BUTTON
（效果控制按钮）**

3. EFFECTS CONTROL BUTTON（效果控制按钮）

一旦进入菜单系统，通过压 EFFECTS CONTROL GROUP（效果控制组）与其对应的数字按钮,就可直接进入任何一个菜单、子菜单或顶部菜单。

当进入一个菜单后,如果压另一个已经设置一个数值的 EFFECTS CONTROL 按钮,机器将自动存储这个数值并直接跳回到新的顶部菜单。

4. ENTER/EXIT(MENU)(进入/退出(菜单))按钮

压 MENU(菜单)按钮可进入和退出预演覆盖菜单。

5. BACK(背景)按钮

压 BACK(背景)按钮将进入前一个菜单或菜单树位置。

6. DOWN ARROW "⬇"(10)(下箭头按钮(10))

压"⬇"(10)按钮(下箭头)将使菜单条目下移。

图 6 - 36　BACK(背景)按钮

7. UP ARROW "⬆"(1)(上箭头按钮(1))

压"⬆"(1)按钮(上箭头)将使菜单上移。

8. SELECT/ACCEPT(SEL)(选择/接受按钮(选择))

压 SEL(选择)按钮将选择/接受选购设备,安装或放置在菜单树中。

9. DISPLAY(显示)

在这里,有 3 个单独的 4 个字符显示器,指示在 EFFECTS CONTROL、MATTES 或 SYSTEM CONTROL 功能的面板区域(在标题"MODE"下),当处在菜单系统时,MENU 将出现在 EFFECTS CONTROL 和 SYSTEM CONTROL 组的显示器中。

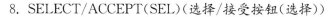

1		2
Main Menu-Synergy 100		vx.xx-s100
0. Effects	5. Disk	
1. Inputs	6. Personality	
2. Outputs	7. Options	
3. GPIs	8. S&T 3D	
4. Communication	9. Default	
MENU 100 10 1 SEL		
Exit Previous Down Up Accept		

(3 指向左侧菜单项，5 指向右侧菜单项，4 指向底部)

图 6 - 37　菜单信息

6.5.2.2　菜单信息

每一个菜单都包含下列元素:

1. MENU TITLE(菜单字符)

在左上角是每个菜单的名称。

2. SOFTWARE VERSION(软件描述)

主菜单是唯一的一个在右上角出现软件描述数字的菜单。

3. HEADINGS(顶部菜单)

没有被选择顶部的菜单是白色的。

在顶部菜单中总是有一个菜单的数字以橘黄色显示,它是激活的并能被 SEL 按钮或在 EFFECTS CONTROL GROUP 使用与之对应的顶部菜单的数字选择的。当被选择后,顶部菜单的信息将变成青色。

如果一个顶部菜单的相关数值是灰色的,它表示这个菜单不能被使用。另外,某些顶部菜单的状态是预留的,等待附加新的属性。如果试图选择它,顶部菜单也将变成黄色,但不能被选择。

4. NAVIGATION KEYS(引导键)

MENU、100、10、1 和 SEL 引导按钮的功能是作为一个提示,将其菜单内容以覆盖的形式显示在预监屏幕上。

5. BACKGROUND COLOR(背景色)

机器默认的预演覆盖背景色为蓝色。而在 EFFECTS MENU(功能菜单)中,背景色可以被关闭,只剩菜单内容显示在预演通道的输出上。

➢ POP-UP HELP

POP-UP HELP 的性能是当试图使用一个非法的功能时,给操作者发出一个提醒信号。当压下一个非法按钮时,一个信息会出现在预演输出上,提出一条简短的解释,说明操作为什么不能被执行。POP-UP HELP 显示出现大约 5 秒钟后会自动消失。

6.5.3 数字特技切换台基本操作

6.5.3.1 开始使用前的操作

假如你对多水平特技切换台不熟悉,检查切换台控制面板的初始状态,如果有必要,对面板进行复位操作是一个明智的举措。执行一次软件复位,能保证获得一个基本的默认状态并消除任何可能呈现在面板上的特殊设置。

同时压下执行控制面板复位

图 6 - 38 软件复位

1. SOFTWARE RESET(软件复位)

在 EFFECTS CONTROL 和 SYSTEM CONTROL 组执行软件复位功能,使用图 6 - 38

作为软件复位的参考,注意每个按钮旁边的小的复位特征。

使用下列步骤在 SYNERGY 100 的控制面板上执行软件复位:

(1) 压下 EFFECTS CONTROL GROUP(效果控制组)的 CNTR/EFF D 按钮并保持不放。

(2) 压 SYSTEM CONTROL GROUP(系统控制组)的 SEL。

控制面板复位是为了获得默认值。切换台复位时不会影响记忆注册、个人注册和安装注册,但切换台所有其他参数都被复位。所有通道将被设置为 BLACK(黑色)。

2. SYSTEM RESET NOTES(系统复位注意)

请注意关于系统复位功能的重要指示:不能执行控制面板复位时,关闭主机电源然后再打开。此时主机电源被恢复,所有的控制面板设置恢复到它们的初始状态。

3. POWER FAIL INDICATORS(电源失败指示灯)

在 SYNERGY 1 主机的前面板上有两个重要的 POWER FAIL(电源失败)指示灯发光二极管:

➢ 当 FAN FAIL(鼓风机失败),发光二极管点亮时,表明鼓风机出力太大或已经停止转动。

➢ 当 PWR FAIL(电源失败),发光二极管点亮时,表明电源供给失败或没有正确连接。

➢ 在正常工作期间 PWR ON(电源打开),发光二极管应以绿色点亮,表明鼓风机或电源供给正常。如果这两个有一个"失败",这个灯关闭。

图 6‑39　**POWER FAIL INDICATORS**
(电源失败指示灯)

4. POWER FAILURE RECOVERY(电源失败恢复)

SYNERGY 主机电源失败恢复部件是防止在整个面板设置时电源丢失的情况。在一次电源失败被恢复后,面板恢复到它失败前的初始状态。

6.5.3.2　数字特技切换台的基本功能

这部分介绍 SYNERGY 100 的基本资料和一般的操作规则。

1. GENERAL BUTTON RULES(常规按钮操作规则)

请注意下列常规按钮的操作规则:

➤ 当通过切换台选择某个按钮,按钮灯点亮时,所有按钮被注册。压一个按钮能够开关一个交叉点(并影响视频输出),执行一次转换,拴牢一个功能或没有影响(如果该功能对当前设置无效)。

➤ 按钮正在使用(在这种情况下有效的交叉点和拴牢功能例如键的参数,)或瞬间(在这种情况下转换按钮例如 CUT)。正在使用的按钮保持点亮,当压下瞬间按钮时,其被照明但不保持点亮。

2. CROSSPOINT BUTTON(交叉点按钮)

在 PGM、PST 和 KEY 通道,当一个按钮(或交叉点)被压下,一个视频源被选择。视频源可以是内部发生的或来自外部设备,这些设备通过 BNC 插座被连接到切换台。

请注意下面的重要规则:

➤ 有两个内部发生器源可以被使用:

☞ BLACK(黑色)(默认为第一或在一排通道交叉点的最左边)。

☞ COLOR BKGD(彩色背景转换)(默认为一排通道交叉点的第一替换)。

3. SHIFT BUTTON(替换按钮)

在每一个通道,SHIFT 按钮通常用于进入视频和已经被映射到交叉点上的键源,这些交叉点已经超过了可用的数字范围,自身映射在安装程序期间执行。

注意:11 到 20 的现行交叉点只能通过 SHIFT 进入。

使用下列步骤在任何通道上可进入一个替换源:

(1) 压住 SHIFT 按钮并保持不放。

(2) 压需要的交叉点。

(3) 放开两个按钮。

SHIFT 按钮和已经选择的信号源两个指示灯都保持点亮。下面是一个简单的图示说明:

请注意:

☞ 用哪一个替换源,就在哪一排通道进行选择,要取消替换源,只需压一下其他按钮。

☞ 用一个替换源选择其他的替换源,重复上面的步骤(3)。

☞ 如果压了 SHIFT 按钮后,又决

图 6-40 SHIFT BUTTON(替换按钮)

定不选择替换源,只需松开 SHIFT 按钮。通道上不会发生变化。

4. REVERSE SHIFT(倒转替换)

在设置切换台期间一个称为 REVERSE SHIFT(倒转替换)的专门方式能够被激活。激活 REVERSE SHIFT 方式可以使 KEY BUS 每一个按钮在任何时候都能转换——作为它的默认状态。

这个功能可以作为一个转换的锁定,在 KEY BUS 一个按钮就进入较高编码的输入源(不用每次都要压 SHIFT 按钮才能进入)。

REVERSE SHIFT 方式是否已经被执行,可以注意每个 KEY 通道上交叉点的标签,它与 PGM 和 PST 通道的标签是有区分的。

5. FLIP FLOP OPERATIONS(双稳态多谐振荡)

PROGRAM 和 PRESET 通道被设定为以双稳态多谐振荡的方式工作。当在 PROGRAM 和 PRESET 通道两者之间执行一次切换、叠化或划像转换时,两个被选择的信号源交换位置。这就称为一个双稳态多谐振荡。

例如在图 6-41 中,PGM(节目)通道上选择的是 CAM3(摄像机 3),而执行切换、叠化或划像后,两个通道进行双稳态多谐振荡,PGM(节目)通道上现在选择的是 CAM1(摄像机 1),而 PST(预演)通道现在选择的是 CAM3(摄像机 3)。

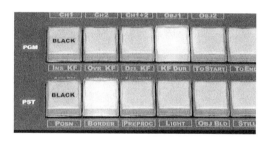

图 6-41　FLIP FLOP OPERATIONS
(双稳态多谐振荡)

6. KEY BUS(键通道)

键通道允许使用者在所有三个键发生器进行键制作和填充选择。三个键发生器是两个 EFFECTS KEYERS(效果键发生器)和一个 DOWNSTREAM KEYER(下游键发生器)。即使两个 KEY BUS 键通道按钮分享三个键发生器,每个键发生器也有

图 6-42　KEY BUS(键通道)

它自己独立的键和填充选择。请注意:

☞ 在一个键发生器中压任意一个按钮,就可将 KEY BUS 键通道开关控制到那个键发生器上。

☞ 当 KEY BUS 键通道被指定到 EFFECTS KEYERS（效果键发生器），在 DOWNSTREAM KEYER（下游键发生器）改变通道上的一个按钮没有效果。同样，当通道被指定到 DOWNSTREAM KEYER（下游键发生器），在 EFFECTS KEYERS（效果键发生器）改变通道上的一个按钮没有效果。

7. ON-AIR INDICATORS(指示灯)

在 SYNERGY 100 控制面板上有几个 ON AIR 指示灯。如图 6 - 43 所示。

当 ON AIR 灯点亮时表示效果键和下游键正在提供切换台的主节目输出。这些灯在一次转换到 ON AIR 键的开始就点亮，直到这个键被关闭才熄灭。

图 6 - 43　ON-AIR(指示灯)

8. END-STOP KNOBS(终点挡板旋钮)

在 SYNERGY 100 控制面板上旋钮的使用是 END-STOP KNOBS（终点挡板旋钮）。

注意下面关于 END-STOP KNOBS（终点挡板旋钮）的使用要点：

☞ 所有终点挡板旋钮在功能调整时，都不能旋过它的最大和最小限制。

☞ 由于一个 END-STOP KNOBS（终点挡板旋钮）的电学位置可以通过调用存储器内容而被改写，电学旋钮位置不能和当前的物理位置相对应。在这个情况下，该旋钮可以调整，但其调整范围不及物理位置大。

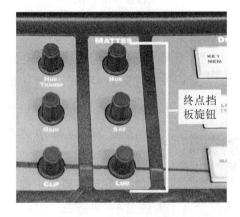

图 6 - 44　END-STOP KNOBS
(终点挡板旋钮)

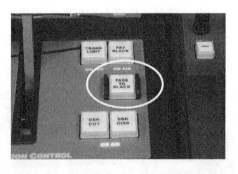

图 6 - 45　FADE TO BLACK(淡变到黑场)

9. FADE TO BLACK（淡变到黑场）

切换台淡变到黑场功能允许使用者淡变整个切换台的输出到黑场,包括下游键和所有当前的 ON AIR 效果。它是最终的视频信号被通到输出之前,切换台能够执行的最后的效果。在 TRANSITION CONTROL GROUP（转换控制组）中,标有 FADE TO BLACK 字样的按钮控制淡变到黑场功能。使用下列步骤促使切换台做一个淡变到黑场:

（1）压 TRANSITION CONTROL GROUP（转换控制组）中的 FADE TO BLACK 按钮,观察节目监视器。

（2）淡变将按设定的速度进行。

（3）当淡出到黑场或由黑场淡入时,FADE TO BLACK 按钮上的发光二极管将以橘红色点亮。然而,当切换台处于“淡变到黑场”状态时,发光二极管将以红色闪烁。

再压一下 FADE TO BLACK 按钮,完成一个相反的淡变。它促使切换台执行从黑场到预演场景的淡入。在一个淡变执行期间一个相反的淡变能够执行。在一个场景正在做淡变时,压 FADE TO BLACK 按钮 1 秒钟将促使这个场景自动淡变回去。

使用下列步骤来改变淡变到黑场的速度:

（1）在 SYSTEM CONTROL 压 SEL（选择）按钮直到 FADE 方式出现并点亮。

（2）使用 100、10 和 1 按钮设置节目进行淡变时的速度。这就是改变淡变到黑场速度的全部步骤。

使用淡变到黑场功能要注意以下几点:

☞ 淡变到黑场转换是与其他所有切换台转换相独立的。

☞ 当切换台已经淡变到黑场时,键操作仍然能被修改和切出、切入,信号源选择也能够改变。这就允许由黑场淡入到一个场景和由黑场淡变到其他地方。

☞ 一个淡变到黑场转换不能被预演。参考淡变出现在节目输出上,对其速度进行设置。

☞ 一旦切换台处于黑场状态,它一直停留在黑色中,直到再次按下 FADE TO BLACK 按钮才能恢复到正常状态。

☞ 当切换处于黑色状态,FADE TO BLACK 按钮上的发光二极管一直以红色闪烁。

☞ 假如正在执行一个长时间的淡变到黑场,并且想改变想法,在转换执行期间再压一下 FADE TO BLACK 进入相反的方向,并返回到开始点（全节目）状态。

6.5.3.3 数字特技切换台的信号转换

就切换台操作而言,信号转换的使用是很频繁的,最简单的信号转换是在 PGM

(节目)通道直接选择下一个图像,通过压另一个交叉点执行信号转换。这个简单的"切换"提供一个瞬间的交换,但不允许你预演下一个图像。

其他类型的转换包括 PST(预演)通道和在 TRANSITION CONTROL(转换控制)组中的控制。在这里有使用切换、叠化、划像,也有数字视频转换,对于即将来临的图像能进行完全的预演。

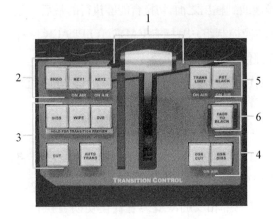

图 6-46　**TRANSITION CONTROL GROUP**(转换控制组)

图 6-46 用来说明 TRANSITION CONTROL GROUP(转换控制组)。

1. FADER SECTION FADER

FADER 手柄被用来执行一次手动转换。转换的类型基于在 TRANSITION TYPE SECTION(转换类型选择)中被选择的转换按钮——是一次叠化,一次划像还是一个数字特技转换。当 FADER 从一个限制移到另一个限制时,执行一个完整的转换。由于切换台的双稳态多谐振荡,限制转换开始是不光滑的。节目通道总是残存节目输出。

TRANSITION PROGRESS BAR(转换进程条)位于 FADER 左边,用来指示一个 FADER 转换的运行方向和运行进程。当转换进行时,进程条的发光二极管将依次点亮。进行全部或部分转换时,操纵杆应该移到完成转换所需的位置(部分转换是指当执行 FADER 时,暂停在转换的途中)。

请注意,当使用 AUTO TRANS(自动转换)按钮执行转换时,TRANSITION PROGRESS BAR(转换进程条)将依次全部点亮。

2. NEXT TRANSITION SECTION(其次转换部分)

NEXT TRANSITION SECTION(其次转换部分)包括三个按钮,允许使用者选择包含在 NEXT TRANSITION 中的动作组合。当压下这些按钮时,按钮指示灯保持点亮,直到选择另外的组合按钮——它们能被应用到

图 6-47　**NEXT TRANSITION SECTION**(其次转换部分)

任意一个组合中。当压下这些按钮时,节目视频没有效果——只有在 NEXT TRANSITION 动作中有效果。

☞ BKGD 按钮

使用 BKGD 按钮,包括 PGM(节目)和 PST(预演)两个通道之间的一次转换。当执行一个手动或自动转换时,PST(预演)通道上选择的视频转换到 PGM(节目)通道上。

☞ KEY1 按钮

使用 KEY1 按钮为执行效果键发生器的第一个键的转换。如果键发生器当前处于关闭状态,该转换引起键的转换,而且该键下面的 ON AIR 发光二极管以红色点亮;如果键发生器当前处于打开状态,该转换移除键的转换,而且该键下面的 ON AIR 发光二极管也将关闭。

记住,任何动作的组合都能被选择。关于 NEXT TRANSITION 按钮和 ON AIR 发光二极管更详细的资料请参考后面的"WORKING WITH NEXT TRANSITION"部分。

3. TRANSITION TYPE SECTION(转换类型部分)

TRANSITION TYPE SECTION(转换类型部分)的按钮允许使用者选择转换的类型并且开始其自身的转换。

☞ DISS(叠化)按钮

DISS(叠化)按钮是选择一个叠化作为转换的类型。当执行一个叠化时,PST(预演)通道上的视频逐渐混合到 PGM(节目)通道的视频中去。在转换的结尾,PST(预演)通道的视频完全取代 PGM(节目)通道的视频,并且两通道实现双稳态多谐振荡。

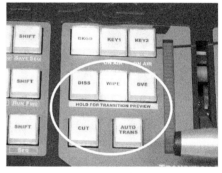

图 6 - 48 TRANSITION TYPE SECTION (转换类型部分)

DISS(叠化)按钮对于 WIPE(划像)和 DVE(数字视频效果)按钮是互相排斥的,也就是说,选择了 DISS,就不能选择 WIPE(划像)或 DVE(数字视频效果)。关于 DISS 的使用说明请参见后面的"USING DISSOLVE"部分。

☞ WIPE(划像)按钮

WIPE(划像)按钮是选择一个划像作为转换的类型。当执行划像时,PST(预演)通道上的视频使用从 EFFECTS CONTROL(效果控制)组选择的一个划像图案逐渐取代 PGM(节目)通道的视频。在转换的结尾,PST(预演)通道的视频完全取代 PGM

(节目)通道的视频,并且两通道实现双稳态多谐振荡。

WIPE(划像)按钮对于 DISS(叠化)和 DVE(数字视频效果)按钮是互相排斥的,也就是说,选择了 WIPE(划像),就不能选择 DISS(叠化)或 DVE(数字视频效果)。关于 WIPE 的使用说明请参见后面的"USING WIPES"部分。

☞ DVE(数字视频效果)按钮

DVE(数字视频效果)按钮是选择一个 2D(二维)或 3D(三维)DVE 效果作为转换的类型。当执行数字视频效果转换时,PST(预演)通道上的视频使用从 EFFECTS CONTROL(效果控制)组选择的一个 2D(二维)或 3D(三维)DVE 效果图案逐渐取代 PGM(节目)通道的视频。在转换的结尾,PST(预演)通道的视频完全取代 PGM(节目)通道的视频,并且两通道实现双稳态多谐振荡。

DVE(数字视频效果)按钮对于 WIPE(划像)是互相排斥的,也就是说,选择了 DVE(数字视频效果),就不能选择 WIPE(划像)。关于 DVE(数字视频效果)的使用说明请参见后面的"USING WIPE"部分。

注意:作为一个两选一的方式,DVE(数字视频效果)和 WIPE(划像)按钮可以被同时压下来选择一个 DVE 效果作为转换类型。

要能够实现 DVE 转换,必须安装选购的 SQUEEZE & TEASE BOARD(强制挤压板)或 SQUEEZE & TEASE WARP BOARD(强制挤压和弯曲板)。

☞ CUT(切换)按钮

CUT(切换)按钮是在 PST(预演)通道和 PGM(节目)通道两个视频源之间进行一个即刻"切换",并且两通道在执行切换后实现双稳态多谐振荡。该按钮自身是瞬间按钮——没有等待灯。

☞ AUTO TRANS(自动转换)按钮

为实现叠化、划像和 DVE(数字视频效果),压下 AUTO TRANS(自动转换)按钮,在 PST 和 PGM 通道之间执行一个自动转换。该按钮属于瞬间按钮,只在转换执行期间等待灯点亮。转换的速度由 SYSTEM CONTROL(系统控制)组决定。

注意:虽然我们在 BKGD 转换中已经以 PGM 和 PST 两个通道作为例子进行了讲解,但要记住在相同的方式中,所有转换类型的操作不管 NEXT TRANSITION 按钮的选择状况。

4. DSK TRANSITION SECTION(下游键发生器部分)

在 DSK TRANSITION SECTION(下游键发生器部分),有两个按钮被用来开始一个下游键转换。

☞ DSK CUT（下游键切换）按钮

DSK CUT（下游键切换）按钮执行一个瞬间的"切换"，是激活下游键还是退出下游键，取决于机器当前的设置。该按钮自身是瞬间按钮——没有等待灯。

☞ DSK DISS（下游键叠化）按钮

DSK DISS（下游键叠化）按钮执行一个自动叠化转换，是激活下游键还是退出下游键，

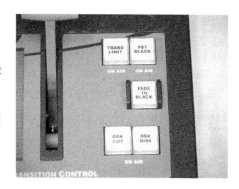

图 6 - 49　DSK TRANSITION SECTION
（下游键发生器部分）

取决于机器当前的设置。该按钮属于瞬间按钮，只在转换执行期间等待灯点亮。转换的速度由 SYSTEM CONTROL（系统控制）组决定。

注意：如果键发生器目前处于关闭状态，该转换激活键方式，并且该按钮下面的 ON AIR 发光二极管以红色点亮。同样的，如果键发生器目前处于打开状态，该转换关闭键方式，并且该按钮下面的 ON AIR 发光二极管也同时被关闭。

5. TRANSITION PARAMETER SECTION（转换参数部分）

☞ TRANS LIMIT（转换限制）按钮

TRANS LIMIT（转换限制）按钮允许使用者停止一个转换在一个预置位置——在两个 FADER 极限位置之间。要详细了解请参见后面的"TRANS LIMIT"。

☞ PST BLACK（预置通道黑色）按钮

PST BLACK（预置通道黑色）按钮是一个专门的两段转换，切换台转换到黑色（或由黑色转换到任何其他需要的信号源），然后执行到下一个预先准备的转换。要详细了解请参见后面的"PRESET BLACK"。

6. FADE TO BLACK BUTTON（淡变到黑场按钮）

压 FADE TO BLACK（淡变到黑场）按钮，执行一个"ON AIR"淡变到黑场（如果在 FADE TO BLACK 期间压该按钮，就从黑场淡入），淡变到黑场的速度在 AUTO TRANSITION RATE GROUP（自动转换速度组）中设置。

下面重点介绍部分按钮的使用要点。

➢ WORKING WITH NEXT TRANSITION（用其次转换工作）

NEXT TRANSITION SECTION（其次转换部分）包括三个按钮，允许使用者选择将被包括在其次转换中的动作组合。这部分也包括两个指示效果键状态的 ON

AIR 发光二极管。请注意下面的要点：

☞ 这三个按钮决定使用者在节目输出上需要的改变。背景和键的任何组合都能被改变。只要压一下适当的组合按钮，使用者可以改变三个所需要的参数。

☞ 如果一个按钮灯点亮，当执行转换时，其元素将被改变，不论是手动（用FADER）还是自动（用 AUTO TRANS 或 CUT 按钮）。当转换完成后，原来点亮的按钮仍然点亮——直到使用者再次改变它们。

☞ 被"点亮"的键按钮同界面上你需要的在 ON AIR 显示的键不能发生混淆。这意味着需要改变键的状态。如果一个键按钮被点亮，它将改变状态。如果一个键的状态是打开的，ON AIR 发光二极管将以红色点亮。

☞ ON AIR 发光二极管有两个状态：

当 ON AIR 发光二极管处于关闭时，效果键也被关闭。效果器不给切换台提供输出。

当 ON AIR 发光二极管以红色点亮时，效果键被打开。效果器给切换台提供输出。

➤ EIGHT STEPS TO FLAWLESS TRANSITIONS（无缝转换的八个步骤）

下面是使用三个"其他转换"按钮时，对 ON AIR 需要的图像进行无缝输出的几个简单步骤：

（1）确保已经连接了一个预演监视器。

（2）注意节目监视器并决定需要改变的视频元素（背景）、效果键或多个元素的组合。

（3）压需要的"其他转换"按钮。

（4）观察预演监视器并确认监视器上显示的是需要的状态（例如键开、键关、正确的视频元素选择），需要的视频元素。

（5）如果键元素的其中之一出现错误，可同时压下该按钮和"其他转换"按钮，并重新确认新的预演监视器上新的组合图像。

（6）如果你正在打开一个新键，确保键源选择正确，并正确地出现在预演监视器上。如果需要，可根据需要调整键源。

（7）如果后台图像出现错误，可在预演通道选择正确的图像——或交替改变BKGD 按钮的状态。

（8）一旦你已经确认预演监视器上的图像是正确的，执行转换——无论是使用FATER 手动转换，还是使用 CUT 或 AUTO TRANS 自动转换。记住在转换完成后，"其他转换"按钮保持点亮。

➤ AUTO TRANSITIONS（自动转换）

AUTO TRANS（自动转换）按钮被用来在 PREVIEW（预演）和 PROGRAM（节目）监视输出两个选择的信号之间进行自动（平滑）的转换。注意下面的重要规则：

☞ 要从一个自动转换执行过程中逃出，你可以在转换执行期间压 CUT（切换）按钮，也可以手动推 FADER 到一个适当的位置。"切换"动作立即完成。

☞ 如果 FADER 未关到它的上极限或者下极限，在 TRANSITION CONTROL GROUP（转换控制组）中不能开始自动转换或切换。

➢ CHANGING AUTO TRANSITION RATES（改变自动转换速度）

SYSTEM CONTROL GROUP（系统控制组）用来设置和演示电视帧中三个独立的自动转换速度，一帧是 1/30 秒（NTSC 制）或 1/25 秒（PAL 制），三个速度展示在控制面板上是：

☞ AUTO（自动）——通过按下 TRANSITION CONTROL GROUP（转换控制组）中的 AUTO TRANS（自动转换）按钮来实现。

☞ DSK（下游键）——通过按下 TRANSITION CONTROL GROUP（转换控制组）上的 DSK DISS（下游键叠化）来实现。

☞ FADE（淡变到黑场）——通过按下 TRANSITION CONTROL GROUP（转换控制组）上的 FADE TO BLACK（淡变到黑场）来实现。

SEL（选择）键用来选择显示器上显示的三个速度，通过上面列出的三种选择，反复按下这个滚筒式按钮，相应的转换速度出现在显示屏上。因此，三种不同的转换速度能被保存，这适用于每个功能，这些速度将通过对应的按钮应用于自动转换。

下面介绍改变自动转换速度的方法。

（1）在 SYSTEM CONTROL GROUP（系统控制组），注意显示器中显示的当前转换速度。

（2）按 SEL（选择）按钮直到需要的功能"MODE（方式）"出现。

（3）使用 100、10 和 1 按钮，设置需要的帧数——设置范围从 1 到 999。设置的新速度会自动更新并出现在显示器上。

请注意以下要点：

☞ 转换速度自动更新为新设置的速度，并不意味着删除这个程序。如果想清除这个新速度，只需按照上面的操作，调到原来的换转速度即可。

☞ 如果调过了所需要的速度，使用 100、10 和 1 按钮向前翻动，直到需要的数值再次出现在显示器中。

☞ 可以通过同时按住 100 和 10 按钮使百位和十位滚筒上的数值清零,当按下 1 键不放,对应的 1 按钮数值将默认为 1 帧。

☞ 不能像以 0 帧作为切换速度一样,以 0 帧作为一个转换速度。

➢ USING MANUAL TRANSITION(使用手动转换)

使用下列步骤执行一个手动转换:

(1) 确认 PGM(节目)通道、PST(预置)通道和键通道是所需的设置。

(2) 在 NEXT TRANSITION SECTION(其次转换部分)选择 BKGD、KEY1 或 KEY2 或任何作为其次转换的组合。

(3) 在 TRANSITION TYPE SECTION(转换类型部分)选择需要的转换类型——叠化、划像或 DVE(数字视频效果)。

(4) 将 FADER 从当前限制位置移到相对的限制位置。FADER 的移动速度决定手动转换的速度。

记住,在一个转换期间,当移动 FADER 时,TRANSITION PROGRESS BAR(转换进程条)的发光二极管分段点亮。不亮的部分意味着 FADER 应当向其移动,以便完成这个转换。

注意:当 FADER 处于一个非关闭的极限位置时,TRANSITION CONTROL(转换控制)组所有按钮不起作用。

至此,执行一个手动转换效果的步骤完成。

➢ USING CUTS(使用切换)

一个"后台"是 PGM 和 PST 两个通道之间的一个立即切换开关。注意:你也可心通过简单地在 PGM 通道上压一下它的输入来执行一个后台切换。这类切换不能在预演显示器上显示准备的图像。

要执行一个切换,使用下列步骤:

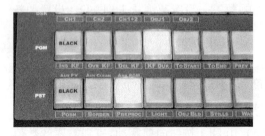

图 6-50　使用切换

(1) 在 PGM 通道上选择一路输入。

(2) 在 PST 通道上选择另一路输入。

(3) 在 NEXT TRANSITION SECTION(其次转换部分)选择 BKGD(背景转换)作为其次转换。如图 6-50 所示,开始切换前结合输出监视器作一个简单的设置。

(4) 压 CUT(切换),PGM 通道和

PST 通道上输入信号立即实现交换,并实现双稳态多谐振荡。

(5)再次压下 CUT 按钮,重复此过程并恢复到原来的后台。

至此,执行一次切换的步骤完成。

➤ USING DISSOLVES(使用叠化)

在一个"后台叠化"转换中,PGM 通道和 PST 通道上的视频信号逐渐混合在一起,直到 PST 通道完全替代 PGM 通道的视频。

使用下列步骤来执行一次叠化:

(1)在 PGM 通道上选择一路输入。

(2)在 PST 通道上选择另一路输入。

(3)在 NEXT TRANSITION SECTION(其次转换部分)选择 BKGD(背景转换)作为再次转换。如图 6‐51 所示,在开始叠化前结合输出监视作一个简单的设置。

(4)在 TRANSITION SECTION(转换部分)压 DISS(叠化)。

(5)要执行手动转换,将 FADER 从一个极限位置移动到另一个极限位置。要执行一个自动转换,压 AUTO TRANS 按钮。在每个转换期间,PST 通道的视频信号逐渐地混合进入到

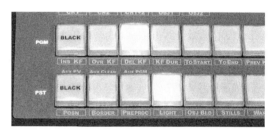

图 6‐51   USING DISSOLVES(使用叠化)

PGM 通道的信号中。在转换的结尾,PST 通道的视频完全取代 PGM 通道的视频,两个通道实现双稳态多谐振荡。

预演监视器

节目监视器

节目监视器

图 6‐52   执行叠化时的屏幕效果变化

注意:如果选择一个很短的自动转移速度(典型的是 5 帧或更短),可能出现和"切换"一样的效果。这类转换通常被称为一个"软切"。

➢ TRANSITION LIMIT(转换限制)

TRANSITION CONTROL(转换控制)组的 TRANSITION LIMIT(转换限制)按钮允许使用者将一个转换停止在预定位置——在 FADER 的两个极限位置之间。使用下列步骤来执行一个限制效果转换:

(1) 确认 FADER 处于上极限位置或下极限位置,并注意选择的限制。在后来的步骤中 FADER 必须返回到这个限制。

(2) 为下一步转换选择一个叠化或划像。

(3) 移动 FADER 并手动设置转换到需要的转换位置。

☞ 在叠化方式,观察节目通道信号和预演通道信号之间需要设置的混合(叠印)程度。

☞ 在划像方式,观察节目通道信号和预演通道信号之间需要划开的屏幕位置。

(4) 将 FADER 停留在需要的转换位置,并压 TRANS LIMIT(限制转换按钮),限制位置被记忆,并且 FADER 位置被存储。

(5) 移动 FADER 回到步骤(1)选择的限制位置。

(6) 压 TRANS LIMIT(转换限制)按钮打开 TRANSITION LIMIT(转换限制)功能,TRANS LIMIT(转换限制)按钮灯点亮。在 TRANSITION PROGRESS BAR(转换进程条)中,限制位置的那个发光二极管点亮并闪烁。

(7) 要执行转换,使用 AUTO TRANS 按钮。转换执行到步骤(3)设置的位置并停止。

(8) 要继续执行转换,有两种方法:

☞ 保持 TRANS LIMIT(转换限制)按钮处于打开状态,当再次压下 AUTO TRANS 按钮时,转换向相反方向进行,并回到开始点。

☞ 关闭 TRANS LIMIT(转换限制)按钮,当再次使用 FADER 或压下 AUTO TRANS 按钮时,转换继续执行,直到整个转换完成。

至此,执行一个限制转换效果的步骤完成。

➢ TRANSITION PREVIEW(转换预演)

"转换预演方式"允许使用者演习一个完整的预演到后台的转换,而不影响节目输出。在此方式下,所有转换只在 PREVIEW 监视器上发生,保持节目输出信号不受干扰,能够创建、演习和预演任何转换。当使用预演转换模式时,FADER 效果不能接入节目中。

使用下列步骤可实现 TRANSITION PREVIEW(转换预演)功能:

（1）选择需要的 NEXT TRANSITION 按钮或其他按钮,取决于哪个视频元素需要被改变。

（2）压住需要的 TRANSITION TYPE 按钮——DISS（叠化）或 WIPE（划像）不放。

注意：DVE（数字视频效果）不能被预演。

（3）使用 FADER 或 AUTO TRANS 来预演当前的效果,也可作任何需要的修改。

（4）对预演效果满意后,松开 TRANSITION TYPE 按钮,预演监视器回复到它先前的预监方式。

（5）执行转换,节目输出显示精确的在预演转换方式下预演监视器上已经看到过的预演效果。

注意：如果当松开 TRANSITION TYPE 按钮时有一个转换正在执行中,预演监视器输出将不能返回到它原来的预演方式,直到这个转换完成。

至此,完成转换预演功能的操作步骤。

➢ PRESET BLACK（预置到黑场）

PRESET BLACK 功能是一个专门的二级转换,允许使用者将切换台转入到黑场（或任何其他需要的视频源）,用于初次转换,然后进行下一个预先指示的转换。这个功能为切换台快速进入到黑场或转换到一个广告节目是很有用的。

压 PST BLACK 使 PST 通道的 BLACK 交叉点被选择,替代当前的 PST 通道选择的信号源。在 NEXT TRANSITION SECTION 中的按钮可能被改变,取决于当前的 ON AIR 的选择。

该转换分为两级：

☞ 当压 PST BLACK,切换台预置一个叠化到黑色。一个交替的转换类型能够选择,如果一个键或一个键的组合处于开的状态,但它们的"其次转换"按钮没有点亮,切换台自动点亮这个按钮。

首次转换切换台叠化到黑场,并且叠化关闭所有的键。在 NEXT TRANSITION SECTION 的按钮被改变,设置切换台到原来的预演场景。这个场景显示在预演监视器上。

☞ 二次转换是切换台从黑场回到先前预演监视器上显示的场景——不论后台的组合和键源的选择如何。

使用下列步骤执行一个预演黑场转换：

（1）压 PST BLACK 预演监视器将显示一个黑色图像。

（2）用 FADER、AUTO TRANS 或 CUT 执行一个转换。节目转换到黑场。注意：当黑色被排演时，切换台预置为预演场景（从步骤（1）得来），也显示在预演监视器上。

（3）使用 FADER、AUTO TRANS 或 CUT 执行一个二次转换。切换台转换到预演场景，转换结束后，PST BLACK 指示灯关闭。

至此，完成一个 PRESET BLACK 预置为黑场的转换。

 实验二十　　　　数字特技切换台基本操作

实验目的：1. 了解数字特技切换台的基本操作方法。

　　　　　2. 熟悉数字特技切换台常用按钮的功能和使用方法。

　　　　　3. 掌握数字特技切换台的基本操作方法。

实验内容：全面讲解数字特技切换台的基本使用方法。

　　　　　让学生熟悉数字特技切换台常用按钮的功能和使用方法；练习数字特技切换台的基本操作。

主要仪器：演播室摄像机　　　　　　　　　　　　　　　3 套

　　　　　SYNERGY 100SD 加拿大 ROSS 数字特技切换台　　1 套

教学方式：集中讲解和多媒体展示相结合；教师示范和学生实践相结合。

预习要求：课程讲授的第六章 6.5.3.4《图形的效果控制》相关内容。

实验类型：演示、验证实验。

实验学时：3 学时。

6.5.3.4　图形的效果控制

1. EFFECTS CONTROL GROUPS（效果控制组）

这两个 EFFECTS CONTROL（效果控制组）是可指定的控制组，它允许使用者选择划像图形、调整划像参数和修改键效果。例如，压 WIPE 或 FLY KEY，这些被指定为专门的功能。

顶部的效果控制组包括一个 4 字符显示器和它的组合 SEL 按钮。显示器用来确认切换台效果控制组已经控制的区域或按钮。除此之外，正在控制的按钮（也就是WIPE 或 FLY KEY）将以绿色点亮，替代黄色。

图 6 - 53 效果控制组 2

图 6 - 54 效果控制组 1

效果控制组中的 SEL(选择)按钮允许使用者翻滚选择几个"方式",取决于效果控制组当前控制的区域或按钮。显示的方式与选择的区域或按钮相连接。下面以表格的形式加以展示(见表 6 - 2)。

此外,压住 SEL 按钮不放的同时,压下表中的其中一个按钮,能够改变该按钮,不用再专门打开和关闭它。

表 6 - 2　效果控制方式表

方　　式	按　钮　选　择	控　制　的　特　性
FLY1	FLY KEY 在效果发生器的 KEY1(＊1)(＊3)	尺寸、画幅比和键发生器 1 键的飞行位置
FLY2	FLY KEY 在效果发生器的 KEY2(＊1)(＊3)	尺寸、画幅比和键发生器 2 键的飞行位置
CRP1	MASK 在效果发生器的键 1 中当一个挤压和弯曲执行框划时	剪裁效果发生器键 1 的一个挤压和弯曲框划所有边缘
CRP2	MASK 在效果发生器的键 2 中当一个挤压和弯曲执行框划时	剪裁效果发生器键 2 的一个挤压和弯曲框划所有边缘
MSK1	MASK 在效果发生器的键 1(＊2)	修饰一个自身的区域,自动选择或键 1 的色键
MSK2	MASK 在效果发生器的键 2(＊2)	修饰一个自身的区域,自动选择或键 2 的色键

续　表

方　　式	按　钮　选　择	控　制　的　特　性
MSKd	MASK 在下游键发生器组	修饰一个自身的区域,自动选择下游发生器
MEM#	MEM 在效果控制组	进入记忆存储和调用属性
WIPE	WIPE 在转换控制组	所有划像控制,包括图形和修改
PP1	PST PATT(用 PLY KEY 关闭)在效果键发生器的键 1	在键 1 上为预置图形的所有修改
PP2	PST PATT(用 PLY KEY 关闭)在效果键发生器的键 2	在键 2 上为预置图形的所有修改
DVE	DVE 在转换控制组	为挤压和弯曲划像的图形选择和划像方向
BORD	BORD、SHDW 或 OUTL 在下游键发生器组	在 DSK 上为选购的边缘发生器的所有修改
ACK1	CHAOMA KEY 在效果键发生器的键 1	当设置一个色键或键 1 上的最终键的自动色键
ACK2	CHAOMA KEY 在效果键发生器的键 2	当设置一个色键或键 2 上的最终键的自动色键
NONE	＊见下一个专栏	如果上面的任何一个特性被控制,方式设置将被关闭为 NONE
HIDE and SHOW	SEL 为在两个方式之间保留"方式"显示(＊4)(＊5)	在任何一个 3D 菜单中,部分菜单可以被隐藏。如果方式设置为"HIDE",只有当前被选择的条目,并且它相应的数据值将保留暗淡显示,"SHOW"显示全部 S & T 3D 菜单和数值

注:(＊1) 在键发生器中选择的 PST PATT 自动打开 FLY KEY。
　　(＊2) 键类型为挤压 & 强制弯曲框划像时除外。
　　(＊3) 如果你安装有挤压 & 强制弯曲选购件,键也能够被旋转。
　　(＊4) 只在 S & T 3D 菜单时有效。
　　(＊5) 要详细了解,请参考挤压和强制 3D 弯曲使用向导。

2. WIPES(划像)

EFFECTS CONTROL(效果控制组)也包括两个图形发生器:

☞ WIPE GENERATOR 和 PRESET PATTERN GENERATOR 与效果键发生器的 KEY1 共同分享 PATTERN GENERATOR1。这个图形发生器是全部有效的——所有划像图形都是可用的。

☞ PATTERN GENERATOR2 通过 PRESET PATTERN GENERATOR 为效果键发生器的 KEY2 所使用。这个发生器被限制为典型的划像图形，负的圆形。旋转和矩阵划像不能使用。

注意：由于 PATTERN GENERATOR1 共享，如果在键 1 上选择了 PST PATT，就不能再选择一个 WIPE 划像转换。同样，如果 WIPE 能够被使用，而且键 1 在 KEY1 中选择 PST PATT 键类型，WIPE 按钮关闭并且转换类型返回到 DISS（叠化）。

上部 EFFECTS CONTROL（效果控制组）包括 10 个按钮，显示为 10 个"典型"的划像，除此之外，每个按钮供给进入任何多于 60 个的"使用者"划像可被使用。如果安装了 SQUEEZE & TEASE 2D（二维挤压和弯曲）选购板，另有 40 个二维数字视频效果可以被使用。如果安装了 SQUEEZE & TEASE WARP（挤压 & 强制弯曲）选购件，有几个三维数字视频效果可供选择。

要选择一个划像，在 TRANSITION CONTROL GROUP（转换控制组）中压 WIPE（划像）并选择需要的图形按钮。一旦被选择，图形能够被修改和用于 ON AIR。只有压下的那个按钮的发光二极管点亮，并且作为划像图形。如果双击该按钮，发光二极管将闪烁，表示进入"使用者划像方式"，你能够选择多于 60 个划像的任何一个。

图 6-55 顶部 EFFECTS CONTROL GROUP（效果控制组）

在顶部 EFFECTS CONTROL GROUP（效果控制组）也包括下面两个按钮：

➢ REV/LEARN（划像方向控制）按钮

REV/LEARN（划像方向控制）按钮控制划像的方向。有三个划像方向可被选择：

☞ REV/LEARN（划像方向控制）的默认状态是关闭。划像将以正常的方式进行，使新图像以图形按钮上标识的图形的黑色区域到白色区域。按钮的发光二极管将点亮。

☞ 压 REV/LEARN(划像方向控制)按钮设置划像方向到相反的方向,使新图像从白色区域展现出来到黑色区域。按钮的发光二极管将点亮。

☞ 双击 REV/LEARN(划像方向控制)按钮设置划像到双稳态多谐振荡。划像方向第一次是正常方向,第二次是相反方向,第三次是正常方向等等。按钮的发光二极管将闪烁。

➤ CNTR/EFF D 按钮

CNTR/EFF D 按钮用来将一个边、一个划像位置、一个修饰和一个遮幅的特性返回到默认状态或位置。另外,它还用来默认飞键包括 SQUEEZE & TEASE 2D(二维强制挤压)和 SQUEEZE & TEASE WARP(强制挤压弯曲)形状到满屏。当调用记忆功能时,这个键能在两个转换设置之间执行一个"叠化效果"。

下面的 EFFECTS CONTROL GROUP(效果控制组)提供两个按钮和三个"结尾-停止"旋钮来修改选择的模式。

➤ BORDER 旋钮

BORDER 旋钮允许使用者调节划像图形的边缘,除了图形编号 111 号外(不接受这个编号),在所有划像图形上可以从无边调整到最宽边缘。

顺时针旋转旋钮增加边缘宽度。

逆时针旋转旋钮减少边缘宽度。

➤ SOFT 旋钮

SOFT 旋钮允许使用者调节划像图形边缘的柔合度,除了不允许柔化 111 号图形的边缘外,它能使所有图形的边缘从硬边到完全柔边。

顺时针旋转旋钮增加边缘柔化度。

逆时针旋转旋钮减少边缘柔化度。

➤ ASPECT(样式)旋钮

当它旁边的 ASPECT(样式)按钮灯点亮时,ASPECT 旋钮能够被用来调节选择图形的幅宽比率。

顺时针旋转旋钮增加图形的垂直显示比率,水平显示比率不变。

逆时针旋转旋钮增加图形的水平显示比率,垂直显示比率不变。

➤ ASPECT(样式)按钮

ASPECT(样式)按钮决定它旁边的 ASPECT(样式)旋钮能否被使用。

当这个按钮打开时,划像图形边缘的水平和垂直角度以及图形的样式可以被调整,圆形可以调节成椭圆形或者方形等等。

当这个按钮关闭时,所有样式比率被取消,并恢复成默认的样式形状。

如果调节一个图形的显示比率,然后选择另外一个没有经过调节的图形,ASPECT 灯仍然是亮的,直到再次按下此按钮。此时,新选的图像比例也随之发生变化。

➤ ROTATE(旋转)按钮

ROTATE(旋转)按钮作为一个划像图形的修改器能够用来决定划像图形的位置。

当这个按钮打开时,划像图形 00 和 07(水平划像)及 10 和 17(垂直划像)能旋转 360°,只有这 4 个图形能被旋转。

当这个按钮关闭时,所有旋转被取消,并恢复到默认图形位置。

当 EFFECTS CONTROL GROUP(效果控制组)中的该旋钮处于唤醒状态时,请记住下边关于结束-停止按钮的重点。

END-STOP KNOB 的电子位置能通过调用记忆记录来写在上面,电子旋钮位置可能与当前的物理位置不匹配,这个旋钮仍然可以调节,但是不能获得全部的可应用的调整范围。

操作技巧:为了使物理位置与电子位置再次同步"END-STOP KNOB",先顺时针充分转动旋钮,然后充分逆时针转动,可以创造全部的调节变化范围。

3. USING WIPES(划像的使用)

在一个"划像"转换中,PGM 通道视频将按照 EFFECT CONTROL GROUP 中预先选好的划像图形逐渐替代 PST 通道的视频。

使用下边的步骤来执行划像:

(1) 在 PGM 通道上选择一个输入信号。

(2) 在 PST 通道上选择一个不同的输入信号。

(3) 在 TRANSITION CONTROL(转换控制)组,选择"BKGD"作为其次转换,如图 6-56、图 6-57 显示在划像前后的通道状态。

(4) 按下 WIPE,这个操作可以使 WIPE 键的指示灯以绿色点亮,并自动指派 EFFECTS CONTROL(效果控制)组进入 WIPE 模式。

(5) 按下需要的划像图形按钮。

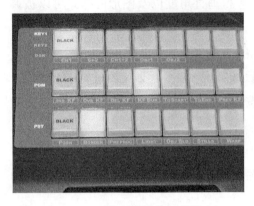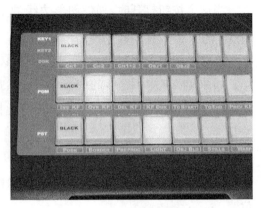

图 6－56　划像转换前的通道状态　　　　图 6－57　划像转换后的通道状态

(6) 选择划像的方向,可以通过按下或者双击 REV/LEARN 键在标准、反向或双稳态多谐振荡之间进行选择。

(7) 顺时针充分旋转 BORDER(边缘)旋钮,然后逆时针充分旋转,第一次这么做是为了保证没有边界。

(8) 执行一次手动转换,移动 FADER 从一个限制到另一个限制。按下 AUTO TRANS 键,进行一次自动转换。在转换期间,使用选择的划像方式 PST 通道的视频信号将逐渐替代 PGM 通道的视频信号,如图 6－58 所示:

预演监视器　　　　　　　　　节目监视器　　　　　　　　　节目监视器

图 6－58　执行划像时的屏幕效果变化

在转换的结尾,实现双稳态多谐振荡,PST 视频完全替代了 PGM 视频。

➢ SELECTING WIPES(选择划像类型)

切换台上的 WIPE 状态允许使用者从 60 多种划像中进行选择,包括那些通常隐藏在嵌板上的划像类型。如果切换台安装了选购的 SQUEEZE & TEASE 2D BOARD(二维强制挤压和弯曲卡),另有 40 个 DVE(数字视频效果),如推和翻滚都可以应用。如果安装了 SQUEEZE & TEASE WARP(强制挤压和弯曲)选购件,就可以选择一些三维 DVE(数字视频效果)。

下面是选择一个划像的步骤:

(1) 按下 TRANSITION CONTROL GROUP(转换控制组)上的 WIPE 键,这个键上的指示灯会以绿色点亮。

(2) 选择 EFFECTS CONTROL GROUP(效果控制组)中所展示的 10 种图形之一,并按下所需的按钮。

(3) 要访问附加的使用者划像图形,双击任意一个图形按钮,已选择按钮的 LED(发光二极管)会闪烁,当前的"扩充的划像"图形号码将在 SYSTEM CONTROL GROUP(系统控制组)中显示。

(4) 现在就可以控制 SYSTEM CONTROL GROUP(系统控制组),并通过使用 100、10 和 1 按钮来滚动选择所需要的图形。

显示器上的第一个数字(百位)表示划像的"种类",划像的种类说明如下:

0. 典型划像

1. 旋转划像

2. 矩阵划像

3. 特殊划像

图 6 - 59　使用 100、10 和 1 按钮选择划像类型

(5) 使用下边显示的 100 按钮滚动选择种类。用 10 和 1 按钮滚动选择划像图形的编号,通过在下图显示中的后两位(十位和个位)的描述来实现。

下图说明可用的"典型"划像——种类 0。

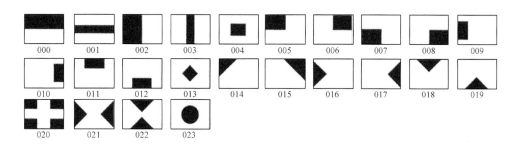

图 6 - 60　典型划像

下图说明可用的"旋转"划像——种类 1。

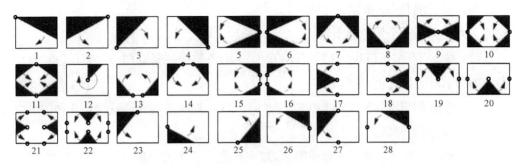

图 6-61　旋转划像

下图说明可用的"矩阵"划像——种类 2。

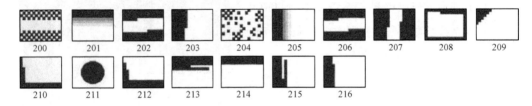

图 6-62　矩阵划像

300　　　301

图 6-63　特殊划像

下图说明可用的"特殊"划像——种类 3。

划像编号 300 是特别生动的"火焰"划像,301 编号的划像是"血液"划像。

划像编号设定完成后,再压"SEL"按钮设定划像速度。

(6) 一旦已经选择了一个所需的划像图形,就能在通常的方式中执行转换。

这就是选择一个"WIPE"的所有步骤。

➤ OPTIONAL SQUEEZE & TEASE 2D WIPES(二维强制挤压和弯曲划像)

如果 SYNERGY100 切换台安装了 SQUEEZE & TEASE 2D BOARD(二维强制挤压和弯曲),可以访问 40 种 DVE(数字视频)划像效果,比如推出、推入和其他类似的 DVE 转换。

使用下面的步骤来选择 DVE(数字视频)划像效果:

(1) 按下 TRANSITION CONTROL GROUP(转换控制组)中的 DVE(数字视频效果),DVE 按钮会以绿色点亮,说明转换正在激活状态。

操作技巧:有一个可供选择的办法,通过同时按下 DVE 和 WIPE 按钮来选择一个 DVE 效果作为转换类型,DVE 和 WIPE 按钮都以绿色点亮时,说明这个状态正在起作用。

（2）EFFECTS CONTROL GROUP（效果控制组）中的 10 种划像图形按钮代表 10 种 DVE 划像效果，如下图中整齐的按钮，选择这些效果中的一个，只需按下相应的按钮。

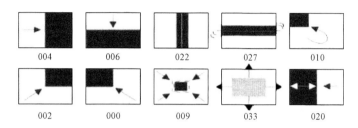

图 6‑64　10 种 DVE 划像效果

注意：划像图形下的编号表示作为 SYSTEM CONTROL GROUP（系统控制组）中使用的选择图形号码。

划像的绘画表现不能与 PATTERN CONTROL GROUP（图形控制组）中的现行键样式相对应。

（3）为了获得全部的 40 种 DVE 划像样式，双击任何一个 EFFECTS CONTROL GROUP（效果控制组）中的图形按钮，已选项的 LED 发光三极管将闪烁，DVE 功能将获得对 SYSTEM CONTROL GROUP（系统控制组）的控制。

（4）使用滚筒式按钮 10 和 1 选择想要的图形。

（5）用滚筒式按钮 10 和 1 选择划像图形的编号，编号用显示器后两位来表示，如下图所示。

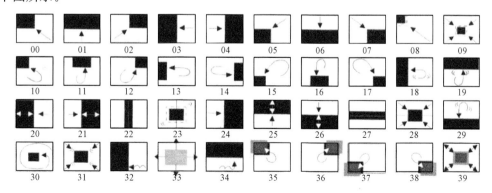

图 6‑65　可选择的二维强制挤压划像

(6) 一旦选择了一个图形,可以用通常的方式进行转换。

选择 SQUEEZE & TEASE WIPE(强制挤压和弯曲)时应注意:

· 激活时,SQUEEZE & TEASE WIPE 模式选择一个空闲的通道或两个需要的空闲通道。如果通道不可用,不能选择 SQUEEZE & TEASE 划像。

· 按下 TRANSITION CONTROL GROUP(转换控制组)中的 BKGD、KEY1 或 KEY2 键中的任意一个,可以在背景或一个单独键上执行一个 SQUEEZE & TEASE 划像。但是每次只能选择一个划像。

· 背景(BKGD)和键(KEY1 或 KEY2)转换仅仅需要一个 SQUEEZE & TEASE 通道来执行 SQUEEZE & TEASE 划像。但是划像包括 AUTO SELECT 键需要两个通道。

· 如果你想在键上执行一个 SQUEEZE & TEASE 划像,例如 EFFECT KEYERS组,如果已经准备好执行一个 SQUEEZE & TEASE 2D 盒式划像,SQUEEZE & TEASE 划像是允许的。如果键发生器没有执行 SQUEEZE & TEASE 盒式划像,临时系统会借一个 SQUEEZE & TEASE 通道(如果正在 AUTO SELECT 键上执行划像则会借两个频道)。

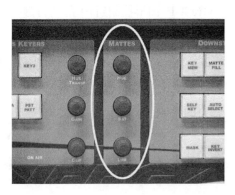

图 6-66　MATTES GROUP(不光滑组)

➤ MATTES GROUP(不光滑组)

MATTES 组提供了允许选择具体而详细的不光滑的发生器和为划像样式、边界、背景颜色、不光滑度调节颜色的控制设置。通过按下 PST PATT、WIPE、COLOR BKGD、BORD 或 MATTE FILL 键来实现 MATTES 组中的具体功能。

　实验二十一　　　　　划像图形的效果控制

实验目的:1. 了解划像图形的类型。

2. 熟悉各种划像类型的选择方法。

3. 掌握各种划像类型选择和使用的操作方法。

4. 掌握各种划像类型的参数设置方法。

实验内容：全面讲解数字切换台划像类型的选择和参数设置方法。

让学生熟悉数字切换台各种划像类型的使用方法；练习各种划像类型的选择和参数设置的基本操作方法。

主要仪器：SYNERGY 100SD 加拿大 ROSS 数字切换台　　1套

教学方式：集中讲解和多媒体展示相结合；教师示范和学生实践相结合。

预习要求：课程讲授的第七章《数字电视摄像技巧》相关内容。

实验类型：演示、验证实验。

实验学时：3学时。

本章思考题

1. 演播室摄像机有什么特点？

2. 演播室摄像机操作应注意什么？

3. 摄像机控制单元的作用是什么？

4. 数字特技切换台在演播室系统中的作用是什么？

5. 数字特技切换台一般有几个通道？各有什么功能？

6. ROSS 100SD 数字特技切换台控制面板由几部分组成？

7. 无缝转换的八个步骤是什么？

8. 怎样改变转换速度？

9. 怎样设置转换限制？

10. 怎样进行转换预演？

11. 怎样进行预置到黑场？

12. 怎样选择划像类型和图形？

13. 怎样改变划像图形的参数？

第七章

数字电视摄像技巧

学习目标

1. 熟悉电视画面的结构成分及拍摄时的处理技巧。

2. 掌握拍摄要点的内容和操作技巧。

3. 熟悉景别的概念;掌握各种景别的合理使用。

4. 掌握取景的方法和技巧。

5. 掌握构图的技巧、方法和注意事项。

6. 熟悉摄像三要素及其特点。

7. 掌握固定镜头的功能、特点、拍摄技巧和注意事项。

8. 掌握运动镜头的功能、特点、拍摄技巧和注意事项。

9. 熟悉轴线的概念及其规律,掌握轴线在机位设置中的使用方法。

7.1　电视画面的功能与结构成分

电视摄像机摄取的由电视接收机屏幕显现的图像,我们称为电视画面。由摄像机拍摄、录像机从开始录像到停止录像记录下来的一个片段,我们称之为电视镜头。

现代电子技术的发展,可以使电视将画面和声音同时摄录,同时传输。这样,电视不仅能传输活动图像,也能传送语言和音乐信息,以及文字、图片等信息,使它集各种传统媒体的功能于一身,并能利用卫星技术和网络技术使信息在短时间内传遍全球。

电视画面是电视节目内容的主要体现者。画面直观、形象,即使有时没有语言、文字、音乐等,也能传送信息,说明问题。电视画面直观却不够理性,声音理性却不够直观,声音与画面结合使电视传送信息既直观又理性,产生 1+1>2 的效果。

自然界中有些物质具有共同的特征,如果没有声音叙述,单凭外表就无法分辨,加上解释性文字描述,画面就变得一目了然。因此,尽管画面在电视艺术表现元素中最常用,没有画面就不能称其为电视,但声音的作用也不能轻视,电视创作就是合理地使用画面和声音。

电视画面不同于摄影和绘画,它受屏幕边框的限制。如何在小小的电视屏幕上传递大千世界的众多信息,使其充满艺术魅力,是电视人的共同追求。因此,摄像工作不仅仅是简单的技术工作,也是一种创造性极强的艺术工作。

电视画面框架结构对画面具有限制作用,也正是因为这种限制作用使得大千世界在电视画面得以取舍,摄取能表现主题的主体,去掉那些与主题无关的内容以及影响画面构成的因素。

电视画面的结构成分包括主体、陪体、前景、后景的画面结构。主体离不开陪体的说明,也不可能脱离环境而存在,它们共同组成电视画面。

7.1.1 主体

主体是画面要表现的主要对象,是主题思想的直接体现者,也是画面的趣味中心。主体在画面中起主导作用,是控制全局的焦点,是画面存在的基本条件,同时又是摄像人员进行艺术创作时应当注意的主要因素。

主体在画面中有两个重要作用:一是表达内容的中心;二是画面的结构中心。两者不能截然分开,又各自有所侧重。在一组镜头中,若失去了主体,就谈不上主题思想的表现,也就失去了画面的意义,观众也不能理解摄像人员的创作意图。

由于电视镜头的限制,拍摄电视画面

图 7-1 主体

与人们在自然界中的实际观察有着很大的差别。当我们扛起摄像机面对大千世界时，会发现被摄对象并不自然成画，我们必须用取景框进行选择、提炼，才能从自然的、凌乱的物象中"提取"出一个优美动人的画面。这就要求摄像人员一方面要牢牢地盯住主体，另一方面也要尽量避开妨碍主体的多余形象，用取景框给原来没有界限的自然划出界线。

图7-2　主体

在这样一个小面积内，能否在一瞬间凝聚形象，并确定主体的位置，最能检测出摄像人员是否有瞬间意识和较强的画面组织能力。摄像人员的主观视线应尽可能地与广大观众的视觉习惯相吻合，并适应时代的审美要求。如何将主体安排在一个确切、适宜的位置上，并无一个固定的格式。主题思想不同，要求也就不同。构思立意不同，主体的安排也不同。主体安排在画面中的什么位置，代表了摄像人员的审美观点。只要能吸引观众的全部注意力，将其视线集中于画面主体上，就达到了妥善安排主体的目的。

应当指出的是，在实际的电视节目拍摄过程中，如非特殊需要，主体一般应避免处于画面的正中位置。这是因为，正中位置恰恰是视觉最薄弱处。

7.1.2　陪体

陪体是指与画面主体有紧密联系，在画面中与主体构成特定关系，或辅助主体表现主题思想的对象。陪体在画面中出现，能帮助观众了解拍摄时现场的情况，更容易地理解画面中主体的神情和动作的内在含义。陪体在画面中主要有三个作用：

（1）帮助主体说明内容，衬托主体，使观众正确理解主题思想。

图7-3　陪体

（2）陪体能够使画面更富有生活气息。这种生活气息是任何艺术作品均不可缺少的，正如在现实生活中人们需要同周围的人或物发生接触和联系一样，这才使生活变得丰富多彩。

（3）陪体可形成与主体的对比，并起到装饰、美化主体的作用。

陪体有时位于主体之前，既是画面的陪体又是前景，起到了双重作用，一方面可强调出画面的空间透视，另一方面又交代出主体同陪体的情节关系。

处理陪体要掌握好分寸。首先是不能使陪体超过主体，绝不可喧宾夺主。两者要主次分明、有虚有实，从而构成特定的情节环境。此外，陪体的动作、神情要与主体密切配合，有时出于表现主体的需要，陪体可以不完整，陪体的线条结构一定要同主体有呼应关系。在色调和影调方面两者要有一定的对比。有时根据主题需要，可以间接地处理陪体，也就是说，陪体可以不直接地出现于画面上，当观

图 7 - 4　陪体

众观看电视画面时，自然而然地出现于观众的想象之中。这种处理方法富有隐喻的意味，能积极地调动观众的想象力，使观众加入到这种想象的再创作中来。如此处理陪体，可以使有限的电视画面产生意味深长的效果，体现出摄像人员独特的艺术追求。

7.1.3　前景

前景是指处在主体与摄像机之间的景物。它们处在主体前面，在画面上非常突出、醒目，是画面构图和艺术表现的重要元素。

前景作为主体周围环境的一个组成部分，直接作用于人的眼帘，使人产生对画面的第一印象。它虽然出现于画面的上、下、左、右边框的部位，但给观众的心理感觉最近。要使画面引人入胜，前景的处理是一个关键。

前景对于画面造型有以下五个方面的作用：

（1）帮助主体交代情节、深化主题。

（2）在画面上展示空间感及透视感。

（3）显示现场气氛，表现时间概念、季节性和地方色彩。

（4）主体与前景形成画面表现形式上的对比，可以加强画面的视觉语言，为更深刻地表达主题思想提供可靠的依据。

（5）富有装饰性的前景，可以美化画面，有时似乎将主体镶嵌于画框之中，使画面具有图案的美感。

图 7-5　前景

图 7-6　前景

电视画面可以称为一种"平面艺术"。虽然摄像机的镜头具备了人眼观察景物近大远小的透视特性，但在拍摄时人为地加强画面的空间透视感仍是不容忽视的一点。在实际拍摄过程中，有意识地选择一些景物作为前景，可以在具有二维空间的电视屏幕上充分地表现出三维空间的真实景物，化平面结构为立体结构，给观众以空间距离感。

图 7-7　后景

7.1.4　后景

后景是与前景相对应的，指那些位于主体之后的人物或景物，是环境的组成部分，是构成生活氛围的实物对象。

后景在画面中也有着不容忽视的地位和作用。它可以表明主体所处的环境、位置及现场氛围，并帮助主体揭示画面的内容和主题；可以使画面产生多层景物的造型效果和透视感，增强画面的空间纵深感。

选择和处理后景要注意以下几点：

（1）后景的影调、色调应和主体形成一定的对比，尽量避免主体和后景的影调、色调相近或雷同，使观众能一目了然地辨清主体形象。

（2）要利用各种技术手段和艺术手段简化后景，力求后景的线形简洁、明快，有效地衬托主体。

（3）后景的清晰度和趣味性不应超过画面主体。如果后景影响和干扰了主体形象而又难以避开，就应利用景深手段使其虚化模糊或残缺不全，以削弱其在观众眼中的视觉印象，将观众的注意力引到主体上来。

7.1.5 背景

背景是位于画面主体之后，离摄像机最远的景物。它和画面主体构成"图"与"底"的关系。它可以是山峦、大地、天空、建筑，也可以是一面墙壁、一块幕布或一扇窗户。其作用主要是用来衬托主体，突出主体，向观众交代主体所处的环境及氛围，丰富主体的内涵。

背景在处理时要注意的问题和后景一样，但有一点必须强调，就是背景一般不宜太亮，室外拍摄时，应避免选取过多的天空。室内拍摄时，也应避开窗户，不要使其作为背景，以防光圈自动收缩而使主体发暗。

图 7-8　背景

图 7-9　环境

7.1.6 环境

环境是指画面主体对象周围的人物、景物和空间，包括前景、后景和背景，是组成画面的重要因素之一。

环境在画面中除了能够陪衬、突出主体外,还能够起到以下作用,如表明主体的活动地域、时代特征、季节特点、地方特色,帮助刻画主要人物的性格以及表现特定的气氛,加强画面的空间感和概括力等。

7.2 拍 摄 要 点

任何一位摄像师在拍摄电视画面时,首先遇到的问题就是怎样才能拍好每一个镜头。要拍好每一个镜头,就必须做到拍摄的平、稳、匀、清、准。这就是人们常说的拍摄要点。

7.2.1 平

平是指所拍摄的画面中水平线要平。绝大部分画面中不是有一条水平线,就是有一条垂直线,如果画面中的这些线条发生歪斜,就会给观众造成某种主观错觉,这是摄像工作的大忌。当然,需要让观众产生倾斜错觉的镜头除外,例如在有些武打片中,故意用一些倾斜的镜头来表现武打场面,这是允许的,它能产生现场混乱的感觉。

摄像时确保画面水平的关键是摆好三脚架,固定好摄像机械的云台,使之处于水平状态。如果三脚架上有水平仪,应使水平仪内的小水泡处于水平仪的中心位置。如果是肩扛摄像,应当利用画面中景物的垂直或水平线条作参考,使这些线条与录像器的边框平行。俯、仰角度大的镜头是较难把握水平的,但仍应注意利用景物和垂直线条来掌握画面的水平。另外,在摄像过程中,大家要学会用眼睛的余光来观察录像器的整个画面,不要只盯住一处,这样不利于取景和主体安排。

7.2.2 稳

稳是要求在摄取所有的镜头时,都应该坚决消除不必要的晃动。晃动对于所拍摄的镜头而言是极其有害的,它破坏观众的观赏情绪,影响画面的内容表达。三脚架是克服这一不足的最为有效的工具,因此,在摄像行业内有"多带架子少带灯"的说法。若无三脚架或无法使用三脚架时,应尽量使用广角镜头来摄取画面,利用广角镜头稳定性强的特点来摄取稳定的镜头。这就要求在摄取目标时，能靠近目标则尽量靠近，这样就可避免用长焦镜头来拍摄。因为手持和肩扛摄像机运用长焦镜头拍摄时，难以取得稳定的画面效果，并且需要一定的基本功。手持或肩扛摄像机拍摄静止画面时，应当首先将摄像机在肩部架稳，以右手为主用力握住摄像机并进行变焦操作，左手操纵聚焦环，拍摄时胳膊肘适当夹住身体两侧，双脚叉开站立，重心要低，呼吸要平稳，这样拍摄到的图像才能较为稳定。此外，拍摄时还可以尽量利用身旁的依靠物（如墙或树干），也可以屈膝，或者蹲下，将胳膊肘撑在膝盖上进行拍摄，或将摄像机放在地面上或椅子背上作为辅助支撑进行拍摄。若要走动拍摄，在走动时为了减轻垂直震动，双膝应略加弯曲。

7.2.3　匀

匀是指施加技巧的速度要匀，不能忽快忽慢，无论是推、拉、摇、移，还是其他技巧，都应当匀速进行。推、拉技巧使用电动变焦装置是很有效的；摇镜头的匀速进行依赖于摄像机三脚架云台的良好阻尼特性；移动拍摄主要是操纵和控制好移动工具，使其保持匀速运动，起幅和落幅时速度应当缓慢，加速或减速时变速要均匀。另外，可以充分利用寻像器的两个垂直边框作为控制变化速度的参照，通过掌握运动物体进出边框的时间来控制移动速度的均匀程度。

7.2.4　清

清是力求电视图像清晰或者根据内容需要模糊到适当程度，以表达某种气氛，即使如此，也应该首先做到完全清晰，然后使之模糊到所要求的程度。为了使摄像机拍摄的画面清晰，首先应保持摄像机镜头的清洁。因此，在拍摄前要仔细检查摄像机镜头是否有污垢，不清洁时，应按规定方法仔细清洁，即用镜头纸或清洁镜头用的毛刷、橡皮吹子等专业工具进行镜头的清理，而不要用口对着镜头吹气，否则，会使镜头表面形成雾气，使镜头比以前更脏。当被摄物体沿纵深移动时，为了始终保持物体清晰，通常有以下三种方法：（1）调整光圈以获得较大的景深。这是运用光圈小、景深大的原理。在摄像时，不可能像照相一样缩小光圈而放慢快门速度，摄像只能靠增加照明来解决，或者选择透光率高的滤色片，以自动缩小光圈。（2）随着被摄物体的移动而相应地调整镜头的聚焦，使被摄主体始终保持清晰。（3）摄像机随着被摄主体移动并始终保持一定的距离。

7.2.5 准

准是要求技巧性镜头成为落幅画面时,一定要准确无误。例如,推镜头由大范围景别过渡到小范围景别时,当技巧运动结束成为落幅画面时镜头的焦点,构图和时机一定要是适宜位置。"准"指的就是落幅要准。"准"在摄像诸多因素中是最难掌握的,也是最重要的,尤其是推镜头和摇镜头。画面中的构图在不断变化着,为了保持构图均衡,常常是几种技巧同时操作。落幅画面景别越小,所要求的"准"的难度就越高,因为它要求一旦技巧运动结束,就应是落幅画面的最佳构图,任何落幅之后(也就是技巧运动结束后)的构图修正都会非常明显地在画面中表现出来。落幅后还在修正构图会给观众造成一种含糊其辞、模棱两可的印象。

要做好以上几点,关键是应当加强基本功的训练,最大限度地借助三脚架、镜头等方面的优势,一丝不苟地进行拍摄,一旦操作中出现失误,只要条件允许即应毫不犹豫地重新拍摄。另外在拍摄时要将这五个字牢记在心,随时以这五个字要求自己,检查这五个方面是否都做到了。

实验二十二　　　　　**拍摄要点练习**

实验目的:1. 了解拍摄要点的具体内容。

　　　　　2. 熟悉拍摄画面平、稳、匀、清、准的基本要领。

　　　　　3. 掌握实现拍摄画面达到平、稳、匀、清、准的拍摄方法。

实验内容:讲解拍摄要点。

　　　　　让学生进一步练习固定镜头及推、拉、摇、移、跟等运动镜头的拍摄方法,要求拍摄的画面做到平、稳、匀、清、准,从而提高摄像水平。

主要仪器:DSR - PD150P 3CCD全自动小型摄像机　　　　　5 台

　　　　　miniDV 录像带　　　　　　　　　　　　　　　　5 盘

　　　　　DF - 248 方向电池　　　　　　　　　　　　　　5 块

教学方式:集中讲解和多媒体展示相结合;教师示范和学生实践相结合。

预习要求:课程讲授的第七章7.3《取景和构图》相关内容。

实验类型:演示、验证实验。

实验学时:3 学时。

7.3　取景和构图

掌握了拍摄要点,接着就要求摄像师要学会如何取景和怎样构图,取景与构图是两个关系密切而又有区别的概念。取景是指在视觉空间内取用哪些被摄对象来构成画面,以及如何向观众表现它们。它包括镜头前人物的取舍、采取何种景别以及选用什么样的拍摄角度等。构图是指画面的结构布局,就是把摄像机取景范围内的各种对象进行艺术的、真实的、合乎情理的排列组合,使之产生视觉上的美感。

7.3.1　取景

取景的关键是选择合适的景别,并要掌握摄像的三要素。

7.3.1.1　景别

景别是指被摄主体在电视屏幕框架结构中所呈现出的大小和范围,是摄像师在创作中组织结构画面,制约观众视线,规范画内空间,暗示画外空间的一种极有效的造型手段。

景别的大小与两个方面的因素有关:一是摄像机和被摄主体之间的实际距离,二是摄像机镜头的焦距长短。距离的改变可使画面主体形象大小发生变化,距离靠近则主体形象变大(景别变小),距离拉远则形象变小(景别变大)。镜头焦距的变化也可改变画面主体形象的大小,使景别发生变化。镜头焦距变长,画面形象变大(景别变小)。焦距变短,画面形象变小(景别变大)。

图 7 - 10　景别

景别一般被划分为五种,即远景、全景、中景、近景和特写。不同景别的表现内容和作用是不相同的。在实际拍摄中,景别的划分是以成年人在画面中被画框截取的身体部位多少来进行的。

通过实践可发现人体有几种"分截高度",不论画面上展示的是一个人或几个人,按这几种高度分截可得到悦目的构图。这些分截高度是：颈下、腋下、胸下、腰下、臀下、膝下、脚下。如果拍人体的全景，就必须包括拍摄对象的脚，在脚面上分截会产生一种不悦目的构图。

1. 远景

远景是表现广阔场面的画面，它包括的景物范围大，常常用来交代事件发生的空间位置。观众通过远景能看到事件发生的地点。远景不仅能将事件全貌拍摄进去，还能清楚地交代事件周围的整体环境和有特色的背景，因此，常被用作事件的开始和结束的画面。远景的不足是画面内容的中心不明显。

2. 全景

全景是表现成年人全身形象或某一具体场景全貌的画面。它可以使观众看清楚人物的形体动作及人物和环境的关系。对于除人以外的其他场景，全景表现场景的全貌，如会场全景、大型活动的全貌、领导视察的全景等。

3. 中景

中景是表现成年人体膝盖以上部分或场景局部的画面，它能使观众看清人物半身的形体动作和情绪交流。中景画面主体大，清晰，主要用来表现事件中的主要事物，交代人与人、人与物之间的关系。这时环境退到次要位置，电视节目中中景使用很普遍，如教师讲课、领导讲话等。

图7-11 全景

图7-12 中景

4. 近景

近景是表现成年人胸部以上部分或物体局部的画面，常用来表现人物面部神情和事物的局部。如果是固定摄像，人的标准像就是近景。在近景中，人的情绪、事物的局部特征,观众能看得清清楚楚。因此表现人的情感变化,强调事物中某一细节的重要性,都用近景表现。近景容易与观众产生亲切感和交流感,所以在电视中用得很多,特别是电视节目播音与主持,基本上都用近景。

　　　　图 7 - 13　近景　　　　　　　　　　　图 7 - 14　特写

5. 特写

特写是表现成年人肩部以上的头像或某些被摄对象的细部。观众能很清楚地看到画面上人的眼神变化、嘴角抽动、眼泪夺眶而出等面部表现。因此,特写能将人物的内心感情的流露传达给观众。在电视节目摄像中,摄像师抓拍人物特写镜头,能给观众强烈的感染力,物体的特写镜头,则突出了富有意义的细部特征,对于提示事物深层内涵和本质具有重要作用。电视节目摄制时应多拍一些特写镜头,以备在组接时使用。这是由于特写镜头排除了周围景物,对环境的显示不明显,在电视画面剪辑时,特写是最容易过渡的景别,不会产生跳动的感觉,常常用于场景的转换。

学习了景别的划分以后,在拍摄实践中,首先要考虑用什么景别去表现要拍摄的内容,拍摄每个镜头要目的明确。由于受电视屏幕尺寸的制约,想让观众清楚地看到被摄对象,必须在电视画面内让他们显得大一些。也就是说,拍摄时多拍摄一些近景、中景镜头。这种景别能充分地体现出电视中的人物特点,也是用镜头叙事的较好景别。

7.3.1.2　摄像三要素

电视摄像作为一门综合性艺术,涉及音乐、美术、文艺等多方面,它要求摄像人员不仅能熟练地操作摄像机,准确地摄取目标,而且还必须掌握视觉艺术的一般规律以及电视摄像本身的艺术特点,根据内容的需要而采取相应的艺术手法,进而从事创造性的工作。所以,摄像艺术所反映的是摄像人员的主观创作意图和风格,是摄像人员艺术鉴赏水平和辨别能力的实际体现。在这里,摄像位置的选择起着至关重要的作用。

摄像位置是指摄像方向、摄像距离和摄像角度,一般又称为摄像三要素。当拍摄对象确定之后,在进行实际拍摄之前必须对摄像三要素进行选择和确定。对于同一被摄对象而言,如果拍摄的方向、距离和角度不同,所得到的视觉形象以及画面结构也就不同,这种变化是有一定规律可循的。

1. 摄像方向

摄像方向是指摄像机与被摄对象在摄像机水平面上的相对位置,即通常所说的前、后、左、右和斜侧面。在拍摄时,一般总是先选择摄像点,即摄像方向。在确定好摄像方向之后再确定摄像角度。摄像方向变化了,电视画面的形象特点和意境均会发生明显变化,下面就摄像方向各个角度的功能作以介绍。

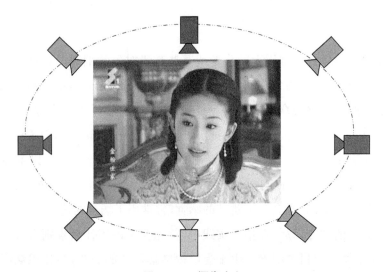

图 7 - 15　摄像方向

(1) 正面方向。正面方向就是常说的正前方,摄像机正对着被摄对象在正前方拍摄。正面方向拍摄有利于表现被摄对象的正面特征,能将被摄对象的横向线条充分地展示于电视画面上。正面方向拍摄容易显示出庄重、肃穆的气氛以及物体对称的结构,可以看到画面中人物的完整面部特征和神情,有利于画面中的人物与观众面对面地交流,有助于增加亲切感,例如大家每天看到的新闻的播音员图像就是正面拍摄的。正面方向的不足之处是画面显得呆板,缺少立体感和空间感。

图 7-16 正面方向

图 7-17 背面方向

（2）背面方向。背面方向就是通常所讲的正后方,摄像机对着被摄对象的正后方进行拍摄。背面方向拍摄常用于主体是人物的画面,可以将主体人物与背景融为一体,背景中的事物就是主体人物所关注的对象。背面方向拍摄不重视人物的面部表情,而注重以人物的姿态来表现人物的内心感情,并以此为主要的形象语言。

（3）正侧面方向。正侧面方向就是通常所说的正左方和正右方。摄像机对着被摄对象的正左或正右方向拍摄。正侧面方向拍摄物体与正面方向拍摄的特点基本相同,以正侧面方向拍摄人物时有独到之处:第一,有助于突出人物的正侧面的轮廓线条,容易表现人物的面部轮廓和姿态。在拍摄主体人物之间的感情交流时,通过正侧面方向拍摄,可以同时显示双方的举动和神情,能够多方兼顾,平等相待。第二,正侧面方向拍摄能够较为完美地表现运动物体的动作姿态,显示运动的轮廓、形式,展现出运动的特点,因此常被用来拍摄体育比赛等以表现运动动感为主的画面。

图 7-18 正侧面方向

图 7-19 斜侧面方向

　　(4)斜侧面方向。斜侧面方向即常说的左前方、右前方以及左后方、右后方方向，也就是除正面、背面和正侧面方向之外的任何位置都属于斜侧面方向。斜侧面方向拍摄的特点是：能使被摄对象的横线条在电视画面上变为斜线，使物体产生明显的形体透视变化，同时能扩大画面的容量，使画面生动活泼，有利于表现景物的立体感和空间感。

　　斜侧面方向拍摄既有利于安排主体和陪体，又有利于突出主次关系，因而是摄像时运用最多的一种拍摄方向。

　　2. 摄像距离

　　摄像距离是指摄像机与被摄对象之间实际距离的远近。对于同一个被摄对象来说，如果采用同一焦距镜头拍摄，拍摄距离的变化会引起主体大小及周围景物范围大小的变化，即通常所说的景别的变化。其变化规律前面已经讲过，这里不再重复。

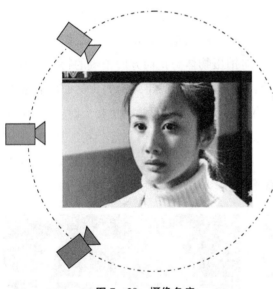

图 7 - 20　摄像角度

　　3. 摄像角度

　　摄像角度是指摄像机与被摄对象在摄像机垂直平面上的相对位置，即在摄像方向、摄像距离固定的情况下摄像机与被摄对象之间的相对高度。一般摄像高度分为平摄、仰摄、俯摄三种方式。

　　(1)平摄。平摄就是摄像机与被摄对象在同一水平线上进行拍摄。平摄时被摄对象不容易变形，尤其是平摄人物活动的场面，能使人感到平等、亲切。正面方向平摄，可以看到人物完整的面部特征及神情。背面方向平摄，注重以人物的姿态来表现内心感情。侧面方向平摄有助于突出人物的轮廓线条。前斜侧面方向平摄有利于表现景物的立体感和空间感，并可使被摄对象产生明显的形体透视变化。平角度拍摄客观真实，在运动拍摄时使观众产生一种身临其境之感。

图 7 - 21　平摄

图 7 - 22　仰摄

（2）仰摄。仰摄就是摄像机低于被摄对象向上拍摄。仰摄景物时,有利于突出被摄对象的高大气势,能将向上伸展的景物在电视画面上充分展开。利用贴近地面的仰摄还能用于夸张运动对象的腾空、跳跃等动作,产生比实际生活中更为强烈的效果。仰摄人物对象容易显示出高昂向上的风貌,但使用时应掌握好分寸,不能滥用,因为在广角状态下近距离仰摄人物时容易使人物变形。

（3）俯摄。俯摄是摄像机高于被摄对象向下拍摄。这种拍摄方法有利于表现地面上景物的层次、数量、地理位置等,能给人以辽阔、深远的感受,适宜于表现盛大、开阔的场面。俯摄人物适宜于展示人物与环境的整体气氛,不适宜表现人物的神情及人物之间的细致的感情交流。另外,由于俯摄人物可以产生贬低、蔑视的效果,因此在拍摄以人物为主的中、近景画面时不应随便运用俯摄。

图 7 - 23　俯摄

7.3.2　构图

电视的框架结构限制了电视画面的取景范围,如何在画面中既表现出其纪实特点,又具有一定的艺术性,摄像师的构图技巧是关键。

画面构图的基本规则应遵循人们的审美要求、心理需求。首先保持画面的对称与均衡,其次要求画面的兴趣点集中,事物的多样化和个性统一;还应采用对比、呼应等手法渲染气氛。对称与均衡给人以稳定、和谐之感,兴趣点集中有利于突出主体。

就电视画面的造型而言,它与摄影、绘画等没有太大的差异,都属于二维平面造型。因此,摄影、绘画的许多构图原理也同样适用于电视画面的构图,但电视画面构图又有其自身的特点,主要表现在以下几个方面。

第一是固定画框。

人眼在观察事物时,是以视觉的兴趣点为中心,越向两边延伸越模糊,因此是一个开放的空间,没有确定的边界。而电视画面有一个四方形的画框,框内的景物可以看到,框外的景物完全看不到。所以,当我们在看电视画面时,所有的视线和兴趣全都集中在画框内。电视画框是固定的横四竖三格式,它不可能像照相那样竖起照相机拍摄竖画面,也不能像绘画那样随意框定边框线,这就给摄像构图带来一定的局限和难度。但是,它也可以发挥自己的长处,利用运动镜头的效果积累来表现被摄对象,如运用水平摇来表现广阔、恢宏的场面;用上下摇来表现高大矗立的建筑物等。

第二是一次性构图。

电视画面的构图必须在拍摄现场进行,而且是一次性完成。它不像照片,还可以在放大时进行裁剪;也不像绘画,可以对草图反复推敲。因此,它对构图能力和熟练程度的要求更高。

第三是动态性构图。

摄影与绘画反映的是一个静止的瞬间,电视摄像则反映的是一个运动的过程。在电视画面中,被摄主体是运动变化着的,摄像师在考虑构图效果时侧重于全过程中画面的布局和安排,要求摄像师在构图布局时,对运动过程有一种预见性和总体把握能力。

以上是摄像构图与摄影、绘画构图的不同点,下面看看构图的几种基本形式。

1. 画面中心法

画面中最稳定和最突出的是中心位置,把被摄对象放在这个位置上,给人以稳定感,对于一个静态的人物,把他(她)放在画面中心位置上比较好。例如,正对着摄像机的新闻播音员常常被放置在画面中心位置上。

2. 对称法(对称式构图)

对称式构图是指被摄对象在画面中表现为上下或左右相对应的结构形式,是一种安定、稳定的构图,多用来表现物体的正面形象,使画面显得工整。如果结合适宜的题材,运用得当,会使画面有庄重、肃穆的感觉,并具有装饰美。运用不当时,往往使人感到单调、呆板。对称式构图往往运用中心拍摄位置。

图 7 - 24　画面中心法

图 7 - 25　对称法(对称式构图)

3. 井字法(即"黄金分割"法)

"黄金分割"也称"黄金律",是数学几何学上的比例关系。古希腊人发现这种比例在造型艺术上有美学价值,因此,这种比例被广泛用于美术、摄影、建筑、影视艺术中。黄金分割的比值为0.618,可以近似地看作5:8。在电视摄像中,如按照这一比值安排画面中的主体位置,观众的视觉会感到很舒服。

图 7 - 26　井字法("黄金分割"法)

"井字法"是"黄金分割法"的一种,就是在画框内等距离的用两条水平线和两条竖直线把画框分为九个格,这横竖四条线像是一个"井"字。人们发现,两条水平线和两条竖直线的四个交叉点是最引人注目的地方。摄像构图时,无论是单人还是多人、多景物,尽量把重点放在交叉点上,不仅能引人注目,而且具有美感,使画面主体鲜明,生动有趣,富有动感。

电视画面是一个二维的平面,它在反映现实的三维场景时,则是利用画面中线条的变化来实现的。如果以画面中呈现的线形结构来构图,构图形式又分为三角形构图、横长形构图、垂直式构图、对角线式构图、S形构图、圆形构图、弧形构图、布满式构图、散点式构图等多种形式。总之,一切构图都要根据被摄对象的实际情况,选择合适的构图方法,达到内容与形式的完美结合。

7.3.3 应注意的几个问题

1. 空白的处理

画面中除主体对象以外,起衬托主体作用的其他部分就是画面的空白。空白并非单一指天空,只要在电视画面中的色调相近、影调单一、从属于衬托画面主体形象的部分均可称为画面的空白,如天空、地面、水面、沙漠、树林、草地、墙壁等。构图时留下一些空白来突出主体会使主体更加醒目,使观众的情绪有一个舒展的余地,画面布局也就虚实相称、错落有致了。

空白的处理要符合人们的视觉习惯和心理要求。在拍摄带有方向性的物体时,在物体的前方留下比后方多一些的空间,在拍摄人物运动的趋势方向上和运动物体的前面,也要留下足够的空间。对于带有方向的物体,它朝向的一方称为前方空间,对于运动物体,前面空间称为引向空间。如果没有前方空间,物体好似面对墙壁,画面显得失衡;如果没有引向空间,物体好像被画框挡住。

2. 净空高度

在实际的取景活动中,所要表现的人物无论是在室内还是室外,无论是拍全景还是拍近景,人物的头顶要给画框上边留出合适的空间,这个空间称为净空高度。没有净空高度,人物在画面中就显得拥挤;净空高度留得过多,画面就失去平衡。一般较好的画面效果是人物的眼睛处在距屏幕上沿三分之一的位置,也就是黄金分割线上面一条线上。拍摄物体也要留净空高度,不能顶天立地。

图 7-27 空白的处理

图 7-28 净空高度

3. 背景的处理

在拍摄镜头时,不但要注意主体的构图,还要注意主体后面的背景。如果稍不注意,就会使背景出乎意料地毁掉高质量的画面构图。常见的破坏画面构图的背景有高出人物头部的树木、电线杆、路标等,还有横穿画面的水平线。处理这种情况的方法是调整一下拍摄角度,使人物处于比较简洁的背景上。

4. 纵深安排

电视屏幕是一个二维平面,若要逼真地表现三维立体空间,应安排有纵深的画面,突出画面的立体感。构图时,可利用透视原理如近大远小、近浓远淡的效果,也可以在画面中安排必要的前景如过肩镜头、树叶等来表现画面的纵深感。

图 7 - 29　纵深安排

 实验二十三　　　　取景与构图练习

实验目的:1. 了解取景、构图的概念。

　　　　　2. 熟悉取景、构图的基本法则。

　　　　　3. 掌握取景、构图的基本要领和注意事项。

实验内容:讲解取景、构图、景别、摄像三要素的概念以及取景、构图的注意事项。让学生练习各种景别的拍摄方法,注意空白、净空高度、背景和纵深的处理。

主要仪器:DSR - PD150P 3CCD 全自动小型摄像机　　　　　5 台

　　　　　miniDV 录像带　　　　　　　　　　　　　　　　　5 盘

　　　　　DF - 248 方向电池　　　　　　　　　　　　　　　 5 块

教学方式:集中讲解和多媒体展示相结合;教师示范和学生实践相结合。

预习要求:课程讲授的第七章7.4～7.5《固定画面拍摄》和《运动摄像》相关内容。

实验类型:演示、验证实验。

实验学时:3 学时。

7.4 固定画面拍摄

　　在掌握了电视摄像工作的基本知识以后,紧接着要解决的问题就是从哪儿开始进行持续而有效的摄像训练? 怎样才能把电视摄像工作的基本功练得既扎实又全面?

　　正确的方法是从拍摄固定画面开始。一方面,从固定画面的拍摄和练习中熟悉摄像机的操作规程、技术特点以及在各种不同情况下应怎样正确使用;另一方面,要在固定画面的拍摄过程中提高画面造型能力和艺术鉴赏水平,逐步培养电视摄像工作的职业"感觉"和艺术素养。

7.4.1 固定画面的概念及特点

　　固定画面,是指摄像机在机位不动、镜头光轴不动、镜头焦距固定的情况下拍摄的电视画面。机位不动,即摄像机无移、跟、升、降等运动;光轴不动,即摄像机无摇摄;焦距不动,即摄像机无推、拉运动。

　　固定画面的核心一点就是画面所依附的框架不动。在这里,不论被摄对象是处于静止状态还是运动状态,统称为固定画面。

　　由于拍摄固定画面时摄像机的机位、光轴、焦距"三不变",所以固定画面在画面形态和视觉接受上就具备了与运动画面不同的特性。了解固定画面的特性,是运用好固定画面的前提。固定画面主要有以下特性:

图 7 - 30　固定画面

　　(1) 固定画面框架处于静止不动的状态,画面无外部运动。

　　固定画面在拍摄过程中镜头是锁定的,通过摄像机寻像器所能看到的画面范围和视域面积是始终不变的。但是,固定画面外部运动的消失,并不妨碍它对运动对象的记录和表现,也就是说固定的框架内的被摄对象既可以是静态的,也可以是动态的。因此,如何运用固定画面框架不动的特性来调度和表现画面内部的运动对象和活跃因素,是摄像人员需要认真总结和刻苦钻研的重要基本功。从某种程度上说,它的难度并不亚于用运动摄像去表现运动体的运动。

（2）固定画面视点稳定，符合人们日常生活停留细看、注视观看的视觉体验和视觉要求。

固定画面拍摄时消除了画面外部的运动，镜头是相对稳定的，实际上就给观众以相对集中的收视时间和比较明确的观看对象。固定画面所表现的视觉感受类似于生活中人们站定之后，对重要的对象或所感兴趣的内容仔细观看的情形。正因为固定画面满足了人们较为普遍的视觉要求和视觉感受，所以在电视摄像中需要经常运用固定画面来传递信息，表现主题。

固定画面视点稳定的特性，也给电视工作者提供了强化主体形象、表现环境空间、创造静穆氛围等丰富多样的创作手段和便利条件。同时，在一些画面内部运动并不明显的固定画面中，由于观众得以仔细观看，也就对拍摄者的画面造型能力和构图技巧提出了较高的要求。所以，我们可以把拍好固定画面作为走进电视摄像艺术殿堂的第一步。在拍摄固定画面的过程中，不仅要求摄像人员娴熟地运用摄像技巧和构图技法，还应该学习和掌握画面编辑及场面调度的基本知识，有目的、有意识地进行视觉形象的概括，从而增强对画面语言的理解力和表现力，加强画面造型的准确性、概括力和艺术表现力。

7.4.2 固定画面的功能及局限

很难想象如果没有了固定画面，电视艺术和电视摄像会成为何等模样。不管电视技术和摄像设备如何更新换代，不论运动摄像如何简便、自如和变幻多姿，固定画面仍然在电视艺术的殿堂里占有一席之地，固定画面仍然具有其不可替代的功能和作用。

1. 固定画面的功能

（1）固定画面有利于表现静态环境。

由于固定画面消除了画面的外部运动因素，因此固定画面中背景和环境的表现能够在观众的视线中得到较长时间、比较充分的关注，在视觉语言中常常起到交代客观环境、反映场景特点、提示景物方位等作用。比如在表现"希望工程"的获奖纪录片《龙脊》中，从山顶以大全景俯拍故事发生地点那座深山小村寨的固定画面，就非常直观地反映出村寨被四周环抱的莽莽群山所封闭阻隔、交通不便、远离都市的环境特点。

图7-31　固定画面有利于表现静态环境

图7-32　固定画面对静态人物有突出的表现

（2）固定画面对静态人物有突出表现的作用。

这里所说的静态，是指人物不发生较大位移变化的情况，并不排除人物的语言、神态及表情动作等的变化与表现。用固定画面拍摄重要人物的静态，符合观众"盯看"和"凝视"的视觉要求。比较典型的例子是世界各国新闻记者在处理对本国政府领导人的拍摄时，在走动范围较小的情况下，一般都要采用固定画面。在对电视节目中陈述观点或接受采访的人进行拍摄时，通常也以拍摄角度适宜的小景别固定画面为主。在电视剧中，当表现特定情境下特定人物的特定表情或动作时，也经常以对象明确的固定画面来处理。

（3）固定画面能够比较客观地记录和反映被摄主体的运动速度和节奏变化。

运动画面中由于摄像机追随运动主体进行拍摄，背景一闪而过，观众难以与一定的参照物来对比观看，因而也就对主体的运动速度及节奏变化缺乏较为准确的认识。比如说，一只在蓝天上展翅飞翔的雄鹰，倘若以运动镜头追随拍摄，飞鹰就会呈现出与画面框架匀速齐动的相对静态，看起来除了翅膀的运动外，它好像是悬浮在天空中一样。但是，倘若用景别稍大一些的固定画面来拍摄，我们就能够看到飞鹰在固定的框架中飞过的运动姿态和轨迹，如果是从地面仰拍的话，前景中的树冠、天空中的浮云和固定的画框都可成为反映飞鹰速度、节奏变化的参照物。

（4）利用框架因素突出和强化动感。

通过静态因素与运动因素的"冲撞"而以静衬动，是强化运动效果的有效手段。例如，在拍摄列车行进的时候，以低角度的固定画面来处理，就能够拍摄到列车呼啸而来，然后以高大的车头牵引着长长的车身飞速驶出画外的画面，此时列车飞驰的动感得到了非常醒目的表现。

图 7－33　固定画面能够反映被摄主体的运动速度和节奏变化　　　图 7－34　利用框架因素突出和强化动感

再比如,在一些电视剧中,表现战斗前指挥部内紧张繁忙的工作状态时,常以固定画面拍摄。画面中有处于相对静态的指挥员、发报员、接线员等,然后设置来往穿梭的工作人员时而进入画面、时而走出画面,通过这种动感十足的"划过"画面的方式映衬出指挥部内紧张、严肃的应战氛围。

（5）固定画面在造型上有绘画和图片效果,与运动画面相比,更富有静态造型之美及美术作品的审美体验。

运用线、形、色、光线、影调等造型元素拍摄出优美的固定画面,应该是电视摄像人员的立身之本之一。在一些风光片、纪录片中,对山川风貌、人文景观、名胜古迹等静态物体的表现上,构图精美的固定画面往往能令观众赏心悦目、历久难忘。比如纪录片《龙脊》中拍摄山村外貌和雨后山坡梯田的固定画面,均属光影炫目、构图雅致的上乘之作。

（6）固定画面由于其稳定的视点和静止的框架等特点,便于通过静态造型引发趋向于"静"的心理反应。

固定画面静的形式能够强化静的内容,给观众以深沉、庄重、宁静、肃穆、压抑、郁闷等画面感受。比如在拍摄图书馆时,为表现其特有的宁静,就可以用多个固定画面加以记录和反映,如同学们伏案读书的全景画面、多名同学凝神静思的脸部特

图 7－35　固定画面在造型上有绘画和图片效果

写画面等。

再比如拍摄奥运会上射击选手举枪瞄准、子弹待发的动作时,通常也是以中、近景别的固定画面作处理,可以比较好地表现出现场比赛环境和气氛中选手们屏息静气、全神贯注的静态和射击过程。

(7) 固定画面与运动画面相比较主观因素少,镜头表现出一定的客观性,特别是较少有运动摄像所带来的指向性。

运动画面是摄像者主观创作意图和实际操作情况的外化和反映,画面表现出摄制人员的创作意图和内容上的指向性,尤其是一些移、跟镜头在带来临场感的同时,也比较明显地具有摄制者的主观性。固定画面虽然也是摄制人员创作意图的反映,但观众看到的是已经选择完毕、“锁定”之后的画面,即摄制人员创作和画面构图的结果,观众感觉是自己有选择地观看,镜头是在比较客观地记录和表现被摄对象。因此,画面的“固定”和“运动”在很大程度上决定了观众对镜头的主、客观性的认识和感受。

例如,荣获 1996 年法国戛纳国际音像节特别奖的纪录片《山洞里的村庄》,在讲述云南一个建在大溶洞里的村庄集资拉电的故事时,镜头绝大多数都是平视点的固定画面,很少推、拉、摇、移,全片因而表现出强烈的客观性和纪实风格,犹如是一种近距离、深入的直接观察。

可见,固定画面所表现出的客观性,在新闻节目和纪实类节目中是能够较好地传达出现场性、真实性等画面效果的。

2. 固定画面的局限和不足

(1) 固定画面视点单一,视域受到画面框架的限制。

与运动画面多变的视点和变换的视域相比,固定画面的画面内容被静止的框架分割、限制为单一的、半封闭的状态。

(2) 固定画面在一个镜头中构图难以发生很大变化。

要想在固定画面实现场景转换、视觉形象运动,往往只能借助于后期编辑工作。

(3) 固定画面对运动轨迹和运动范围较大的被摄主体难以很好地表现。

这是固定画面的明显局限,同时也是运动画面的突出优势。

(4) 固定画面难以表现复杂、曲折的环境和空间。

比如拍摄抗战遗迹的地道时,固定画面很难再现出那种幽深曲折、巧妙安排的效果。

(5) 固定画面不如运动画面那样能够比较完整、真实地记录和再现一段生活流程。

在现代纪实中强调生活本身流程和段落的完整、真实,用运动摄像所构成的长镜头能在很大程度上排除人为导演和主观摆布等外界影响。

7.4.3 固定画面的拍摄要求

(1) 注意捕捉动感因素,增强画面内部活力。

固定画面易"死"易"呆",容易出现平板一块、缺乏生气的情况。因此,在拍摄固定画面时应注意捕捉活跃因素,调动动态因素,做到静中有动,动静相宜。比如拍摄一池春水,就可以在画面中摄入几只游动的鸭子;在拍摄麦浪翻滚的乡村丰收景象时,可以在画面中摄入牧童赶着牛群行走在田间小道的景象。

(2) 要注意纵向空间和纵深方向上的调度和表现。

固定画面如果不注意前景、后景及主体、陪体等的选择和安排,不注意纵轴方向上的人物或物体的调度,就容易出现画面缺乏立体感、空间感的问题。这就要求我们在选择拍摄方向、拍摄角度和拍摄距离时,有目的、有意识地提炼纵深方向上的线、形、色等造型元素。例如,在拍摄公路上列队行驶的车队时,我们可以利用公路的线和汽车的点采取对角线构图,让公路与画面框架形成一定的角度后向纵深方向伸展开去。

(3) 固定画面的拍摄与组接应注意镜头内在的连贯性。

之所以提出这个要求,是因为固定画面与固定画面组接时涉及很多方面的内容,对镜头的要求是很高的。我们常说画面与画面组接时"跳了",就是画面组接时不流畅。例如,拍摄某领导接受记者采访时,如果把两个景别变化不大、人物动作性发生变化的固定画面相接,从视觉感受上来说,会觉得接受采访的领导近于病态地"跳动"了一下,视觉上很不流畅。解决的办法是在拍摄时注意景别的变化。

(4) 固定画面的构图一定要注意艺术性、可视性。

现在许多搞摄像工作的人似乎有一种偏见,拿起摄像机就想运动,拍起画面来就是推、拉、摇、移。可是,一旦让他们拍一些固定画面,常常出现各种各样的毛病,如景别不清、构图不美、画面杂乱等,这表明摄像者的基本功还很薄弱。固定画面拍得怎么样,往往能够反映出一个摄像人员的基本素质和真正水平,它是对摄像人员构图技巧、造型能力、审美趣味和艺术表现力的综合检验。因此,摄像人员只有从一上手就勤学苦练,尤其是要拍好固定画面,拍美固定画面,从视觉形象的塑造、光色影调的表现、主体陪体的提炼等多个层面上加强锻炼和创作,才能拍出优秀的电视画面来。

（5）固定画面在拍摄中有一点必须牢牢记住，那就是"稳"字当头。

这在前面已经讲过。在正常情况下，每个镜头都应该纹丝不动，坚决消除任何不必要的晃动。

7.5 运动摄像

运动摄像，就是在摄像时当摄像机的机位、镜头的光轴、镜头焦距三个因素中有一个发生改变时，所进行的拍摄。通过这种拍摄方式得到的画面称为运动画面或运动镜头。运动摄像包括推、拉、摇、移（跟）、升降和综合运动几种形式。

运动摄像是电视画面特有的造型表现手段。运动扩大了观众的视野，同时运动产生的节奏和韵律给观众带来美的享受。运动摄像有助于描述事件发生、发展的真实过程，交代事件的环境、规律和气氛，给人以真实感。运动摄像使得拍摄的方向、角度、景别不断变化，摄像机从多个层面、多个角度和在不同的视距来表现被摄对象，观众通过画面的变化从形到神对被摄对象有一个全面的了解与认识。

7.5.1 运动形式

1. 推镜头

推镜头是指摄像机向某个主体靠近，让主体逐渐在画面上占有越来越大的面积，用来突出主体或表现某一个局部。

在实际拍摄中推镜头有两种方法：一种是改变摄像机和景物之间的实际距离，利用摇臂、移动道或肩扛向被摄体靠近。这种推镜头的方法，使摄像机与主体之间的空间关系不断发生变化，具有视点前移、步步深入的效果，空间透视感很强。另一种推镜头的方法就是机位不动，利用摄像机上的变焦距镜头来推。这种方式的推镜头，摄像机与被摄体之间的空间关系不发生变化，只是越往前推，景别越来越小，主体越来越大，它是对局部的不断放大，等于把观众的注意力从全体景物引到局部，有突出主体的作用。

推镜头能在一个镜头内从全景逐渐变到中景、近景，甚至到特写，能将事物中本来不引人注意的细节变成特写进行强调。用推镜头表现静止的物体，可以弥补静止的不足,使静物具有特殊的动感。

不管哪种推摄方法,都会将观众的注意力指向性地引导到画面主体上。因此,推镜头的落幅画面应当是观众最感兴趣的内容。

推镜头在技术操作上有较高的要求,要稳要匀,不能忽快忽慢,还要注意推的速度要与内容的内在节奏和片子的节奏一致。在推的过程中要注意构图,要让主体在不断变大的过程中,始终处于画面结构的中心位置。另外,为了确保落幅主体的焦点准确,画面清晰,可在正式记录前,先把镜头推到特写,调整聚焦使画面清晰,再把镜头拉到起始位置,然后正式拍摄。

2. 拉镜头

拉镜头是和推镜头相反的一种运动方式。就是摄像机的机位从拍摄主体的一个主要的局部慢慢向后拉出,让周围的环境不断地进入画面,原来的主体慢慢变小,深入到周围的环境中。同推镜头一样,拉镜头也有两种拍摄方法:一种是改变摄像机与主体之间的实际距离;一种是利用变焦距镜头来拉。

摄像机后移的拉镜头具有视点逐渐后移、慢慢离开的效果;而变焦拉镜头是镜头从窄角逐渐变至广角,等于把观众的注意力从局部引向画框内的全体景物,能有力地表现这一主体所处的环境。由于拉镜头给人一种逐渐远离的感觉,因此,常常用来表现一个事件结束、人物告别等情景。对一组镜头来说,拉镜头还有总结收场的段落感。

拉镜头的起幅是近景或特写,观众的注意程度高。因此,要拍好拍稳,开始运动时要防止抖动,一般只作直拉,等景别稍微大一些后,再对画面在拉的同时作必要的调整。拉镜头的速度和推镜头一样也要符合电视节目的节奏要求。快速运动适合表现明快、欢乐、兴奋的情绪,还可以产生震动感和爆发感。而缓慢的运动常用于表现悲哀、悬念或宁静的气氛。

推镜头和拉镜头一般都有起幅、运动、落幅三部分,在一般的情况下,落幅画面是表现的重点,因此,对它的构图要严谨、规范、完整。拍摄时要注意,如果不是特殊要求,应当让主体形象始终保持清晰。当摄像机纵向运动时,要注意保持主体在画面结构中的位置,使主体一直处在画面的趣味中心。起幅和落幅当作固定画面对待,要有适当的长度,有利于给后期编辑提供足够的选择余地。

3. 摇镜头

摇镜头指的是机位不动,只是镜头的光轴做上下左右或环摇运动。摇镜头的方向可以是由左向右或由右向左以及由上向下或由下向上,也可以是往上斜摇或往下斜摇,可以是与被摄对象活动的方向相同的摇摄,也可以是与被摄对象运动方向相反的摇摄。摇摄可分为跟随摇摄和一般摇摄,摄像机跟踪某一运动对象进行摇摄叫做跟随摇摄,摄像机并不对准某一对象拍摄的摇镜头叫一般摇摄。

摇摄的画面呈现出一种动态,不用组接就能更换画面内容,使画面具有主观性和抒情味道,给观众以在现场转头看的感受。摇摄在一个镜头内清楚地交代了一个主体与画面外另一个主体的相互关系,没有剪辑,给观众一个真实的感觉。摇镜头还给观众巡视环境、逐一展示、表现景物规模的印象,很自然地将观众的注意力从甲处转移到乙处。

摄像机安装在三脚架上,通过手柄转动云台就可以实现摇镜头的拍摄,这样拍摄的摇镜头运动自如。用肩扛、手提也可以进行摇镜头拍摄。摇镜头有突出落幅画面的作用,如果落幅画面内容空洞或有缺陷,就会使人失望,因此,落幅画面要完整,要满足观众的心理需求。摇镜头的速度与表现事物密切相关,如草原上奔驰的马群和在湖中慢慢游动的鸭群,它们的运动速度是不一样的,因此,拍摄时要用不同的速度进行摇摄。

4. 移镜头

移镜头是指摄像机沿水平面朝各个方向移动时所拍摄到的画面,可借助于移动道或摄像师扛着摄像机移动,或将摄像机置于汽车、飞机、自行车等运动工具上拍摄。移镜头中主体和周围环境之间的关系不断发生变化,有利于连续交代环境空间,产生巡视或展示的视觉效果。

当拍摄运动对象时,移镜头可在画面上产生跟随的视觉效果,人们常常又把这种主体移动、摄像机也跟着移动的拍摄称为跟镜头。

移动拍摄的视觉效果与摇镜头是不同的。摇镜头是以摄像机的支架为轴心作弧线形扫视,而移镜头是以摄像机的移动线为轨迹,不断展示空间。移镜头可以给观众带来一种参与感和伴随感,并使画面具有较好的立体效果。

移镜头既可以使画面显得特别真实,又可以使观众在与摄像机一同移动时产生一种身临其境的感觉。如果以运动中的对象为拍摄主体进行移动拍摄时,观众自然而然地与移动的摄像机融合,紧紧地伴随眼前的主体。镜头本身内含主观性,这种将客观记录转换成主观伴随的特点使移镜头的画面更加生动。移镜头获得的现场感受无论是身临其境的参与,还是紧跟不舍的伴随,从视觉角度上看有很多优点。

其一,观察景物的视点在移镜头中不断变化,景物透视关系随着镜头的移动不断改变。

其二,摄像机在移动的过程中接近或远离某一景物。

其三,移镜头所表现的画面与观众在实际生活中观察景物的感觉接近。

摇臂的出现使移镜头的拍摄发生了革命性的变化,将摄像机安排在摇臂上,镜头可以到达几乎所有的地方,在大型的综艺节目、大奖赛、足球赛的转播中,我们可以看到用摇臂拍摄的各种镜头,它集摇、移、升、降于一体,拍摄出许多常规拍摄难以实现的画面效果。

5. 升降镜头

升降镜头是指摄像机借助于升降装置作上下运动时所拍摄到的电视画面。这是一种从多视点表现景物的方法,是运动摄像中除摇臂以外的非常富有表现力的一种方式。其变化有垂直升降、弧形升降、斜向升降和不规则升降几种。在拍摄过程中不断改变摄像机的高度和俯仰角度,会给观众丰富多样的视觉感受。如果巧妙地利用前景,则能加强空间深度视觉,产生高度感。升降镜头常用以展示事件的规模、气势,或表现处于上升或下降运动中的人物的主观视向。若与推、拉、横移和变焦结合使用,能产生变化莫测的视觉效果。

6. 综合运动镜头

综合运动镜头是指在一个镜头中把推、拉、变焦、聚焦、摇、移、升降等各种运动拍摄方式不同程度地、有机地结合起来进行拍摄,并使之呈现出多种运动形式,比如跟摇、拉摇、移推等等。在这种情况下,所拍摄的一个镜头中往往存在两个以上的运动形式,镜头的画面造型效果也比任何一个单一运动形式的造型效果更复杂多变。由于镜头的综合运动把多种运动拍摄方式有机地统一起来,因此在一个镜头中形成了一个连续的变化,能给人以一气呵成的感觉。

综合运动镜头形成了一个电视镜头中的多景别、多角度的画面构图。镜头拍摄方向的每一次转变,都使画面形成一个新的角度或新的景别,构成一个新的视点。从造型上讲,这种视点的不断转变构成了对景物的多层次、多方位、立体化的表现,形成了一个流动的、富于变化的、本身又具有节奏和特定韵律的表现形式。从观赏角度看,观众的视点不断地随着镜头的运动而转移,这种运动所带来的视点变化、背景变化、环境变化和情节变化都直接决定和影响了观众的视觉感受。因此,综合运动镜头是电视节目中用得最多的运动镜头。

综合运动镜头的拍摄是较为复杂的。由于镜头内部变化的因素比较多,要考虑和注意的方面也比较多,在实际拍摄中,除特殊情况对画面的特殊要求以外,镜头的运动应力求保持平稳。镜头运动的每一次转换应力求与人物运动的方向转换及情节中心和情绪发展的转换相一致,使画面外部变化与画面内部变化相结合。机位运动时应注意焦点变化,始终将主体形象放在景深范围之内,同时注意拍摄角度变化所引起的方向变化对画面造成的影响。

 实验二十四　　固定镜头和运动镜头的拍摄

实验目的:1. 了解固定镜头,推、拉、摇、移、跟和升降等运动镜头的概念。

　　　　　2. 熟悉固定镜头、镜头运动的特性以及应用场合。

　　　　　3. 掌握固定镜头,推、拉、摇、移、跟和升降等运动镜头的拍摄技巧。

实验内容:讲解固定镜头;推、拉、摇、移、跟和升降等运动镜头的概念和拍摄技巧。

　　　　　让学生练习固定镜头;掌握推、拉、摇、移、跟和升降等运动镜头的拍摄方法。

主要仪器:GY-DV500EC　3CCD专业摄像机　　　　　　　　　5 台

　　　　　miniDV 录像带　　　　　　　　　　　　　　　　　5 盘

　　　　　NP-2000 方向电池　　　　　　　　　　　　　　　5 块

教学方式:集中讲解和多媒体展示相结合;教师示范和学生实践相结合。

预习要求:课程讲授的第七章 7.6《摄像机的机位设置》相关内容。

实验类型:演示、验证实验。

实验学时:3 学时。

7.6　摄像机的机位设置

7.6.1　轴线

　　轴线在镜头转换中制约着视角变换的范围,这是一条假定的直线,由场景中人物的视线方向、运动方向或人物之间相互交流的位置关系决定。机位的变化要受轴线规律的制约。在一个场面中,在轴线的一侧,无论机位如何变化,画面在组接后,都不会

发生方向性的混乱。如果随意地将机位设置在轴线的两侧,画面在组接时就会出现方

向的混乱。只有遵守轴线规律,才能保证
人物的位置关系和运动方向始终明确、
清晰。

一般来说,在一个人物的场景中,轴
线就是人物的视线,这种轴线称为方向轴
线;在两个或者两组人物的场景中,轴线
就是人物头部之间的连线,称为关系线;
在一个运动物体的场景中,轴线就是物体
的运动轨迹,称为运动轴线。

图 7 - 36　运动轴线

7.6.2　三角形原理

如果所拍摄的是人物,当两个人物面对面地站着或相对而坐时,场景中的两位中
心演员之间的关系线是以他们相互视线的走向为基础的,通常情况下,不能越过关系
线到另一侧去拍摄。在关系线的一侧可以有三个顶端位置,这三个位置构成了一个底
边与关系线平行的三角形,如图 7 - 37 所示。

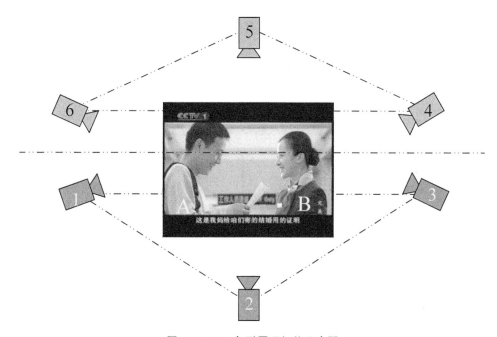

图 7 - 37　三角形原理机位示意图

摄像机的视点是在三角形的三个顶端的角上。这种布局的主要优点是演员各自处于画面的固定一侧,而三个机位所拍摄的每一个镜头都是演员 A 在左侧,演员 B 在右侧。在关系线另一侧也可以形成这样一个三角形的机位布局。但是,我们在后期编辑或现场导演中,不能从一个三角形上的机位切换到另一个三角形上的机位,例如,3 号机位不能直接切换到 4 号或 6 号机位,如果那样,就会把观众弄糊涂,出现镜头匹配上的问题。

三角形布局原理的关键就是一定要选择在关系线的一侧进行拍摄。在关系线的一侧,三角形底边上的两个摄像机位靠近关系线,这两台摄像机可以在各自的轴上转动,并由此而得到三种不同的拍摄位置。这三种位置的每一种都是成对应用的,这三种位置是外反拍角度、内反拍角度、平行位置。

1. 外反拍角度

外反拍角度是两个摄像机的位置都在两个人物的背后,靠近关系线由场外朝向场内将两人均拍入画面。例如,当我们拍摄主持人或出镜记者采访某人时,经常运用这种客观性的外反拍角度。这也就是通常所讲的过肩镜头,即摄像机是在记者或前景演员的身后越过其肩头拍摄采访对象或另一个演员的。这种镜头有一点需要指出的是,拍摄过肩镜头时,背向观众的这个人在画面中所展现出的脸部侧影,一般应以不露出鼻尖为宜。

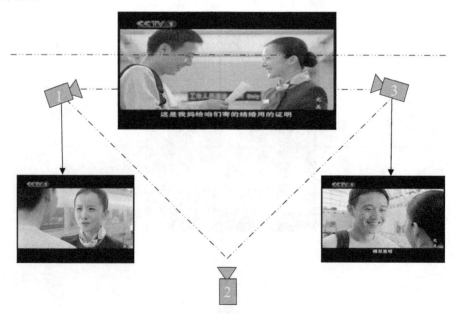

图 7 - 38 外反拍机位设置

2. 内反拍角度

内反拍角度的机位是三角形底边上的两台摄像机处在两个被摄人物之间,靠近关系线向外拍摄。在内反拍所拍摄的画面上并不表现演员的视点,人物均是不正对着摄像机的。

由于演员在画面中分别出现,所以观众能够给予较为充分的注意,用以集中表现一个人物的神态、语气,带有主观视点的色彩,如图 7 - 40 所示。

图 7 - 39　外反拍角度

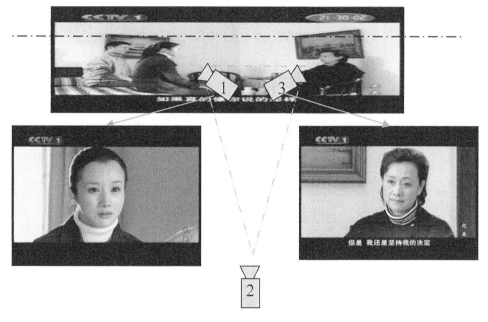

图 7 - 40　内反拍机位设置

3. 平行机位

平行机位是位于三角形底边上的两台摄像机的视轴与顶角上的摄像机的视轴是平行的。

平行机位布局常用于并列表现同等地位的不同对象。比如两人对话位于三角形底边上的两个机位各自拍摄一个人物,带有客观和同等评价的含义,如图 7 - 41 所示。

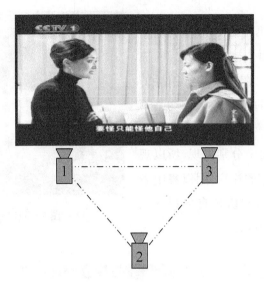

图7－41　平行机位

上述三种情况可以组合为一个多样的三角形布局,即常说的大三角形布局,如图7－42所示。

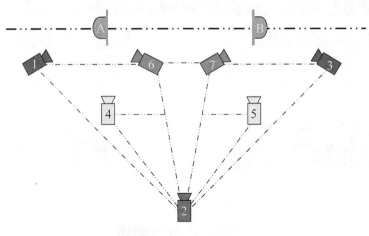

图7－42　大三角形

一个三角形内包括七个摄像机机位,可以成对地组合起来拍摄两个人物的谈话。有三个机位可以拍到两个人物,四个机位只能拍摄一个人物。这种单人镜头有强调的意思:两个人物的镜头接一个单人镜头,单人镜头就被强调了,可以突出说话的人。

除了这种两人面对面的交谈以外,还有一种情况是,谈话的人物成直角关系,这种情况有两种三角形布局,一种是直角位置,另一种是共同视轴。

当两人物成"L"型位置时,摄像机的视点在假设的三角形底边上获得一种直角关系,并且靠近关系线。

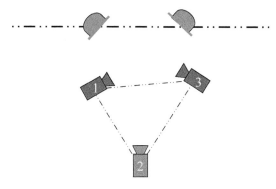

图 7‑43 直角位置机位设置

当一台摄像机只拍摄一个演员,而另一台摄像机同时拍摄两个人物时,三角形底边上的两个视点之一的摄像机必须沿其视轴向前推进,从而可以得到所选定的那个人物的更近的镜头,使这个人物比另一个人更为突出。

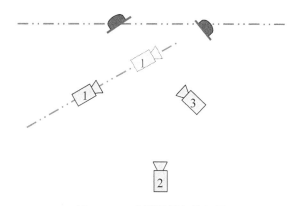

图 7‑44 共同视轴机位设置

上述五种基本变化不仅适用于表现一组人物的静态对话,而且也可以表现他们在画面中的运动。在拍摄电视片时,无论关系线是水平、倾斜或垂直的,摄像机布局的三角形原理都是适用的。在三人或多人的情况下,随着情况的变化,三角形原理也得到扩展。

7.6.3 越轴

越轴是指在镜头转换、改变视角时,摄像机超越轴线一侧 180°范围的界限拍摄。

在场面调动时,为了突出某个重点,充分发挥情节的戏剧效果,有的镜头需要从轴线另一侧进行拍摄,这就需要通过越轴来完成。通常所采用的越轴的几种方式是:

(1)通过摄像机的运动可以越轴。如图7-45中人物沿着虚线所示的动作或运动轴线的方向行进,摄像机由1号位置逐渐移至2号位置,从而实现了越轴。

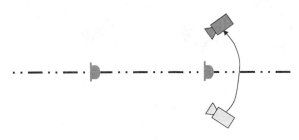

图7-45 通过摄像机的运动越轴

(2)通过场面调度可以越轴。这种方法较为常见,如图7-46所示。当一行人或某辆车开始时在画面中是向左行,总角度在屏幕上为左侧,此时机位在1号位。在人物转过弯后,镜头切至2号机位,摄像机的位置就可以根据新的轴线选择新的角度,从而实现越轴。

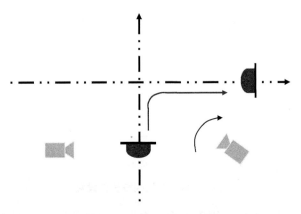

图7-46 通过场面调度越轴

(3)间隔一个正面或背面拍的镜头可以越轴。当摄像机处于图7-47中的2号机位时,所拍镜头和景物特写的作用就如同在轴线两侧架一座桥似的。更确切地说,2号位拍摄的内容就像铺垫在小溪中的一块踏石,使我们只要在石上垫一下脚,就可以从小溪的一侧跨到另一侧。从1号机位经过2号机位,再到3号机位而形成了越轴。

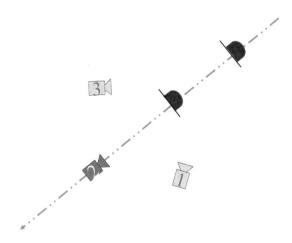

图 7‑47　间隔一个正面或背面拍的镜头越轴

（4）通过大动作的剪辑可以越轴。这是一种最为常见的方法。如果将屏幕上一个比较突出的动作在前一镜头中进行到一半时即暂停,未完成的动作留在第二个镜头中接着完成。这样在拍摄第二个镜头时,就可以重新选择总角度了。

（5）间隔一个景物（或人物）的特写镜头可以越轴。这种越轴方法有两种情况:

第一种情况是,在同一空间的一场戏中,不断插入特写以改变总角度,摄像机位置时而处于动作轴线的左侧,时而处于动作轴线的右侧。

第二种情况是,在不同空间的两场戏中,导演在拍摄时根本不去考虑轴线的规则,总是选择最有利的角度来表现主题。这种方法所依据的原理就是由于不同空间的事物交替出现,相互省略了若干过程。

（6）拍摄对象仅为一个单元（如一个人或一组人向同一方向边走边谈,或坐在汽车里的两个人边开汽车边谈）,在拍摄这类场面时,关系轴线和方向轴线同时存在。这种情况下可以以方向轴线为准选择拍摄角度,而越过了关系轴线,也可以以关系轴线为准选择拍摄角度,即越过方向轴线拍摄。最常见的是后者。这种情况拍摄的画面人物方向是正确的,但运动方向会出现一个镜头向左而另一个镜头向右的情况,这是允许的。

以上介绍了越轴的六种基本方法,在实际拍摄中还有其他一些方式可以采用。另外,若想使原本不衔接的镜头组接在一起,还必须知道在什么时候切换才能使画面流畅。一般来说,镜头的切换有三条基本原则,即位置匹配、运动匹配和视线匹配。

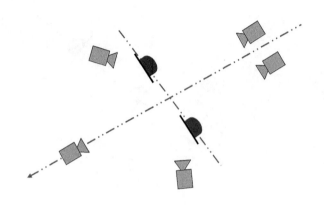

图 7 - 48   关系轴线和方向轴线同时存在

  实验二十五   轴线和合理越轴

实验目的：1. 了解三角形原理、外反拍、内反拍和越轴的概念。

2. 熟悉轴线、三角形原理、外反拍、内反拍的机位设置和合理越轴的
机位调度。

3. 掌握轴线规律；外反拍、内反拍的机位调度和合理越轴的方法。

实验内容：讲解轴线规律，三角形原理，外反拍、内反拍的概念和越轴现象以及合
理越轴的方法。

让学生练习外反拍、内反拍镜头的拍摄方法；验证摄像机越轴引起的
组接不良现象。

主要仪器：GY - DV500EC   3CCD 专业摄像机   5 台

miniDV 录像带   5 盘

NP - 2000 方向电池   5 块

教学方式：集中讲解和多媒体展示相结合；教师示范和学生实践相结合。

实验类型：演示、验证实验。

实验学时：3 学时。

本章思考题

1. 什么是电视画面？什么是电视镜头？

2. 什么是主体？怎样突出主体？

3. 陪体在画面中的作用有哪些？

4. 背景处理应注意什么？

5. 什么是取景？什么是构图？

6. 拍摄要点概括为哪几个字？

7. 景别指的是什么？一般划分为哪几种？各有什么功能？

8. 悦目的分截高度有哪几个？

9. 什么是摄像三要素？摄像方向有哪几种？各有什么特点？

10. 电视画面构图的特点表现在哪几个方面？

11. 构图有哪几种基本形式？

12. 构图应注意哪几个问题？什么是净空高度？构图时应怎样把握？

13. 什么是前方空间？什么是引向空间？

14. 什么是固定画面？

15. 固定画面有哪些特性？

16. 固定画面有哪些功能？

17. 固定画面有哪些局限和不足？

18. 固定画面的拍摄有什么要求？

19. 什么是运动摄像？

20. 运动摄像包括哪几种形式？各有什么特点？

21. 轴线有几种表现形式？关系轴线在实际拍摄时怎么画？

22. 什么是外反拍？什么是内反拍？

23. 合理越轴的方法有哪几种？

24. 镜头切换应遵循哪三条基本原则？

参考文献

1. 武海鹏:《电视制作》,中国广播电视出版社,2002 年。

2. 梁小山:《电视节目制作》,中国广播电视出版社,2000 年。

3. 张成华、赵国庆:《电视:艺术与技术》,复旦大学出版社,2004 年。

4. 孟群、伍建阳:《电视节目制作技术》,北京广播学院出版社,2002 年。

5. 李思维、咸彦平:《电视摄像技术》,电子工业出版社,1994 年。

6. 谢毅、张印平:《电视节目制作》(第二版),暨南大学出版社,2006 年。

7. 高有祥:《电视新闻的理论与实践》,中国社会科学出版社,2002 年。

8. 〔美〕Herbert Zettl:《电视制作手册》(第七版),北京广播学院出版社, 2004 年。

9. 任金州、高波:《电视摄像》,中国广播电视出版社,1997 年。

修 订 版 后 记

　　随着电视节目制作数字化、高清化,摄像这门技术也发生了很大的变化。过去的一些知识和技术已经不能适应形势的发展。为此,本人于 2007 年 12 月编著了《数字电视摄像技术》一书,由复旦大学出版社出版。首印 4 100 册,之后不断重印,说明了读者对本书的喜爱与肯定。

　　技术在发展,时代在进步,摄像技术也是如此。该书自出版以来已经进入第四个年头,为了适应新形势的发展,根据出版社的要求和读者的反馈意见,我对本书进行了修订。

　　本次修订主要对第一章"数字电视摄像概述"进行了全面修改;对第五章"高清晰度摄像机的使用"在原来的基础上新加了目前较为流行的 HVR‐V1C、HVR‐Z5C和 PMW‐EX1 这三款高清摄录一体机的使用;对第六章"演播室摄像机的使用"进行了删减。同时根据读者的要求也对整个实验体系做了一些调整。

　　此次修订的主旨是保留基础内容,增加最新内容,删除不常用的一些内容,使本书内容更新颖,机型更全面,适用性更强。

　　本书能够再版要感谢复旦大学出版社的编辑李婷和相关的发行人员,他们为本书的宣传、发行做了大量的工作,并广泛收集了读者的意见和建议,使本书的再版修订更贴近读者的要求,也要感谢广大读者对本书的厚爱。

　　在本书的编写过程中,我参阅了大量的论著、材料、刊物和互联网资料以及索尼、JVC、汤姆逊、ROSS 等公司的技术资料,部分已经在参考书目中列出,在此对所有这些论著和材料的知名和不知名的作者一并表示衷心的感谢! 感谢赵巍为本书英文翻译付出的辛勤的劳动。

　　金无足赤、人无完人,尽管本书的修订版已经和大家见面了,但限于编者的学识和水平,本书难免存在不当和疏漏,在此,诚恳地希望广大读者提出宝贵的意见,使本书不断完善。

赵成德

2012 年 6 月于西安

图书在版编目(CIP)数据

数字电视摄像技术/赵成德,赵巍编著. —2 版. —上海:复旦大学出版社,
2012.9(2021.1 重印)
现代传媒技术实验教材系列
ISBN 978-7-309-08658-4

Ⅰ. 数… Ⅱ. ①赵…②赵… Ⅲ. 数字信号-电视摄像机-高等学校-教材 Ⅳ. TN948.41

中国版本图书馆 CIP 数据核字(2011)第 267159 号

数字电视摄像技术(第二版)
赵成德 赵 巍 编著
责任编辑/李 婷

复旦大学出版社有限公司出版发行
上海市国权路 579 号 邮编:200433
网址:fupnet@ fudanpress.com http://www.fudanpress.com
门市零售:86-21-65102580 团体订购:86-21-65104505
外埠邮购:86-21-65642846 出版部电话:86-21-65642845
江苏凤凰数码印务有限公司

开本 787×1092 1/16 印张 22.75 字数 373 千
2021 年 1 月第 2 版第 8 次印刷
印数 11 001—11 500

ISBN 978-7-309-08658-4/T · 438
定价:38.00 元

复旦大学出版社新闻传播类重点图书

复旦博学·新闻与传播学系列教材(新世纪版):

新闻学概论(李良荣,32.00);马克思主义新闻经典教程(童兵,28.00);新闻评论教程(丁法章,32.00);中国新闻事业发展史(黄瑚,30.00);外国新闻传播史导论(程曼丽,29.00);当代广播电视新闻学(张骏德,32.00);当代广播电视概论(陆晔,36.00);网络传播概论(张海鹰等,30.00);新闻采访教程(刘海贵,25.00);西方新闻事业概论(李良荣,22.00);新闻法规和职业道德教程(黄瑚,29.80);中国编辑史(姚福申,49.00)

复旦博学·当代广播电视教程(新世纪版):

当代电视实务教程(石长顺,36.00);中外广播电视史(郭镇之,36.00);当代电视摄影制作教程(黄匡宇,30.00);影视法导论:电影电视节目制作须知(魏永征、李丹林,38.00);电视观众心理学(金维一,28.00);当代广播电视播音主持(吴郁,28.00);电视制片管理学(王甫、吴丰军,38.00);广电媒介产业经营新论(黄升民等;30.00)

复旦-麦格劳·希尔传播学经典系列:

传播研究方法;传播学导论;大众传播通论;电子媒体导论(张海鹰,32.00);跨文化传播;公共演讲;说服传播;商务传播;倾听的艺术;访谈技艺:原理和实务;20世纪传播学经典文本(张国良,30.00);媒介与文化研究方法(Jane Stokes,22.00)

复旦博学·新闻传播学研究生核心课程系列教材:

马克思主义新闻思想概论(陈力丹,30.00);当代西方新闻媒体(李良荣,29.00);中国现当代新闻业务史导论(刘海贵,36.00);中国当代理论新闻学(丁柏铨,26.00);媒介战略管理(邵培仁等,38.00);数字传媒概要(闵大洪,25.00);传播学研究理论与方法(戴元光,30.00);国际传播学导论(郭可,25.00)

新闻传播精品导读丛书:

新闻(消息)卷——范式与案例(孔祥军,20.00);广播电视卷(严三九,27.00);通讯卷(董广安,20.00);外国名篇卷(郑亚楠,16.00);广告与品牌卷——案例精解(陈培爱,28.00);特写与报告文学卷(刘海贵、宋玉书,28.00)

新闻传播名家自选集丛书:

童兵自选集:新闻科学:观察与思考(童兵,39.00);李良荣自选集:新闻改革的探索(李良荣,39.00);陈力丹自选集:新闻观念:从传统到现代(陈力丹,36.00);喻国明自选集：别无选择：一个传媒学人的理论告白(喻国明,36.00)；黄升民自选集：史与时间(黄升民,38.00)；尹鸿自选集：媒介图景・中国影像(尹鸿,38.00)；罗以澄自选集：新闻求索录(罗以澄,35.00)；戴元光自选集：传学札记：心灵的诉求(戴元光,32.00)；王中文集(赵凯主编,45.00)；丁淦林文集(丁淦林,25.00)

全球传播丛书：

畸变的媒体(李希光,26.00)；中西方新闻传播：冲突・交融・共存(顾潜,21.00)；世界百年报人(郑贞铭,28.00)；当代对外传播(郭可,15.00)；中美新闻传媒比较：生态・产业・实务(薛中军,19.80)；国家形象传播(张昆,25.00)；跨文化传播：中美新闻传媒概要(高金萍,15.00)

传媒经营丛书：

中国传媒经济研究：1949—2004(吴信训、金冠军,48.00)；报刊传播业经营管理(倪祖敏,29.80)；图书营销管理(方卿,24.00)；战略传媒：分析框架与经典案例(章平,30.00)；报纸发行营销导论(吴锋、陈伟,29.80)；报刊发行学概论(倪祖敏、张骏德,35.00)；现代传媒经济学(吴信训,30.00)；中国图书发行史(高信成,45.00)；媒体战略策划(李建新,38.00)

新闻传播学通用教材：

精编新闻采访写作(刘海贵)；当代新闻采访(刘海贵,16.00)；当代新闻写作(周胜林等,20.00)；高级新闻采访与写作(周胜林,32.00)；当代新闻编辑(张子让,16.00)；传播学原理(张国良,10.00)；新闻心理学(张骏德,11.00)；新闻与传播通论(谢金文,20.00)；实用新闻写作概论(宋春阳等,40.00)；新闻写作技艺：新思维新方法(刘志宣,36.00)；新闻报道新教程：视角、范式与案例解析(林晖,38.00)；电视：艺术与技术(张成华、赵国庆,15.00)；创新启示录：超越性思维(王健,30.00)；实用英汉汉英传媒词典(倪剑等,40.00)；全球化视界：财经传媒报道(安雅、李良荣,48.00)；财经专业报道概论(贺宛男等,38.00)

影・响丛书(电影文化读物)：

好莱坞启示录(周黎明,35.00)；映像中国(焦雄屏,36.00)；香港电影新浪潮(石琪,45.00)；台湾电影三十年(宋子文,35.00)；影三百：南方都市报中国电影百年专题策划(南方都市报,36.00)

请登录www.fudanpress.com,内有所有复旦版图书全书目、内容提要、目录、封面及定价,有图书推荐、最新图书信息、最新书评、精彩书摘,还有部分免费的电子图书供大家阅读。

意见反馈、参编教材、投稿出书请联系 journalism@fudanpress.com；fudannews@163.com；liting243@126.com。电话：021 - 65105932、65647400、65109717；传真：021 - 65642892。

《数字电视摄像技术》(第二版)反馈意见调查表

复旦大学出版社向使用本社《数字电视摄像技术》(第二版)教材的教师免费赠送多媒体教学资源,包括配套的教学课件及电子书,便于教师教学。欢迎完整填写下面表格来索取。

教师姓名: _____ 职务/职称: _____

任课课程名称: _____

任课课程学生人数: _____

联系电话: (O) _____ (H) _____ 手机: _____

E-mail 地址: _____

学校名称: _____ 邮编: _____

学校地址: _____

学校电话总机(带区号): _____ 学校网址: _____

系名称: _____ 系联系电话: _____

邮寄多媒体课件地址: _____

邮编: _____

您认为本书的不足之处是:

您的建议是:

请将本页完整填写后,剪下邮寄到上海市国权路 579 号

复旦大学出版社　李婷　收

邮编: 200433　　　　　联系电话: (021)65100229

E-mail: liting243@126.com　　传真: (021)65642892